普通高等教育"十四五"规划教材

# 消防安全实验

## Fire Safety Experiments

王 勇　颜 龙　主编

本书数字资源

北 京

冶 金 工 业 出 版 社

2023

# 内 容 提 要

本书以火灾科学、流体力学、材料学、燃烧学、建筑工程、防灾减灾工程等基础理论为指导，系统性地介绍 57 个消防安全类实验，内容包括实验目的、原理、实验器材、操作步骤、数据处理、注意事项及思考题等多个方面。

本书可作为高等院校安全工程、消防工程、土木工程、材料工程、森林工程等相关专业的本科生、专科生和研究生实验教学用书，也可作为职业教育、培训、消防和安全相关工作人员的参考用书。

## 图书在版编目 ( CIP ) 数据

消防安全实验/王勇，颜龙主编 . —北京：冶金工业出版社，2023.1
普通高等教育"十四五"规划教材
ISBN 978-7-5024-9317-2

Ⅰ.①消…　Ⅱ.①王…　②颜…　Ⅲ.①消防—工程—高等学校—教材
Ⅳ.①TU998.1

中国版本图书馆 CIP 数据核字（2022）第 192726 号

**消防安全实验**

| | | | |
|---|---|---|---|
| 出版发行 | 冶金工业出版社 | 电　　话 | (010)64027926 |
| 地　　址 | 北京市东城区嵩祝院北巷 39 号 | 邮　　编 | 100009 |
| 网　　址 | www.mip1953.com | 电子信箱 | service@ mip1953.com |

责任编辑　于昕蕾　卢　蕊　美术编辑　彭子赫　版式设计　郑小利
责任校对　郑　娟　责任印制　禹　蕊
三河市双峰印刷装订有限公司印刷
2023 年 1 月第 1 版，2023 年 1 月第 1 次印刷
787mm×1092mm　1/16；19 印张；458 千字；293 页
定价 49.00 元

投稿电话　(010)64027932　投稿信箱　tougao@cnmip.com.cn
营销中心电话　(010)64044283
冶金工业出版社天猫旗舰店　yjgycbs.tmall.com
（本书如有印装质量问题，本社营销中心负责退换）

# 编 委 会

主　编　王　勇　颜　龙

编　委　李晓康　崔　飞　康文东　白国强

主　审　徐志胜

# 前　言

消防安全是国民经济发展和社会稳定的重要保障。近年来，随着经济快速发展和社会不断进步，我国消防事业也取得了长足发展。"十三五"时期，火灾起数、亡人数、伤人数较"十二五"时期分别下降 3.7%、12.2%、18.7%，重特大火灾起数、亡人数分别下降 45.8%、62.7%。但我国的消防安全形势依然不容乐观。2021 年，全国共接报火灾 74.8 万起，远超全国各类生产安全事故 3.46 万起。因此，未来较长一段时期，消防安全仍然是护国安民的重要内容。

消防事业发展离不开人才培养。"十三五"末期，全国发展注册消防工程师 10.4 万余人、消防行业特有工种职业技能人员 140 万人、专职消防队员 33 万人，但消防队伍的"蓝焰英才""橙才"、领军及后备人才、"高精尖"及优秀年轻人才紧缺，社会专业消防人才总量严重不足。2021 年 12 月 24 日全国人大常务委员会执法检查组公布了关于检查《中华人民共和国消防法》实施情况报告，报告里明确提到：消防专业人才缺乏。在 2021 年修正的《中华人民共和国消防法》第三十五条要求"加强消防技术人才培养"。《"十四五"国家消防工作规划》不仅明确提出"加强人才支撑"的原则，设定"高素质人才队伍稳步壮大"的目标，还在十章内容中专设一章阐述"强化科技引领和人才支撑，驱动消防事业创新发展"，在十个重大工程中设置了"高素质专业人才培育工程""公众消防安全素质提升工程"两项消防人才相关工程。消防安全人才培养任重道远。

消防安全涉及诸多学科的交叉、渗透、融合，实践能力和创新精神在消防安全人才培养中不可或缺。为此，本书系统地介绍消防安全方面的实验，既注重流体力学和消防燃烧学等基础知识，又强调结构抗火、建筑和森林防火、消防系统、灭火技术、防排烟等具体实践，不仅涵盖演示性、操作性、虚拟仿真等多种类型实验，而且包含设计性、综合性、以研促教的创新性实验，每个实验项目从原理、仪器、操作到思考，力求做到科学合理、实用易用、循序启发，希望能够为消防安全人才培养贡献微薄力量。本书可作为高等院校的安全工程、消防工程、土木工程、材料工程、森林工程等相关专业的本科生、专科生和研究生实验教学用书，也可作为职业教育、培训、消防和安全相关工作人员的参考用书。

本书由王勇和颜龙担任主编。具体编写分工如下：第一章由中南大学颜龙编写；第二章、第四章由武汉科技大学王勇编写；第三章由湖南科技大学康文东编写；第五章由西南林业大学崔飞编写；第六章由中国人民警察大学李晓康编写；第七章第一节由湖南科技大学康文东编写，第二节至第四节由中南大学颜龙编写；第八章第一节、第二节由华北水利水电大学白国强编写，第三节由中南大学颜龙编写，第四节、第五节由武汉科技大学王勇编写。全书由王勇负责统稿。

中南大学徐志胜教授担任本书的主审，提出了很多宝贵建议，对提升本书编写水平颇有帮助。在编写过程中，赵雯筠、应后淋、冯钰薇、刘辉、蔡萌涛、廖家浩、陈松林、李亚萍、段蕾、张金香等在资料收集、图表绘制及书稿整理等方面做了大量的工作，在此谨对他们表示衷心的感谢。本书编写得到了武汉科技大学教材建设项目的资助，也得到了凯璞科技（上海）有限公司、苏州阳屹沃尔奇检测技术有限公司的支持和帮助，在此一并表示感谢。

由于编者水平有限，书中难免存在疏漏和不足之处，恳请广大读者批评指正。

编　者

2022 年 5 月

# 目　　录

# 第一章　流体力学实验

消火栓系统、自动喷水灭火系统和防排烟系统都是以水、空气、烟气等流体为主要介质的消防系统，掌握流体的力学特性是了解灭火和防排烟工程原理的基础。本章共设置 7 个流体力学实验，分别是流体静压强测定实验、能量方程实验、动量方程实验、皮托管测速实验、雷诺实验、沿程水头损失实验、局部水头损失实验，来帮助同学们学会各仪器的操作方法，加强对公式、原理的理解与掌握。

## 第一节　流体静压强测定实验

### 一、实验目的

（1）了解流体静压的概念。
（2）了解流体静压的计算方法。
（3）掌握流体静压测量方法。
（4）加深对流体静力学基本方程的理解，并通过实验进行验证。

### 二、实验原理

流体是由分子构成的，分子在运动的过程发生碰撞、产生力的作用，将流体作用在单位面积上的垂直力称为压强。根据流体的宏观状态，可将流体分为静止（或相对静止）流体和运动流体。当流体处于平衡或相对平衡状态时，作用在流体的应力只有法向应力，而没有切向应力，此时，将流体作用面上的负的法向应力称为流体静压强，简称为静压。当流体处于运动状态时，除流体静压强外，流体还具有动能，将单位体积流体所具有的动能称为动压强，简称为动压，将静压和动压之和称为全压。

静压是流体力学中的一个重要参数。当流体处于静止状态时，流体外力仅受重力，取液面以下一长 $H$、垂直面面积为 $A$ 的立方微元体，其受力如图 1-1 所示。

由于处于平衡状态，合力为 0，其受力方程为：

$$Ap_1 + G = Ap_2 \tag{1-1}$$

式中，$A$ 为立方微元体垂直面面积；$p_1$、$p_2$ 分别为立方微元体上、下表面压强，此时均为静压；$G$ 为立方微元体所受重力，$G = AH\rho g$，$\rho$、$g$ 分别为液体密度和当地重力加速度。

式（1-1）化简后得到：

$$p_2 = p_1 + \rho gH \tag{1-2}$$

因此可得到液面以下任意一点处的流体静压强为：

$$p = p_0 + \rho gH \tag{1-3}$$

式中，$p$ 为流体待测点处的静压，Pa；$p_0$ 为流体液面的静压，Pa；$\rho$ 为液体密度，$kg/m^3$；

$g$ 为当地重力加速度，取 $9.8\mathrm{m/s^2}$；$H$ 为待测点与液面间的垂直距离，m。

### 三、实验装置

为测量静压、验证式（1-3），采用流体静压强测定实验装置，如图 1-2 所示。

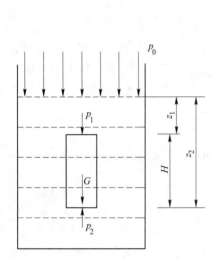

图 1-1　立方微元体受力分析图

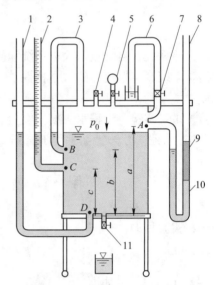

图 1-2　流体静压强实验装置图

1—测压管；2—带标尺测压管；3—连通管；4—通气阀；
5—加压打气球；6—真空测压管；7—截止阀；
8—U 型测压管；9—油柱；10—水柱；11—减压放水阀

说明：（1）本实验通过测量 $A$、$B$、$C$、$D$ 四个不同高度处的压强来帮助了解压强测量仪器的使用方式和验证静压计算方程；（2）以图 1-2 中的带标尺测压管 2 的标尺为标准，读取 1、2、3、6 液面高度，并计算得到 $D$、$C$、$B$、$A$ 四个位置的压强；（3）通过图 1-2 中的加压打气球 5 和减压放水阀 11 分别实现装置内的加压、减压操作；（4）通过旋开图 1-2 中的通气阀 4 使得装置与大气连通，实现装置内部气体压力 $p_0$ 与大气压相等。

### 四、实验步骤

（1）学习、了解实验装置组成和使用方法，记录有关常数。

（2）打开图 1-2 中的通气阀 4，使水箱内液体表面压强与大气压相同，此时水箱内液体表面压强 $p_0 = p_\mathrm{a} = 0$。待水箱和各测压管液面稳定后，观察水箱、测压管各液面是否齐平，若不齐平，则需查明原因并加以排除；若齐平，记录此时水箱和各测压管液面高度。

（3）关闭图 1-2 中的通气阀 4，通过挤压加压打气球 5 进行加压处理，此时水箱内液体表面压强 $p_0 > p_\mathrm{a}$。观察各测压管液面高度是否恒定，若不恒定，则说明存在漏气等问题，应查明原因；若各液面高度保持恒定，记录水箱和各测压管液面高度。

（4）继续挤压图 1-2 中的加压打气球 5 进行加压处理，待各液面稳定后，记录水箱和各测压管液面高度，此步骤共需重复两次。

（5）打开图 1-2 中的通气阀 4，使水箱内液体表面压强与大气压相同，待各液面稳定后再关闭此通气阀，此时水箱内液体表面压强 $p_0=p_a=0$。

（6）打开图 1-2 中的减压放水阀 11 进行减压处理，此时水箱内液体表面压强 $p_0<p_a$，待各液面高度稳定后，记录水箱和各测压管液面高度。

（7）重复步骤（6）两次，要求其中一次水箱内液面高度低于图 1-2 中 B 点，使得 $p_B<0$。

（8）打开图 1-2 中的真空测压管 6 处的截止阀 7，观察真空测压管处液面变化情况。

（9）实验完成后，打开图 1-2 中的通气阀 4 并打扫干净实验台。

## 五、实验记录及数据处理

流体静压强实验数据记录于表 1-1。

**表 1-1　流体静压强实验数据记录处理表**

| 实验条件 | 次序 | 水箱液面 $\nabla_0$ | 测压管液面 $\nabla_H$ | 压强水头 | | | | 测压管水头 | |
|---|---|---|---|---|---|---|---|---|---|
| | | | | $\dfrac{p_A}{\rho g}=\nabla_H-\nabla_0$ | $\dfrac{p_B}{\rho g}=\nabla_H-\nabla_B$ | $\dfrac{p_C}{\rho g}=\nabla_H-\nabla_C$ | $\dfrac{p_D}{\rho g}=\nabla_H-\nabla_D$ | $z_C+\dfrac{p_C}{\rho g}$ | $z_D+\dfrac{p_D}{\rho g}$ |
| $p_0=0$ | 1 | | | | | | | | |
| $p_0>0$ | 1 | | | | | | | | |
| | 2 | | | | | | | | |
| | 3 | | | | | | | | |
| $p_0<0$ | 1 | | | | | | | | |
| | 2 | | | | | | | | |
| | 3 | | | | | | | | |

注：$\nabla_B$、$\nabla_C$、$\nabla_D$ 分别为 B、C、D 三点的标高。

## 六、注意事项

（1）在读取液面高度时，一定要待液面稳定后读取，视线应与凹液面最低处保持水平。

（2）液面高度读取均应以带标尺测压管上的刻度为准。

## 七、思考题

（1）当 $p_B<0$ 时，实验装置中哪些区域为真空区域？

（2）如何利用图 1-2 中的 U 型测压管 8 进行油密度的计算？

# 第二节　能量方程实验

## 一、实验目的

（1）了解流体位置势能、压强势能和动能的概念。

（2）掌握恒定流动条件下流体的位置势能、压强势能和动能的能量转换特性。

（3）验证不可压缩流体恒定流的能量方程。

## 二、实验原理

能量是物质运动转换的量度，对于流体而言，主要具有势能和动能两种形式的能量，其中势能又可分为位置势能和压强势能。根据能量守恒定律，能量只能从一种形式变为另一种形式，而无法凭空产生或者是消灭。假设一无黏性不可压缩流体，在截面积为 $A$ 的管道中作恒定流，取一长 $dx$ 的微元体，如图 1-3 所示，质量流量为 $q_m$。

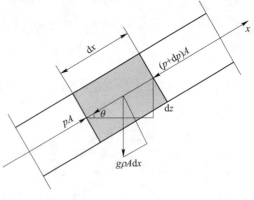

图 1-3 微元体受力分析图

该微元体所受合力为：

$$pA - (p + dp)A - g\rho A dz = -A dp - g\rho A dz \qquad (1\text{-}4)$$

该微元体动量变化率为：

$$q_m dv = \rho A v dv \qquad (1\text{-}5)$$

根据动量原理有：

$$\rho A v dv = -A dp - g\rho A dz \qquad (1\text{-}6)$$

式（1-6）化简后得到：

$$g dz + \frac{dp}{\rho} + v dv = 0 \qquad (1\text{-}7)$$

积分后得到：

$$gz + \frac{p}{\rho} + \frac{1}{2}v^2 = \text{const} \qquad (1\text{-}8)$$

但在实际研究中，仍需要考虑摩擦等问题，因此对于流动过程的任意两段面有：

$$z_1 g + \frac{p_1}{\rho} + \frac{v_1^2}{2} = z_2 g + \frac{p_2}{\rho} + \frac{v_2^2}{2} + h_{w1\text{-}2} \qquad (1\text{-}9)$$

式中，下标 1、2 分别表示断面 1、2；$z$ 为点所在高度，m；$p$ 为该点压强，Pa；$\rho$ 为流体密度，kg/m³；$v$ 为该点流速，m/s；$h_w$ 为水头损失，m。

式（1-9）即为适用于不可压缩理想流体的能量方程，即伯努利方程。可以看出，能量主要由位置势能 $zg$、压强势能 $\dfrac{p}{\rho}$ 和动能 $\dfrac{v^2}{2}$ 三部分组成，且在整个过程中三种能量相互转化，通过测压管可以得到该位置的位置势能和压强势能，通过测量流量即可得到断面平均流速 $v$ 及动能，从而计算得到总能量，也可以通过皮托管进行总能量的测量。

## 三、实验装置

为研究流体位置势能、压强势能和动能相互转化关系，采用能量方程实验装置，如图 1-4 所示。

说明：该装置采用体积法，结合各管段管径计算得到对应流速和动能；通过测压计可

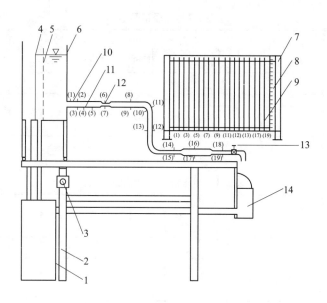

图 1-4　能量方程实验装置图

1—自循环供水器；2—实验台；3—可控无级调速器；4—溢流板；5—稳水孔板；6—恒压水箱；
7—测压计；8—滑动测量尺；9—测量管；10—实验管道；11—皮托管测点；
12—测压观测点；13—流量调节阀；14—回水漏斗

分别读取图 1-4 中（1）（3）（5）（7）（9）（11）（12）（13）（17）（19）位置的压强，进而求得流体在对应位置的压强势能，通过尺子可以测得各位置的位置势能。

**四、实验步骤**

（1）学习、了解实验装置组成和使用方法，记录有关常数。

（2）启动水泵，使恒压水箱充水并保持溢流状态，将图 1-4 中流量调节阀 13 旋至最大，排尽实验管道内气体。

（3）待管道无气泡后，关闭图 1-4 中流量调节阀 13，检查测压管液面是否齐平，若不平，需查明原因并加以排除。

（4）打开图 1-4 中流量调节阀 13，待管道出水口出水稳定后，观察各测压管和皮托管液位变化情况并做好记录，同时采用体积法测量流量。

（5）通过旋转图 1-4 中流量调节阀 13 改变流量，重复步骤（4）两次，并要求保证其中一次调节阀开至最大使最后一根测压管水位降至接近标尺零点。

（6）实验完成后，关闭水泵，将实验仪器复位并打扫干净实验台。

**五、实验记录及数据处理**

有关常数记录：

均匀段 $D_1 = $ _____ cm，缩管段 $D_2 = $ _____ cm，扩管段 $D_3 = $ _____ cm；恒压水箱液面高程 $\nabla_0 = $ _____ cm，上管道轴线高程 $\nabla_z = $ _____ cm。

能量方程实验数据记录于表 1-2~表 1-5。

表 1-2 管径记录表

| 测点编号 | 1* | 2 3 | 4 | 5 | 6* 7 | 8* 9 | 10 11 | 12* 13 | 14* 15 | 16* 17 | 18* 19 |
|---|---|---|---|---|---|---|---|---|---|---|---|
| 管径/cm | | | | | | | | | | | |
| 两点间距离 /cm | | 4 | 4 | 6 | 6 | 4 | 13.5 | 6 | 10 | 29 | 16 | 16 |

注：＊为皮托管测点。

表 1-3 测压管实验数据记录表

| 测点编号 | | 2 | 3 | 4 | 5 | 7 | 9 | 10 | 11 | 13 | 15 | 17 | 19 | $q$ /cm$^3$·s$^{-1}$ |
|---|---|---|---|---|---|---|---|---|---|---|---|---|---|---|
| 实验次数 | 1 | | | | | | | | | | | | | |
| | 2 | | | | | | | | | | | | | |
| | 3 | | | | | | | | | | | | | |

表 1-4 速度水头数据记录表

| 管径 $d$ /cm | $q$/cm$^3$·s$^{-1}$ | | | $q$/cm$^3$·s$^{-1}$ | | | $q$/cm$^3$·s$^{-1}$ | | |
|---|---|---|---|---|---|---|---|---|---|
| | $A$/cm$^2$ | $v$/cm·s$^{-1}$ | $\frac{v^2}{2g}$/cm | $A$/cm$^2$ | $v$/cm·s$^{-1}$ | $\frac{v^2}{2g}$/cm | $A$/cm$^2$ | $v$/cm·s$^{-1}$ | $\frac{v^2}{2g}$/cm |
| | | | | | | | | | |
| | | | | | | | | | |

表 1-5 总水头数据记录表

| 测点编号 | | 2 3 | 4 | 5 | 7 | 9 | 10 | 11 | 13 | 15 | 17 | 19 | $q$/cm$^3$·s$^{-1}$ |
|---|---|---|---|---|---|---|---|---|---|---|---|---|---|
| 实验次数 | 1 | | | | | | | | | | | | |
| | 2 | | | | | | | | | | | | |
| | 3 | | | | | | | | | | | | |

## 六、注意事项

（1）调节流量调节阀时一定要缓慢，防止测压管液面突降形成局部真空而导致空气倒吸入实验管道中。

（2）在读取液面高度时，一定要待液面稳定后读取，视线应与凹液面最低处保持水平。

（3）在整个实验过程中需保证恒压水箱保持溢流状态。

（4）运用体积法测量流速、流量时，时间不宜过短，且至少测量三次并取平均值，以减小误差。

### 七、思考题

（1）为何不能将急流断面选作能量方程的计算断面？

（2）通过旋转调节阀改变流量，测压管水头和总水头变化趋势有何不同？并分析具体原因。

（3）绘制皮托管测量的总水头线和实际测量、计算得到的总水头线，并进行比较，分析造成两者间差距的具体原因。

# 第三节　动量方程实验

### 一、实验目的

（1）掌握测定管嘴出流时对平板施加冲击力的方法。

（2）将测量得到的冲击力与计算得到的冲击力进行比较，验证不可压缩流体恒定流的动量方程，加深理解。

（3）了解动量方程实验装置——活塞式动量定律实验仪的构造、原理。

### 二、实验原理

当流体处于恒定流动状态时，总动量方程为：

$$F = \rho q(\beta_2 v_2 - \beta_1 v_1) \tag{1-10}$$

带活塞的抗冲平板在管嘴出流冲击力（平板左侧）和测压管中静水压力（平板右侧）的作用下处于平衡状态，如图1-5所示。由于滑动摩擦阻力水平分力$f_x$小于管嘴出流冲击力$F_x$的5%，可忽略不计，因此$x$方向的动量方程可写为：

$$F_x = - p_x \frac{\pi}{4} D^2 = - \rho g h_c \frac{\pi}{4} D^2 = \rho q(0 - \beta_1 v_{1x}) \tag{1-11}$$

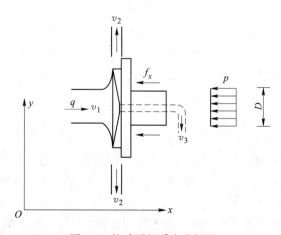

图1-5　抗冲平板受力分析图

式（1-11）化简得到：

$$\beta_1 = \frac{\pi g h_c D^2}{4 v_{1x} q}\qquad(1\text{-}12)$$

式中，$\beta_1$ 为动量修正系数；$h_c$ 为测压管液位高度，m；$D$ 为活塞直径，m；$v_{1x}$ 为管嘴出流流速，m/s；$q$ 为管嘴出流流量，$m^3/s$；$g$ 为当地重力加速度，取 $9.8 m/s^2$。

### 三、实验装置

活塞式动量定律实验仪如图 1-6 所示，其中带活塞和标尺的测压管如图 1-7 所示。

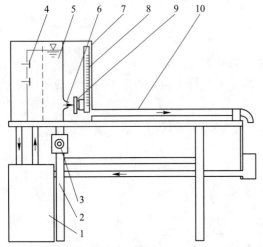

图 1-6　活塞式动量定律实验仪

1—自循环供水器；2—实验台；3—可控无级调速器；
4—水位调节阀；5—恒压水箱；6—管嘴；7—集水箱；
8—带活塞和标尺的测压管；9—带活塞和翼片的抗冲平板；
10—上回水管

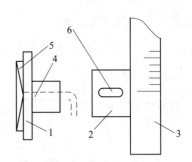

图 1-7　抗冲平板、活塞构造大样图

1—抗冲平板；2—活塞套；3—带标尺的测压管；
4—细导水管；5—翼片；6—窄槽

说明：（1）根据式（1-10），该装置通过体积法，结合管嘴直径 $d$，计算得到管嘴流速 $v_1$，由于流体撞击在抗冲平板上使得流体水平速度 $v_2$ 为 0；（2）该装置通过读取图 1-6 中带活塞和标尺的测压管 8 液位高度，测得抗冲平板右侧压强，结合活塞直径 $D$，求得平板右侧压力；（3）由于平板处于平衡状态，结合（1）（2）构建力平衡方程，即可计算得到动量修正系数 $\beta_1$，并对动量定律进行验证。

### 四、实验步骤

（1）学习、了解实验装置组成和使用方法，记录有关常数；松开测压管固定螺丝，调整测压管方位使其保持垂直，螺丝对准十字中心，使活塞转动松快，然后旋转螺丝固定好。

（2）开启水泵，打开图 1-6 中的可控无级调速器 3，使恒压水箱充水并保持溢流状态。

（3）由于标尺的零点已经固定在活塞圆心水平高度上，因此待测压管内液面稳定后，即可读取并记录此时管内液面高度。

（4）采用体积法测量流量，要求测量时间不宜过短，并至少重复三次取平均值。

（5）逐次打开图1-6中的水位调节阀4，改变管嘴出流的作用水头，调节可控无级调速器3使溢流量适中，待液位稳定后，重复步骤（4）（5）。

（6）实验完成后，关闭水泵和调速器，将实验仪器复位并打扫干净实验台。

### 五、实验记录及数据处理

有关常数记录：

管嘴直径 $d$ =_____ cm，活塞直径 $D$ =_____ cm。

动量方程实验数据记录于表1-6。

**表1-6　动量方程实验数据记录处理表**

| 管嘴作用水头 /cm | 实验次数 | 体积 $V$/cm³ | 时间/s | 流量 $q$ /cm³·s⁻¹ | 流速 /cm·s⁻¹ | 活塞作用水头 /cm | 冲击力 $F$/N | 动量修正系数 $\beta_1$ |
|---|---|---|---|---|---|---|---|---|
| | 1 | | | | | | | |
| | 2 | | | | | | | |
| | 3 | | | | | | | |
| | 1 | | | | | | | |
| | 2 | | | | | | | |
| | 3 | | | | | | | |
| | 1 | | | | | | | |
| | 2 | | | | | | | |
| | 3 | | | | | | | |

### 六、注意事项

（1）实验测量均需在水流、液位稳定后进行。

（2）在读取液面高度时，一定要待液面稳定后读取，视线应与凹液面最低处保持水平。

（3）运用体积法测量流速、流量时，时间不宜过短，重复测量至少三次并取平均值，以减小误差。

### 七、思考题

（1）根据实验计算得出的动量修正系数 $\beta_1$ 与公认值（$\beta=1.02\sim1.05$）是否符合？若不符合，试分析原因。

（2）思考若反射水流的回射角度不为90°（抗冲平板未保持垂直）将会造成什么结果，是否会对实验结果产生影响？

# 第四节　皮托管测速实验

## 一、实验目的

（1）了解皮托管的构造、原理。

（2）掌握皮托管测量点流速的方法，并通过实验结果检测其量测精度。

## 二、实验原理

皮托管通过测量全压和静压之差来求得动压，是实验室中常用于测量点流速的仪器，如图 1-8 和图 1-9 所示。皮托管顶端设计有一个全压进气孔，由于与流动方向相同，该点主要用于测量流体全压；皮托管侧壁设计有若干个静压进气孔，由于与流动方向垂直，该点速度为 0，即主要用于测量流体静压。全压进气孔和静压进气孔不相同，通过不同导压管分别引至全压出气孔和静压出气孔，通过测压计读取微压计液面差 $\Delta h$ 即可得到全压和静压之差——动压，进而求得该点的流速。即：

$$v = \varphi \sqrt{2g\Delta h} \tag{1-13}$$

式中，$v$ 为测点流速，m/s；$\varphi$ 为皮托管修正系数；$\Delta h$ 为皮托管全压管和静压管水头之差，m。

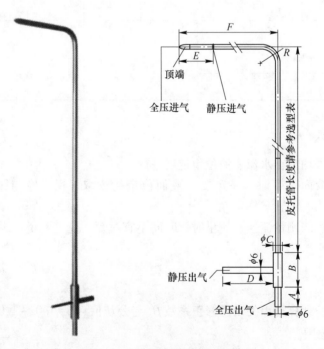

图 1-8　皮托管及其具体构造图

## 三、实验装置

为了验证、掌握皮托管原理，采用皮托管测速实验装置，如图 1-10 所示。

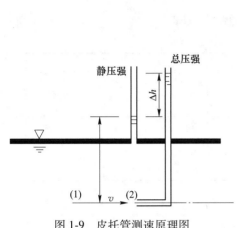

图 1-9 皮托管测速原理图

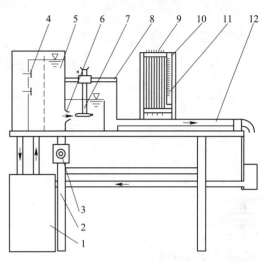

图 1-10 皮托管测速实验装置

1—自循环供水器；2—实验台；3—可控无级调节器；
4—水位调节阀；5—恒压水箱；6—管嘴；7—皮托管；
8—尾水箱与导轨；9—测压管；10—测压计；
11—滑动标尺；12—上回水管

说明：本实验采用两种测速方式：（1）采用体积法，结合管嘴直径计算得到管嘴出流流速；（2）利用皮托管测出全压和静压差——动压，根据动压计算得到流速。

## 四、实验步骤

（1）学习、了解实验装置组成和使用方法，记录有关常数。

（2）将皮托管与管嘴对齐，放置在距离管嘴出口 2~3cm 处，并旋紧皮托管固定螺丝。

（3）开启水泵，旋转图 1-10 中的可控无级调节器 3 至流量最大处。

（4）待高、低水箱均充满并保持溢流后，用吸气球排除皮托管中和各连通管中的气体。用静水匣罩住皮托管以形成一个静水环境。检查图 1-10 中测压管 1、2 液位是否与高、低水箱液位齐平，测压管 3、4 液位是否齐平，若不齐平，则需查明原因并排除。

（5）待测压管内液位稳定后，记录各测压管液位数据。

（6）调节图 1-10 中的可控无级调节器 3 和水位调节阀 4，改变高位水箱的水位，共需获得三个不同水位和流速的数据，重复步骤（5）。

（7）完成以下实验步骤：

1）分别沿着垂直和流向方向改变测点位置，观察管嘴淹没出流流速分布情况；

2）在有压管道测量中，管道直径为皮托管直径 6~10 倍时，误差在 2% 以上不宜使用，试将皮托管头部伸入管嘴中，予以验证；

3）实验结束后，需按照步骤（4）再次检测液位是否齐平，若不齐平，则需重新进行实验；

4）实验完成后，关闭水泵和调速器，将实验仪器复位并打扫干净实验台。

### 五、实验记录及数据处理

皮托管测速实验数据记录于表1-7。

**表 1-7  皮托管测速实验数据记录表**

修正系数 $\varphi =$ _____，$k =$ _____ $cm^{0.5}/s$

| 实验次数 | 上、下游水位差/cm | | | 皮托管水位差/cm | | | 测点流速 $v = k\sqrt{\Delta h}$ /cm·s$^{-1}$ | 测点流速修正系数 $\varphi' = \varphi\sqrt{\Delta h/\Delta H}$ |
|---|---|---|---|---|---|---|---|---|
| | $h_1$ | $h_2$ | $\Delta H$ | $h_3$ | $h_4$ | $\Delta h$ | | |
| 1 | | | | | | | | |
| 2 | | | | | | | | |
| 3 | | | | | | | | |

### 六、注意事项

（1）皮托管水位变化较缓慢，稳定需要较长时间，要确保水位完全稳定后才能读取液位数据。

（2）在读取液面高度时，一定要待液面稳定后读取，视线应与凹液面最低处保持水平。

### 七、思考题

（1）观察皮托管的水头差 $\Delta h$ 和高、低水箱的水位差 $\Delta H$，分析两者间的关系以及原因。

（2）根据实验数据计算得到的流速修正系数 $\varphi'$ 说明了什么？

（3）简述皮托管的优缺点和适用条件。

## 第五节  雷诺实验

### 一、实验目的

（1）观察层流、紊流实验现象及流态转变特征。

（2）测定雷诺数，掌握圆管流态判定准则。

### 二、实验原理

雷诺数（Reynolds number，$Re$）是流体力学中用于表征黏性影响的相似准则数，对于圆管流动，其雷诺数计算式为：

$$Re = \frac{\rho v d}{\mu} = \frac{4q}{\pi d \nu} \tag{1-14}$$

雷诺数较小时，黏滞力对流场的影响大于惯性力，流场中流速的扰动会因黏滞力而衰减，流体流动稳定，为层流；反之，雷诺数较大时，惯性力对流场的影响大于黏滞力，流体流动较不稳定，流速的微小变化容易发展、增强，形成紊乱、不规则的紊流流场。

在流动流量由 0 逐渐增大过程中，流体流态从层流向紊流转变，此时对应一个上临界雷诺数 $Re'_k$；在流量由大逐渐减小过程中，流体流态从紊流向层流转变，此时对应一个下临界雷诺数 $Re_k$。其中上临界雷诺数 $Re'_k$ 不稳定、易受影响，下临界雷诺数 $Re_k$ 较稳定，因此常以下临界雷诺数 $Re_k$ 作为流态判定标准，即当 $Re < Re_k$ 时，流体流态为层流；$Re > Re_k$ 时，流体流态为紊流，实验发现，圆管流动的下临界雷诺数 $Re_k = 2320$。

### 三、实验装置

雷诺实验装置如图 1-11 所示。

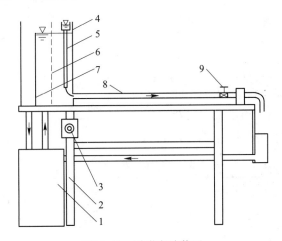

图 1-11　雷诺实验装置

1—自循环供水器；2—实验台；3—可控无级调速器；4—恒压水箱；5—有色水水管；
6—稳水孔板；7—溢流板；8—实验管道；9—流量调节阀

说明：（1）该雷诺实验装置通过注入颜料来突出显示一条迹线，用于观察流体流动现象；（2）采用体积法来计算得到流体流速，进而求得对应的雷诺数，用于判断流态。

### 四、实验步骤

（1）学习、了解实验装置组成和使用方法，记录有关常数。

（2）观察层流、紊流两种流态：

1）打开水泵和图 1-11 中的可控无级调速器 3，使恒压水箱充水并保持溢流状态。

2）待稳定后，微微旋开流量调节阀 9，并注入有色水于实验管道中，使管中的颜色呈一条直线，此时流体流态为层流。

3）旋转流量调节阀 9 逐渐增加流量，通过有色水观察流体从层流逐渐向紊流转变的过程和现象。

4）待实验管道中完全呈紊流后，再旋转流量调节阀 9，逐渐减小流量，通过有色水观察流体紊流逐渐向层流转变的过程和现象。

（3）测定下临界雷诺数：

1）旋开图 1-11 中的流量调节阀 9，使实验管道中流体呈完全紊流，再逐渐减小流量，当有色水在管中恰好呈现出一条稳定直线时，即处于下临界状态。

2）待实验管道中出现下临界状态时，采用体积法测定流量。

3）根据实验数据计算下临界雷诺数 $Re_k$，并与公认值 2320 进行比较，若差距较大，则需重新进行实验。

4）重复上述实验步骤 1）~3）不少于三次。

（4）测定上临界雷诺数：从 0 逐渐开启图 1-11 中的流量调节阀 9，实验管道中流体由层流过渡到紊流，当原本呈直线的有色水刚开始散开时，即为上临界状态，根据实验数据计算上临界雷诺数 $Re'_k$，重复次数不应少于三次。

（5）实验完成后，关闭水泵和调速器，将实验仪器复位并打扫干净实验台。

### 五、实验记录及数据处理

有关常数记录：

管嘴直径 $d =$ _____ cm，水温 $T =$ _____ ℃；

运动黏度 $\nu = \dfrac{0.01775}{1+0.0337T+0.000221T^2} =$ _____ cm²/s。

雷诺实验数据记录于表 1-8。

**表 1-8　雷诺实验数据记录表**

| 实验次数 | 有色水线形态 | 体积 $V/\text{cm}^3$ | 时间 $t/\text{s}$ | 流量 $q/\text{cm}^3 \cdot \text{s}^{-1}$ | 雷诺数 $Re$ | 阀门开度增（↑）或减（↓） |
|---|---|---|---|---|---|---|
| 1 | | | | | | |
| 2 | | | | | | |
| 3 | | | | | | |
| 4 | | | | | | |
| 5 | | | | | | |
| 6 | | | | | | |

实验下临界雷诺数平均值 $\overline{Re_k} =$

注：有色水线形态有稳定直线、稳定直线略弯曲、直线摇摆、直线抖动、断续、完全散开等。

### 六、注意事项

（1）每旋转图 1-11 中的流量调节阀 9 一次，均需等待几分钟，稳定后再测量。

（2）在测量下临界雷诺数逐渐关紧阀门过程中，只许逐渐关紧，不许开大流量。

（3）随着流量的减小，应适当调小图 1-11 中的可控无级调节器 3，以减小溢流量对实验的干扰。

### 七、思考题

（1）流态判定标准为什么采用无量纲参数雷诺数，而不是流体临界流速？

（2）为什么认为上临界雷诺数 $Re'_k$ 无实际意义，而选择下临界雷诺数 $Re_k$ 作为流态的判据？

（3）分析层流和紊流在运动学和动力学方面有何差异。

# 第六节　沿程水头损失实验

## 一、实验目的

（1）验证圆管流动中流态为层流、紊流时沿程水头损失随平均速度变化的规律，绘制 $\lg h_f$-$\lg v$ 曲线图。

（2）掌握测量、计算管道沿程阻力系数的方法。

## 二、实验原理

在固体边界平直的水道中，单位重量的液体自一断面流至另一断面所损失的机械能称为该两断面之间的水头损失，沿程水头损失是水头损失的一种，随流程长度的增加而逐渐增加。根据达西公式，对圆形管道来说有：

$$h_f = \lambda \frac{l}{d} \frac{v^2}{2g} \tag{1-15}$$

式中，$h_f$ 为沿程水头损失，m；$\lambda$ 为沿程阻力系数；$l$ 为断面间距，m；$d$ 为管径，m；$v$ 为流速，m/s；$g$ 为当地重力加速度，取 $9.8\,\mathrm{m/s}^2$。

式（1-15）化简得到沿程阻力系数为：

$$\lambda = \frac{2dgh_f}{lv^2} = \frac{2dg}{l} \left( \frac{\pi d^2}{4q} \right)^2 h_f = K \frac{h_f}{q^2}$$

$$K = \frac{\pi^2 q d^5}{8l} \tag{1-16}$$

对于水平放置的等径圆形管道，当管内不可压缩流体恒定流动时，1—1 断面和 2—2 断面间沿程水头损失即为压强势能之差，即 $h_f = \Delta H_p = \dfrac{p_1 - p_2}{\rho g}$。

## 三、实验装置

沿程水头损失实验装置如图 1-12 所示。

说明：对于该装置而言，测试管段水平放置，且测试断面间无产生局部水头损失的突变装置，因此当管内流体处于恒定流动状态时，测试断面间的压强势能之差即为沿程水头损失，通过读取测压计液位差或图 1-12 中的压差电测仪 7 数据来获得沿程水头损失具体数值，绘制 $\lg h_f$-$\lg v$ 曲线图，并结合达西公式计算管道沿程阻力系数。

## 四、实验步骤

（1）学习、了解实验装置组成和使用方法，记录有关常数。

（2）开启水泵，开启图 1-12 中的流量调节阀 10、供水阀 11 和旁通阀 12。

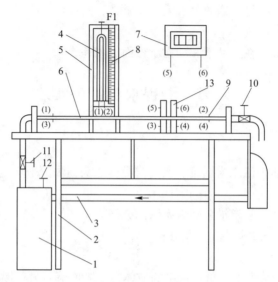

图 1-12　沿程水头损失实验装置

1—自循环供水器；2—实验台；3—回水管；4—水压差计；5—测压计；6—实验管道；7—压差电测仪；
8—滑动标尺；9—测压点；10—流量调节阀；11—供水阀；12—旁通阀；13—稳压筒

（3）排除装置中的气体：

1）反复开关图 1-12 中的旁通阀 12，待水从测压计中充满流过，完成测压计排气工作，若测压计中液位过高，可打开其上侧 F1 排气阀，待水位降低至正常高度后关闭排气阀。

2）关闭图 1-12 中的流量调节阀 10，开启传感器端排气阀，使其连续出水，排除传感器软管内气体，关闭排气阀。

（4）关闭图 1-12 中的流量调节阀 10，确保处于静水状态，观察测压计液位是否齐平，若不齐平，则需查明原因并排除。

（5）旋转图 1-12 中的供水阀 11 至最大，逐渐旋开流量调节阀 10，相应逐渐关紧旁通阀 12，逐渐增加流量，待稳定后，采用体积法测量流量，同时读取测压计液位差或压差电测仪 7 数据。

（6）改变流量重复步骤（5）6~8 次。

（7）当实验完成后，将图 1-12 中的旁通阀 12 开至最大，关闭流量调节阀 10，观察测压管液位是否齐平或压差电测仪 7 是否为 0，若不齐平或不为 0，则需重新调平并进行实验。

（8）实验完成后，关闭水泵并打开所有阀门，清空管内余水，将实验仪器复位并打扫干净实验台。

**五、实验记录及数据处理**

有关常数记录：

圆管直径 $d =$ _____ cm，两侧段长度 $l =$ _____ cm，常数 $K = \dfrac{\pi^2 d^5 g}{8l} =$ _____

cm$^5$/s$^2$，水温 $T =$ _____ ℃，运动黏度 $\nu = \dfrac{0.01775}{1+0.0337T+0.000221T^2} =$ _____ cm$^2$/s。

沿程水头损失实验数据记录于表1-9。

**表1-9 沿程水头损失实验数据记录表**

| 实验次数 | 平均流量 $q/\mathrm{cm^3 \cdot s^{-1}}$ | 平均流速 $v/\mathrm{cm \cdot s^{-1}}$ | 雷诺数 $Re$ | 测压计读数 | | 沿程水头损失 $h_f/\mathrm{cm}$ | 沿程阻力系数 | $\lambda = \dfrac{64}{Re}$ （$Re < 2320$） |
| --- | --- | --- | --- | --- | --- | --- | --- | --- |
| | | | | $h_1/\mathrm{cm}$ | $h_2/\mathrm{cm}$ | | | |
| 1 | | | | | | | | |
| 2 | | | | | | | | |
| 3 | | | | | | | | |
| 4 | | | | | | | | |
| 5 | | | | | | | | |
| 6 | | | | | | | | |
| 7 | | | | | | | | |
| 8 | | | | | | | | |

以 $\lg v$ 为横坐标，$\lg h_f$ 为纵坐标绘制 $\lg h_f$-$\lg v$ 曲线图，并求出斜率，斜率计算式为

$$m = \frac{\lg h_{f2} - \lg h_{f1}}{\lg v_2 - \lg v_1} \circ$$

### 六、注意事项

（1）每次调节流量后，需等待 3min 左右，稳定后才能进行数据测量、记录。

（2）采用体积法测量流量时，应至少测量三次并取平均值，每次测量时间不宜太短，以减少实验误差。

（3）在 6~8 次流量逐渐增大实验过程中，要求最后一次为供水阀和流量调节阀全开、旁通阀全闭的状态。

### 七、思考题

（1）注意事项（3）中要求最后一次为供水阀和流量调节阀全开、旁通阀全闭的状态，请思考此时状态水头情况如何？为何要求达到此状态？

（2）根据测量、计算得到的 $\lg h_f$-$\lg v$ 曲线图斜率 $m$，分析判断本实验的流区。

（3）将本实验结果与莫迪图进行比较，分析造成两者不同的可能原因。

# 第七节 局部水头损失实验

### 一、实验目的

（1）了解局部水头损失机理。

（2）掌握管道局部阻力系数 $\xi$ 的测量计算方法，并与理论计算值相比较。

### 二、实验原理

局部水头损失是水头损失的一种，是指由局部边界急剧改变导致水流结构改变、流速

分布改变并产生旋涡区而引起的水头损失，如图 1-13 所示。由于边界改变类型繁多，如断面变化、弯头、分流、汇流、阀门等，因此大部分局部水头损失需要通过实验测得，只有少部分可以通过理论计算得出。

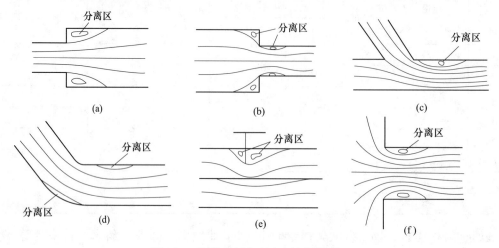

图 1-13　因管道局部突变产生的旋涡区

（a）突然扩大；（b）突然缩小；（c）三通汇流；（d）管道弯头；（e）闸阀；（f）管道进口

对于局部边界变化前后两过流断面有能量方程：

$$h_j = \left( z_1 + \frac{p_1}{\rho g} + \frac{\alpha_1 v_1^2}{2g} \right) - \left( z_2 + \frac{p_2}{\rho g} + \frac{\alpha_2 v_2^2}{2g} \right)$$

$$= \Delta H_p + \left( \frac{\alpha_1 v_1^2}{2g} - \frac{\alpha_2 v_2^2}{2g} \right) - h_f \tag{1-17}$$

因此，测量得到流量、管径和两断面测压管液面差，即可推导得出两断面间因局部边界变化而造成的局部水头损失，局部水头损失表达式为：

$$h_j = \xi \frac{v^2}{2g} \tag{1-18}$$

式中，$h_j$ 为局部水头损失，m；$\xi$ 为局部阻力系数；$v$ 为流速，m/s；$g$ 为当地重力加速度，取 $9.8 \text{m/s}^2$。

式（1-18）化简得到局部阻力系数 $\xi = \dfrac{2gh_j}{v^2}$。

理论上，对于圆管突扩有 $\xi = \left( 1 - \dfrac{A_1}{A_2} \right)^2$，对于圆管突缩有 $\xi = 0.5 \left( 1 - \dfrac{A_1}{A_2} \right)$。

### 三、实验装置

局部水头损失实验装置如图 1-14 所示。

说明：（1）该装置主要采用体积法测量流体流速；（2）该装置分别测量图 1-14 中的突扩实验段 7 和突缩实验段 11 前后截面的压力差，得到对应段局部水头损失，并与理论值进行对比分析。

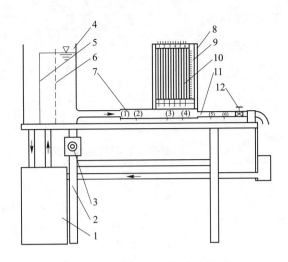

图 1-14 局部水头损失实验装置

1—自循环供水器；2—实验台；3—可控无级调节器；4—恒压水箱；5—溢流板；6—稳水孔板；

7—突扩实验段；8—测压排；9—滑动标尺；10—测压管；11—突缩实验段；12—流量调节阀

**四、实验步骤**

（1）学习、了解实验装置组成和使用方法，记录有关常数。

（2）启动水泵，使恒压水箱充水并保持溢流状态，排除管道和测压管内的气体。

（3）将图 1-14 中的流量调节阀 12 全关，检测各测压管液位是否齐平，若不齐平，则需找出原因并排除。

（4）打开图 1-14 中的流量调节阀 12，采用体积法测量流量（测量三次取平均值），并读取记录各测压管液位标高。

（5）通过旋转图 1-14 中的流量调节阀 12 改变流量，重复步骤（4），需再进行实验两次。

（6）当实验完成后，关闭图 1-14 中的流量调节阀 12，观察测压管液位是否齐平，若不齐平或不为 0，则需重新调平并进行实验。

（7）实验完成后，关闭水泵并打开所有阀门，清空管内余水，将实验仪器复位并打扫干净实验台。

**五、实验记录及数据处理**

有关常数记录：

小圆管直径 $d =$ _____ cm，大圆管直径 $D =$ _____ cm，$l_{1\text{-}2} =$ _____ cm，$l_{2\text{-}3} =$

_____ cm，$l_{3\text{-}4} =$ _____ cm，$l_{4\text{-}5} =$ _____ cm，$l_{5\text{-}6} =$ _____ cm，$\xi_1 = \left(1 - \dfrac{A_1}{A_2}\right)^2 =$

_____，$\xi_2 = 0.5\left(1 - \dfrac{A_1}{A_2}\right) =$ _____。

局部水头损失实验数据记录于表 1-10 和表 1-11。

**表 1-10　实验数据记录表**

| 实验次数 | 平均流量 $q/\mathrm{cm^3 \cdot s^{-1}}$ | 测压管液位标高/cm | | | | | |
|---|---|---|---|---|---|---|---|
| | | $h_1$ | $h_2$ | $h_3$ | $h_4$ | $h_5$ | $h_6$ |
| 1 | | | | | | | |
| 2 | | | | | | | |
| 3 | | | | | | | |

**表 1-11　局部水头损失实验数据计算表**

| 阻力形式 | 实验次数 | 流量 $q/\mathrm{cm^3 \cdot s^{-1}}$ | 前断面/cm | | 后断面/cm | | $h_{f实际}$ /cm | $h_{j实际}$ /cm | $\xi_{实际}$ | $\xi_{理论}$ | $h_{j理论}$ /cm |
|---|---|---|---|---|---|---|---|---|---|---|---|
| | | | $\dfrac{\alpha_1 v_1^2}{2g}$ | 总水头 $h$ | $\dfrac{\alpha_2 v_2^2}{2g}$ | 总水头 $h$ | | | | | |
| 突扩段 | 1 | | | | | | | | | | |
| | 2 | | | | | | | | | | |
| | 3 | | | | | | | | | | |
| 突缩段 | 1 | | | | | | | | | | |
| | 2 | | | | | | | | | | |
| | 3 | | | | | | | | | | |

## 六、注意事项

（1）待流体稳定后，才能进行相关的数据测量、记录。

（2）采用体积法测量流量时，应测量三次并取平均值，每次测量时间不宜太短。

## 七、思考题

（1）结合实验结果，分析突扩段和突缩段局部水头损失大小关系。

（2）结合实验现象，分析局部水头损失机理，以及突扩段和突缩段水头损失的主要部位。

（3）结合实验，讨论如何减小局部水头损失。

# 第二章  消防燃烧学实验

气体、液体、固体具有各自的燃烧特点，掌握物质的燃烧特性对理解防火灭火方法和技术具有重要意义。本章主要介绍温度、热流强度、质量损失速率等物理量的测定方法，讲解扩散/预混燃烧形式、火焰结构、火焰温度、火焰热流强度、闪点燃点等着火温度、热解温度、燃烧速度、沸溢喷溅现象等物质燃烧特性方面的实验。本章实验项目（仿真实验除外）需要提前配备适当的防火灭火措施和必要的个体防护装备，并确保通风排烟装置能正常运行。

## 第一节  火焰结构分析实验

### 一、实验目的

（1）明确扩散燃烧和预混燃烧形式，并熟悉不同燃烧形式的火焰结构、火焰颜色等特征。

（2）了解通过受热体系温度或焓的变化速率比较不同燃烧火焰的能量或温度高低的方法。

（3）掌握热电偶的测温原理和特点。

### 二、实验原理

（一）燃烧形式

1. 扩散燃烧

扩散燃烧是指可燃气体或蒸气分子与气体氧化剂互相扩散，边混合边燃烧。在扩散燃烧中，可燃气体与空气或氧气的混合是靠气体的扩散作用来实现的，混合过程要比燃烧反应过程慢得多，燃烧过程处于扩散区域内，整个燃烧速度的快慢由物理混合速度决定。其特点为：燃烧比较稳定，火焰温度相对较低，扩散火焰不运动，可燃气体与气体氧化剂的混合在可燃气体喷口进行，燃烧过程不发生回燃现象。

2. 预混燃烧

预混燃烧是指可燃气体、蒸气预先同空气（或氧）混合，遇引火源产生带有冲击力的燃烧。预混燃烧一般发生在封闭体系中或在混合气体向周围扩散的速度远小于燃烧速度的敞开体系中，燃烧放热造成产物体积迅速膨胀，压力升高。其特点为：燃烧反应快，温度高，火焰传播速度快，反应混合气体不扩散，在可燃混合气体中引入一火源即产生一个火焰中心，成为热量与化学活性粒子集中源。预混气体从管口喷出发生燃烧，若流速大于燃烧速度，则在管中形成稳定的燃烧火焰，燃烧充分，燃烧速度快，燃烧区呈高温白炽状；若可燃混合气体在管口流速小于燃烧速度，则会发生回火现象。

## （二）本生灯的火焰结构

本生灯的结构如图 2-1 所示，包括进气口、调节阀、空气调节环、灯管、火焰稳定器等部件。

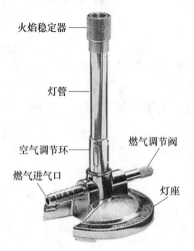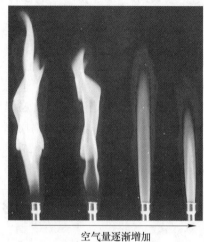

空气量逐渐增加　　　图 2-1 彩图

图 2-1　本生灯及其火焰结构

火焰稳定器

灯管

空气调节环　　燃气调节阀

燃气进气口　　灯座

燃料气从底部通入，如果关闭气孔，则没有空气进入，燃料气从灯管顶部喷出，如果点燃，燃料气燃烧所需的空气全部来自本生灯以外的大气，这种空气称为二次空气。此时为扩散燃烧，火焰呈现黄色，燃烧不充分，温度也比较低。

通过调节空气调节环，空气（称为一次空气）可以通过气孔进入灯管与燃料气预混，在贴近灯管顶部点燃混合气，燃烧并形成一圈锥形火焰。此时为预混燃烧，火焰为蓝色，燃烧较完全。通过调节燃料气的流速控制燃料气的进量，混合程度则主要由流速和灯管的设计长度决定。

本生灯灯管内如果一次空气过量，则一次空气所供的氧已足够燃料气燃烧的需要，一次空气所供的氧尚未烧完时燃料气就已经烧完，不再产生外火焰锋面。这时只有一个内火焰锋面，此时仅发生预混燃烧，内火焰锋面是预混燃烧的火焰，称为预混火焰。

如果调节空气调节环（一般调整燃料气过量，空气不过量，这时燃烧过程性能较好），燃料气与空气混合以后，在灯管顶部点燃并开始燃烧。一次空气中的氧先烧完，这时燃料气还没有烧完，于是再靠二次空气来燃烧。一次空气供氧所形成的火焰锋面在内圈，称为内火焰锋面；二次空气供氧所形成的火焰锋面在外圈，称为外火焰锋面。

## （三）热电偶的测温原理及功能特点

### 1. 测温原理

《热电偶　第一部分：电动势规范和允差》（GB/T 16839.1）对热电偶的定义为：由一对不同材料的导体构成，其一端相互连接，利用热电效应实现温度测量的一种温度检测器。如图 2-2 所示，用两种不同的导体或半导体 A 和 B 组成一个闭合回路，当 A 与 B 相接的两个接点温度 $T$ 和 $T_0$ 不同时，就会在回路中产生一个电势 $E_{AB}$，这种现象叫热电效应，产生的电势叫"塞贝克热电动势"，简称热电动势，热电偶就是利用热电效应产生的热电动势测量温度的温度仪表。不同导体或半导体 A 和 B 的两端，焊接的一端是接触热场的 $T$

端，称为工作端或测量端，也称热端；未焊接的一端 $T_0$ 端，称为自由端或参考端，也称冷端。国际上，根据热电偶的 A、B 热电极材料的不同分成若干分度号，如常用的 K（镍铬-镍硅或镍铝）、E（镍铬-康铜）、T（铜-康铜）等，并且有相对应的分度表（可见GB/T 16839.1），即参考端温度为 0℃ 时的测量端温度与热电动势的对应关系表，可以通过测量热电偶输出的热电动势，再查分度表得到相应的温度。实验表明，热电偶的热电动势 $E$ 与两个接点的温度差 $\Delta T$ 之间存在函数关系。《热电偶　第一部分：电动势规范和允差》（GB/T 16839.1）采用分度函数 $E=f(T)$ 定义温度与电动势的关系，如对于温度范围为 0~1300℃ 的 K 型热电偶，分度函数为：

$$E = \sum_{i=0}^{n} a_i t_{90}^i + C_0 \exp\left[ C_1 \left( t_{90} - 126.9686 \right)^2 \right] \tag{2-1}$$

式中，$E$ 为电动势，$\mu$V；$t_{90}$ 为国际温标 ITS-90 温度，℃；$a_i$ 为多项式第 $i$ 项的系数；$n$ 为多项式阶数；$C_0$、$C_1$ 为常数项。$a_i$、$n$ 根据热电偶的类型和温度范围确定。$C_0$、$C_1$ 为常数项，取值可见 GB/T 16839.1。

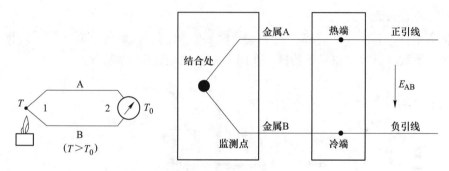

图 2-2　热电效应示意图及热电偶原理图

在实际测量时，温度测量的目的是测得以 0℃ 为基准的热端温度 $T$，为了使冷端不受外界温度的影响始终保持为 0℃，通常将冷端置于标准压力 $p^{\ominus}$ 下的冰水共存体系中，在要求不高的测量中，也可用锰铜丝制成冷端补偿电阻。

2. 测量精度

热电偶的测量精度受测量温差电势的仪表所制约。直流毫伏表是一种最简便的测温仪表，可将表盘刻度直接标成温度读数。该方法精度较差，通常为 ±2℃ 左右。使用时整个测量回路中总的电阻应保持不变，最好是对每支热电偶及其所匹配的毫伏表作校正。

数字电压表量程选择范围可达 3~6 个数量级。它可以自动采样，并能将电压数据的模拟量值变换为二进位值输出。数据可输入计算机，便于与其他测试数据综合处理或反馈以控制操作系统。数字电压表的测试精度虽然很高，但它的绝对量值需作标定。

温差电势的经典测量方式是使用电位差计以补偿法测量其绝对值。

3. 优点

热电偶作为测温元件有以下优点：

（1）灵敏度高。如常用的镍铬-镍硅热电偶的热电系数达 40$\mu$V/℃，镍铬-考铜的热电系数更高达 70$\mu$V/℃。用精密的电位差计测量，通常均可达到 0.01℃ 的精度。如将热电偶串联组成热电堆（见图 2-3），则其温差电势是单对热电偶电势的加和，选用较精密的电位差计，检测灵敏度可达 $10^{-4}℃$。

（2）复现性好。热电偶制作条件的不同会引起温差电势的差异，但一支热电偶制作后，经过精密的热处理，其温差电势-温度函数关系的复现性极好，由固定点标定后，可长期使用。热电偶常被用作温度标准传递过程中的标准量具。

（3）量程宽。热电偶的量程受其材料适用范围的限制。

（4）非电量变换。温度的自动记录、处理和控制在现代的科学实验和工业生产中是非常重要的。首先要将温度这个非电参量变换为电参量，热电偶就是一种比较理想的温度—电量变换器。

### 三、实验器材

（一）实验装置

准备本生灯、温度计、烧杯、天平或量筒、石棉网、铁架台、刻度尺、液化气、秒表、火柴、手套、直尺、相机等器材。按图 2-4 的方式搭建实验装置。

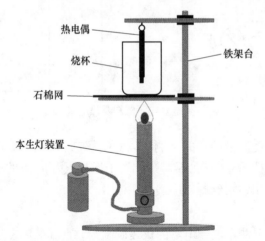

图 2-4　不同结构火焰烧开水实验装置示意图

图 2-4 彩图

（二）热电偶测温系统

热电偶测温系统主要由 K 型热电偶和 DaqPRO5300 数据采集系统两部分组成，如图 2-5 所示。K 型热电偶的选择应符合《热电偶　第一部分：电动势规范和允差》（GB/T 16839.1）的要求。

热电偶测温系统操作如下：

（1）连接并记录数据：

1）将热电偶从通道 1 开始，按顺序依次接入相应的界限端子上，如只使用一个热电偶，则必须把它连接到输入通道 1。

2）打开数据采集仪电源，进入设置菜单，根据热电偶连接的输入通道，选择正确的

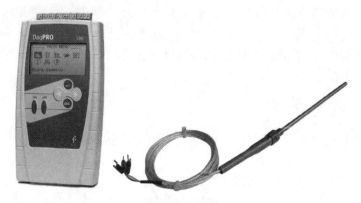

图 2-5 八通道数据采集仪及热电偶外观

传感器输入通道。

3）设置数据采集速率，如设置为"RATE = Every sec"。

4）设置样本数量如"SAMPLES = 1000"，选择显示类型为"DISPLAY = numeric"。

5）设置完毕后，按"开始"键开始记录数据。

6）记录结束后，按"停止"键停止记录，关闭仪器。

（2）DaqLab 软件操作导出数据：

1）安装 DaqLab 软件，将 DaqPRO 数据采集系统连接到电脑，打开 DaqPRO，插入热电偶，运行 DaqLab 软件。

2）点击工具条上"运行"按钮开始记录数据。

3）数据记录完毕后，点击工具条上的"停止"按钮停止数据记录。

4）实验数据可直接保存所有的数据集和图形，也可以保存为 Excel 电子表格的形式。

**四、实验步骤**

（1）观察本生灯的结构特点，检查各部件是否完好、调节是否顺畅。准备两杯盛有 200mL 水的烧杯。打开通风设备。

（2）确认本生灯的燃气调节阀、空气气孔处于关闭状态。打开液化气罐阀门，然后把点着的火柴放到本生灯管的顶部，同时调节燃料气调节阀，点燃本生灯。

（3）火焰稳定后，观察火焰的结构，用直尺测量火焰高度，用热电偶测量火焰不同高度处的温度。然后调暗实验室光线，拍摄火焰照片。

（4）调亮实验室光线，搭建烧开水实验装置。根据火焰高度调节烧杯高度，并固定好烧杯。将本生灯移动至烧杯底部，开始计时，同时用热电偶或玻璃温度计测量烧杯内水体的中心温度，每 5s 记录一次温度数据。当水沸腾或水温达到拟定温度如 95℃时移开本生灯，停止加热，记录时间 $t_1$，取下烧杯。

（5）缓慢打开本生灯气孔，观察火焰高度和火焰颜色的变化。将火焰调至具有内外火焰锋面结构的双锥形火焰。同样，待火焰稳定后，测量火焰高度、温度分布，并拍摄照片。

（6）关闭气孔，火焰稳定后，确认石棉网温度已降至室温，将另一只盛有水的烧杯置于石棉网上，固定好烧杯。同样，将本生灯移动至烧杯底部，开始计时并测量水温随时间的变化，加热至水沸腾或达到拟定温度时，移开本生灯，停止加热，记录时间 $t_2$，取下烧杯。

（7）停止实验，先关闭液化气罐阀门，然后关闭燃气调节阀。拆解所搭建的实验装置，清洗烧杯，打扫卫生。

**五、实验记录及数据处理**

（1）记录两种条件下（关闭气孔、开启气孔）火焰的结构、颜色、高度，画出火焰结构图。

（2）根据不同高度处的热电偶温度数据，绘制火焰温度随高度（以本生灯灯口为零点）的变化曲线。在同一张图中对比分析两种条件下火焰温度分布的差异。

（3）根据记录的不同时刻的水温，绘制水温随时间的变化曲线，对比分析两种火焰对水的加热速率的区别。

（4）根据焓变计算公式，估算烧杯内的水被加热到拟定温度时所吸收的热能，根据 $t_1$、$t_2$ 估计两种火焰的功率，并进行对比分析。

**六、注意事项**

（1）注意防火，火柴点燃后必须熄灭。不能将本生灯火焰对准室内可燃物。
（2）本生灯燃烧时，必须处于被监控状态，防止火焰意外熄灭。
（3）谨防被高温火焰灼伤或被热水烫伤。
（4）注意点火时的操作顺序及熄火时的阀门开关顺序。
（5）使用本生灯、烧杯等实验器具时，需轻拿轻放。
（6）实验应在通风条件下进行，但本生灯附近风速应尽量小。
（7）实验室最好能调节光线照度，在暗室中便于观察火焰、颜色等特征。
（8）实验室需安装燃气报警器、配备相应的防火灭火设备，实验室操作台需配有可正常运行的通风柜或排烟罩。
（9）热电偶接线时应正确辨认极性并连接，正式测试前可以通过实测环境温度来确认接线是否正确。

**七、思考题**

（1）点燃本生灯为何要先关闭空气气孔？
（2）一定速度的燃气进入本生灯形成稳定预混火焰时，根据燃气速度和本生灯内火焰锋面的内锥角度，可以确定燃气的燃烧速度，其原理是什么？

# 第二节　火焰热流特征测定实验

**一、实验目的**

（1）明确 50W 试验火焰的标定方法。
（2）熟悉集总热容法并应用该方法建模分析火焰热流特征。

（3）掌握五点差分法求一个变量随另一个变量的动态变化率。

（4）了解数据拟合最小二乘法及规划求解工具计算传热特征参数。

## 二、实验原理

### （一）火焰标定方法

UL94 法是国际上常用的一种评价材料燃烧性能的试验方法，材料的垂直燃烧性能一般用 UL94 垂直燃烧试验来评级，该试验方法是在实验室内对垂直方向放置的试样用小火焰点火源点燃后，测定试样的有焰燃烧和无焰燃烧时间，根据燃烧时间长短来评价材料的燃烧性能及等级。在 UL94 垂直燃烧测试中火源为 20mm 高蓝色火焰，如图 2-6 所示。该火源功率为 50W，火焰由甲烷和空气预混燃烧产生，其中纯甲烷气的体积流率在 298K 时为 105mL/min。

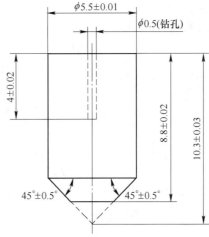

图 2-6 彩图

图 2-6　20mm 甲烷气火焰（50W）及火焰标定用铜块尺寸（单位：mm）

该火焰依据 GB/T 5169.22 或 ASTM D 5207 进行标定，即该蓝色火焰将一个原始质量为（1.76±0.01）g 的整体表面抛光的电解铜铜块（尺寸见图 2-6）从 373K（100℃）加热到 973K（700℃）所需的时间为（44±2）s。

### （二）集总热容法

假定在瞬态过程中的任何时刻固体内部温度在空间上是均匀的，即认为物体内部各点温度相等，忽略温度梯度，质量和热容汇总到了一点。这种忽略物体内部导热热阻的简化方法称为集总热容法。

应用集总热容法的条件是无量纲数毕渥数 $Bi \ll 1$，其中 $Bi = hL/k$，$h$、$L$、$k$ 分别为对流传热系数、特征长度和导热系数，即热结点导热热阻远小于穿过流体边界层的对流热阻，此时可认为瞬态测温过程中任何时刻热结点中的温度分布是均匀的。理论上可以证明，当 $Bi < 0.1$ 时，用集总热容法分析非稳态导热问题误差不超过 5%。

### （三）应用集总热容法对火焰标定过程建模

因为铜的导热性很好，所以可以认为铜块内部的温度均匀。假设毕渥数小于 0.1，采用集总热容法对铜块受热过程建模。从火焰到铜块的净热通量可按式（2-2）计算：

$$\dot{q}''_{net} = \frac{mc_p}{A} \frac{dT}{dt} \approx \frac{mc_p}{A} \frac{\Delta T}{\Delta t} \tag{2-2}$$

式中，$\dot{q}''_{net}$、$m$、$c_p$、$\Delta T$、$A$ 和 $\Delta t$ 分别为净热通量、铜块的质量、铜的质量定压热容、温度、铜块的表面积和时间。铜块的表面积约为 $1.73 \times 10^{-4} m^2$，铜的质量定压热容可取值为 $0.3831 J/(g \cdot K)$，可以估算得到在该火焰标定的 44s 内净热通量的平均值为 $53.15 kW/m^2$。

若将火焰的加热作用以对流传热表达，则火焰加热铜块的过程可表达为：

$$h(T_f - T) - \varepsilon\sigma(T^4 - T_0^4) = \frac{mc_p}{A} \frac{dT}{dt} \tag{2-3}$$

式中，$h$、$T_f$、$\varepsilon$ 和 $T_0$ 分别为对流传热系数、火焰温度、铜块的发射率和初始温度。温度对时间的导数 $dT/dt$，可以采用五点差分法（同锥形量热仪测试中以质量数据计算质量损失速率的方法），即对于按照时间间隔 $\Delta t$ 连续采集的一系列温度数据点 $T_i$，差分按式（2-4）~式（2-8）计算。

对于第一次采集（$i=1$）：

$$-[\dot{T}]_{i=0} = \frac{25T_0 - 48T_1 + 36T_2 - 16T_3 + 3T_4}{12\Delta t} \tag{2-4}$$

对于第二次采集（$i=2$）：

$$-[\dot{T}]_{i=1} = \frac{3T_0 + 10T_1 - 18T_2 + 6T_3 - T_4}{12\Delta t} \tag{2-5}$$

对于 $1<i<n-1$ 的任何一次采集（这里 $n$ 是采集的总次数）：

$$-[\dot{T}]_i = \frac{-T_{i-2} + 8T_{i-1} + 8T_{i+1} + T_{i+2}}{12\Delta t} \tag{2-6}$$

对于与最后一次采集相邻的那次采集（$i=n-1$）：

$$-[\dot{T}]_{i=n-1} = \frac{-3T_n - 10T_{n-1} + 18T_{n-2} - 6T_{n-3} + T_{n-4}}{12\Delta t} \tag{2-7}$$

对于最后一次采集（$i=n$）：

$$-[\dot{T}]_{i=n} = \frac{-25T_n + 48T_{n-1} - 36T_{n-2} + 16T_{n-3} - 3T_{n-4}}{12\Delta t} \tag{2-8}$$

对流传热系数 $h$ 和火焰温度 $T_f$ 是未知的对流传热特征参数，假设二者均为常数，将式（2-3）写成两项，一项是包含未知参数的对流加热项：

$$Y_p = h(T_f - T) = a - bT \tag{2-9}$$

式中，$a=hT_f$，$b=h$。另一项仅与铜块的测试温度有关：

$$Y_m = \frac{mc_p}{A} \frac{dT}{dt} + \varepsilon\sigma(T^4 - T_0^4) \tag{2-10}$$

根据数据拟合思想，模型预测结果 $Y_p$ 与测试数据 $Y_m$ 之间的误差应该尽可能小，因此，构建如下所示的最小二乘优化目标函数：

$$\min Z = \sum_i (Y_{pi} - Y_{mi})^2 = \sum_i (a - bT_i - Y_{mi})^2 \tag{2-11}$$

式中，下标 $i$ 代表测试数据点。于是，根据函数极值应满足的条件 $\frac{\partial Z}{\partial a}=0$、$\frac{\partial Z}{\partial b}=0$，转化为

如下关于 $a$、$b$ 的方程组：

$$\begin{cases} a - b \sum T_i = \sum Y_{mi} \\ a \sum T_i - b \sum T_i^2 = \sum Y_{mi} T_i \end{cases} \tag{2-12}$$

该方程组求解出 $a$、$b$ 后即可转换为未知参数 $h$ 和 $T_f$ 的值。另外，也可以通过 Excel 工具求解未知参数值：在"数据"选项卡找到"模拟分析"模块，选择其中的"规划求解"，设置目标和变量，即可求得符合设置目标的最佳变量取值。

式（2-3）中若用 $\Delta T/\Delta t$ 近似 $\mathrm{d}T/\mathrm{d}t$，则可以简化为式（2-13）~式（2-15），并采用类似方法进行未知参数值的求解。

$$h(T_f - T) - \varepsilon\sigma(T^4 - T_0^4) = \frac{mc_p}{A}\frac{\mathrm{d}T}{\mathrm{d}t} \approx \frac{mc_p}{A}\frac{T - T_0}{t} \tag{2-13}$$

$$Y_p = h(T_f - T)t \tag{2-14}$$

$$Y_m = \frac{mc_p}{A}(T - T_0) + \varepsilon\sigma(T^4 - T_0^4)t \tag{2-15}$$

求解出参数值后，可按下式计算预测值与测试值的偏差 $T_{error}$：

$$T_{error} = \frac{1}{n}\sum_{i=1}^{n}\frac{|T_{pi} - T_{mi}|}{T_{mi}} \tag{2-16}$$

式中，$n$ 为从环境温度到 773K 的温度范围内的测试数据点的个数；$T_{mi}$ 和 $T_{pi}$ 分别为测试温度和根据回归结果预测的温度。

最后，根据求解的参数值，计算毕渥数的大小，求证集总热容法建模假设是否成立。

### 三、实验器材

#### （一）UL94 燃烧器

UL94 燃烧器结构如图 2-7 所示，燃料气体从底部经针阀调节后进入燃烧管，引燃后在燃烧管顶端形成火焰。与本生灯类似，点火前关闭空气入口产生扩散火焰，而后调节空气入口开度增大空气流入量，燃料气与空气在燃烧管内混合，在燃烧管出口形成预混火焰。通过底部针阀和空气入口调节火焰高度，形成的高度约 20mm（18~22mm）蓝色预混火焰即为 UL94 试验火焰。燃烧器配备燃料气流量表、压力表和控制阀。流量表用于测量燃料气流量，结合控制阀设定气体流量，确保流量在 23℃、0.1MPa 条件下达到 105mL/min，且精确到±2%。

#### （二）其他器材

其他实验器材主要为铁架台、铜块、数据采集仪、外径 0.5mm 的 K 型热电偶、火柴或打火机等点火器。实验采用甲烷气（纯度大于 95%）或液化气为燃气，需配备相应气瓶、减压阀及扳手等工具。

### 四、实验步骤

（1）将 K 型热电偶嵌入铜块中心孔内并将热电偶与铜块表面接触点周围压紧，将热电偶补偿导线端固定在铁架台支架上，确保铜块及热电偶处于垂直静止状态且铜块不会脱落。检查热电偶和数据采集仪，确保可以正常采集，并记录温度数据。

（2）参照本生灯操作方法，通过火柴等引燃 UL94 燃烧器，调节空气入口，产生 20mm 高蓝色火焰。

（3）移动 UL94 燃烧器至铜块正下方，燃烧器口距离铜块的底部约 10mm，如图 2-8 所示，开始计时并启动数据采集仪，实时记录铜块的温度。

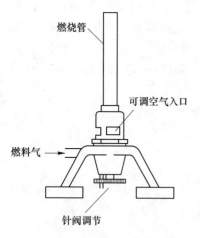

图 2-7　UL94 燃烧器结构图

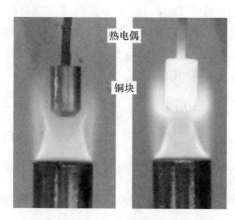

图 2-8　50W 火焰的铜块标定　　图 2-8 彩图

（4）约 50s 后或铜块的温度基本不再继续升高时移开燃烧器，停止温度数据采集。

（5）依上述步骤再重复测试两次，观察数据的重复性。在每次测试中都重新调节 UL94 燃烧器火焰，并对铜块重新定位。

**五、实验记录及数据处理**

**（一）绘制温升曲线并分析热流特征**

导出热电偶温度数据，以时间为横坐标、温度为纵坐标，绘制铜块的温度-时间曲线。同时，根据三次测试的平均温度，采用五点差分法计算铜块的温升速率，并绘制温升速率-时间曲线。进一步，根据式（2-2）求出热流特征。

以图 2-9 为例，通过中心差分法求得铜块初始时刻的温升速率接近 27K/s。打孔（压入热电偶的孔）后的铜块质量为 1.57g，初始时刻的净热通量约为 94kW/m²。之后，温度升高导致铜块表面辐射热损失增加，当铜块的温度从 373K（约 3s）升高至 973K（约

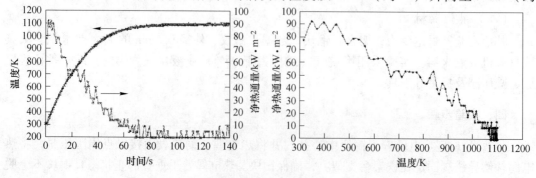

图 2-9　测得的铜块温度及温升速率曲线

43s），净热通量几乎线性地从约 $90kW/m^2$ 降低至约 $27kW/m^2$。在 80s 之后，铜块的温度接近 1100K，此时辐射热损失很大，火焰中的铜块开始进入热平衡阶段，净热通量接近于 0，温度基本不再升高。

（二）求解对流传热特征参数

根据测得的平均温度数据，采用对流传热模型、最小二乘优化目标函数及规划求解工具，回归分析出对流传热系数和火焰温度参数值，并分析预测值 $Y_p$ 与测试值 $Y_m$ 之间的误差。最后，求证集总热容法假设是否成立。

以上述温度数据为例，假设铜块发射率 $\varepsilon$ 取不同数值（铜的发射率在常温时为 0.03，随温度升高而增大），回归的参数值如表 2-1 所示。当 $\varepsilon = 0.03$ 时预测值与测试值偏差最小，如图 2-10 所示。根据回归的对流传热系数，计算得到铜块受热过程中比渥数的数量级为 0.0001，表明采用集总热容法建模是合理的。

**表 2-1　回归的对流传热系数**

| 甲烷燃料 | $\varepsilon = 0.03$ | $\varepsilon = 0.20$ | $\varepsilon = 0.40$ | $\varepsilon = 0.60$ | $\varepsilon = 0.80$ |
|---|---|---|---|---|---|
| $h/W \cdot (m^2 \cdot K)^{-1}$ | 54.31 | 54.04 | 53.72 | 53.39 | 53.07 |
| $T_f/K$ | 2026 | 2035 | 2046 | 2057 | 2067 |
| $Z$ | $9.00 \times 10^9$ | $8.99 \times 10^9$ | $8.98 \times 10^9$ | $8.97 \times 10^9$ | $8.97 \times 10^9$ |
| $T_{error}$ | 0.0085 | 0.0142 | 0.0204 | 0.0261 | 0.0315 |
| $q_{net,0}/kW \cdot m^{-2}$ | 93.85 | 93.87 | 93.90 | 93.91 | 93.88 |

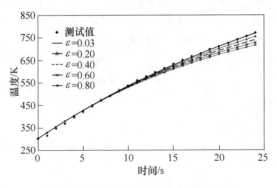

图 2-10　温度预测值与实验值的比较

## 六、注意事项

（1）UL94 燃烧器要先点火后打开燃气，在使用过程中应保证时刻有人看护。实验结束时应先关上总开关，再将管线内的燃气用燃烧器烧光，以保证安全。

（2）在使用燃烧器时，应当开窗通风，以免空气不足产生一氧化碳中毒，但燃烧器附近应尽量保持无明显气流，以免扰动火焰。

（3）实验得到的热流特征及参数值为铜块整体的受热特征，因火焰温度场及流场的分布不均，该特征值不一定适用于局部表面。

#### 七、思考题

（1）学者 Downey 采用水冷式辐射热流计测试的 UL94 燃烧器火焰热通量平均值约为 $60kW/m^2$，且样品底面受到的热通量较小，约为 $25kW/m^2$，认为可能是水蒸气冷凝在低温热流计表面而导致热流计的测量值偏低，但是这一猜想并未得到进一步证实。请问，水蒸气是否存在？水蒸气是否可能在热流计表面冷凝？冷凝的水蒸气为何影响热流计测试值？

（2）根据所得的热流强度，请解释为什么很多材料难以通过 UL94 测试？

（3）如果把火焰加热铜块的过程看作热气流流过铜块表面，是否可以通过传热学理论中努赛尔数、雷诺数、普朗特数之间的模型估算对流传热系数？

## 第三节　可燃液体开口闪点、燃点测定实验

#### 一、实验目的

（1）掌握闪点和燃点的概念，明确闪点、燃点在消防安全中的意义。

（2）掌握测定可燃液体开口闪点和燃点的实验方法及步骤。

（3）熟练使用开口闪点全自动测定仪。

#### 二、实验原理

（一）闪燃和闪点

根据《消防词汇　第一部分：通用术语》（GB/T 5907.1）的规定：

闪燃（flash）：可燃性液体挥发的蒸气与空气混合达到一定浓度或者可燃性固体加热到一定温度后，遇到明火发生一闪即灭的燃烧（除可燃液体外，某些能蒸发出蒸气的固体，如石蜡、樟脑、萘等，与明火接触，也能出现闪燃现象）。

闪点（flash point）：在规定的试验条件下，可燃性液体或固体表面产生的蒸气在试验火焰作用下发生闪燃的最低温度。

研究可燃液体火灾危险性时，闪燃是必须掌握的一种燃烧类型。闪燃的发生是可燃液体着火的前奏，是火险的警告。而闪点是衡量可燃液体火灾危险性的重要依据。闪点越低，液体火灾危险性越高。

闪点是可燃液体火灾危险性的分类、分级标准，根据《建筑设计防火规范》（GB 50016）的规定：

甲类危险可燃液体：闪点<28℃。

乙类危险可燃液体：28℃≤闪点<60℃。

丙类危险可燃液体：闪点≥60℃。

在《石油天然气工程设计防火规范》（GB 50183）中规定：

甲 B 类危险可燃液体：闪点<28℃。

乙 A 类危险可燃液体：28℃≤闪点<45℃。

乙 B 类危险可燃液体：45℃≤闪点<60℃。

丙 A 类危险可燃液体：60℃≤闪点<120℃。

丙 B 类危险可燃液体：闪点>120℃。

油品根据闪点划分，在45℃以下的叫易燃品；45℃以上的为可燃品。在储存使用中禁止将油品加热到它的闪点，加热的最高温度一般应低于闪点 20~30℃。

根据可燃液体的闪点，确定其火灾危险性后，可以相继确定安全生产措施和灭火剂供给强度。

（二）燃点

燃点（fire point，ignition point）又叫着火点，可燃物在空气充足条件下，达到某一温度时与火源接触即自行着火（出现火焰或灼热发光，不少于5s），并在火源移去后仍能继续燃烧的最低温度。

达到闪点时，燃烧导致蒸气很快耗尽，移去火源后即熄灭。达到燃点时，液体可持续提供蒸气，不断补充消耗的蒸气，维持燃烧。燃点的温度比闪点的温度高些。闪点越低的可燃液体，其燃点和闪点的差值越小；闪点高于 100℃的可燃液体，差值则达30℃以上。

燃点对评价可燃固体和闪点较高的可燃液体的火灾危险性具有实际意义，燃点越低，越易着火，火灾危险性越大。控制可燃物的温度在燃点以下是预防火灾发生的有效措施之一。

（三）开口闪点、燃点的实验测定方法

开口闪点燃点测定是加热一定量的液体样品，使其温度逐步升高，同时不断用引火源尝试点燃液体，记录发生闪燃或燃烧现象时的液体温度作为测试结果。样品量、升温速率、点火源大小、环境压力等多种因素会影响测试结果，因而 ASTM D 92、GB/T 3536 和 GB/T 267 等测试标准规定了测试参数及程序。例如《石油产品闪点和燃点的测定　克里夫兰开口杯法》（GB/T 3536）规定：将试样装入试验杯至规定的刻线，先迅速升高试样的温度，当接近闪点时再缓慢地以恒定的速率升温。开始加热时的升温速率可为 14~17℃/min，当试样温度达到预期或预设闪点前减慢加热速度，使试样达到闪点前的最后（23±5）℃时升温速率可为 5~6℃/min。在规定的温度间隔（一般温度每升高 2℃划扫一次），用一个小的试验火焰（试验火焰的大小可以与金属比较小球比较，应与金属比较小球大小相当）扫过试验杯，使试验火焰引起试样液面上部蒸气闪火的最低温度即为闪点，如需测定燃点，应继续进行试验，直到试验火焰引起试样液面的蒸气着火并至少持续燃烧5s的最低温度即为燃点。

在环境大气压下测得的闪点或燃点为观察闪点或燃点，需要用公式修正到标准大气压下的闪点或燃点。根据 ASTM D 92、GB/T 3536 和 GB/T 267—88 的方法，可以用式（2-17）将观察闪点或燃点修正到标准大气压（101.3kPa）：

$$T_c = T_0 + 0.25(101.3 - p) \tag{2-17}$$

式中，$T_c$ 为标准大气压闪点或燃点，℃；$T_0$ 为观察闪点或燃点，℃；$p$ 为环境大气压，kPa。

式（2-17）精确地修正仅限在大气压为 98.0~104.7kPa 范围之内，结果修正至整数，以℃为单位。

### 三、实验器材

#### （一）克里夫兰开口杯闪点测定仪

克里夫兰开口杯闪点测定仪的构成如图 2-11 所示，其主要由试验杯、加热板、实验火焰点火器、加热器、温度计及加热板支架等部分组成。

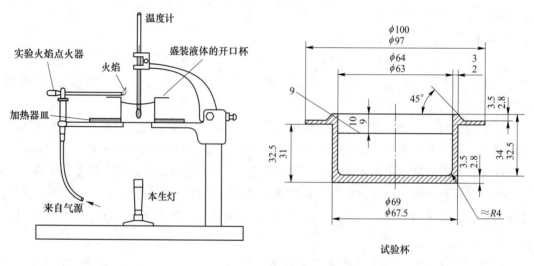

图 2-11　克里夫兰开口杯测定仪结构及试验杯尺寸（单位：mm）

（1）试验杯：应由黄铜或者其他导热性能相当的不锈钢金属制成，可以安装手柄，方便拿取。

（2）加热板：由黄铜、铸铁或钢板制成，有一个中心孔，其四周有一块面积稍凹，用于放置试验杯，其他部位金属板应被耐热板盖住。

（3）试验火焰发生器：扫描火焰头顶端直径约为 1.6mm，孔眼直径约为 0.8mm。试验火焰发生器能够自动重复扫划，扫划半径不小于 150mm，孔眼中心在试验杯缘上方不超过 2mm 的平面上移动。仪器适当位置可安装一个直径为 3.2~4.8mm 的金属比较小球，以便比较试验火焰的大小。

（4）加热器：采用可调变压器的电加热器，也可以采用煤气灯或酒精灯，但注意火焰不能升到试验杯周围。热源集中在孔下方，且没有局部过热。若采用电加热器，确保不与试验杯直接接触。

（5）熄灭火焰的盖子：熄灭火焰的盖子须由金属或其他阻燃材料制成的盖子以及方便拿取的手柄组成。

#### （二）开口闪点全自动测定仪

开口闪点全自动测定仪的外观如图 2-12 所示。其设计原理符合国家标准《石油产品闪点和燃点的测定　克里夫兰开口杯法》（GB/T 3536）的规定。全自动测定仪可选择手动和自动两种模式，由 CPU 控制加热器对样品加热，蓝色 LCD 显示器显示状态、温度、设定值等，在样品温度接近设定的闪点值时（低于设定值 10℃），CPU 负责控制电点火系统自动点火，自动划扫。点火火焰大小和划扫频率设定均应符合 GB/T 3536 的规定。在出现闪燃时仪器可自动锁定闪点值。当需测量样品的燃点时，继续升温至出现燃点值，仪器锁定，屏幕显示闪点值、燃点值，有声音提示。同时，仪器自动对加热器进行风冷。该全自动测定仪测定闪点和燃点的温度范围为 40～400℃，温度分辨率为 0.1℃，测定温度误差可以控制在 ±1.5℃。测定结果可通过仪器自动校正大气压力，无需人力计算。

图2-12 开口闪点全自动测定仪

（三）其他器材

准备烧杯、量筒、搅拌棒及清洗布等器具，准备发动机润滑油、变压器油、航空煤油、柴油等试验油品，准备酒精或清洁油等清洗剂。

**四、实验步骤**

（1）实验准备：检查开口闪点测试仪是否能够正常使用，确认可燃物处于安全状态且具有相应的防火灭火措施，确保实验室通风系统正常。

（2）如果使用全自动闪点测定仪，首先需进行"方法选择"，根据实验具体要求进行 GB/T 267 的选择，并确认选择测试闪点和燃点。

（3）根据经验和参考数据对所测样品进行闪点的预估。使用全自动闪点测定仪时，需在仪器上完成"预置温度"设定。

（4）将样品装入试验杯至刻度线处。全自动闪点测定仪试验杯刻度线分为上刻度线和下刻度线，闪点小于 210℃ 的样品在上刻度线，闪点大于 210℃ 的样品在下刻度线。然后将试验杯放在加热器上。

（5）点燃试验火焰，并调节火焰直径为 3.2～4.8mm。全自动闪点测定仪的试验火焰通过电点火器自动点火。

（6）开始加热时，试样的升温速率为 14～17℃/min。当试样温度达到预期闪点前约 56℃ 时减慢加热速度，使试样在达到闪点前的最后（23±5）℃ 时升温速率为 5～6℃/min。全自动闪点测定仪自动进行此过程。

（7）在距离预期闪点至少（23±5）℃ 时，开始用试验火焰划扫，温度每升高 2℃ 划扫一次，试验火焰通过试验杯所需时间约为 1s，火焰应划过试验杯中心。如果使用全自动测定仪，应在主菜单中选择"测试闪点"并按"确认"键，测试头自动降落到样品杯中开始测试。待出现闪点时，测试头自动抬起，显示闪点温度，声音提示，打印测试结果。

（8）如果选择"测试燃点"，应在前面步骤测定闪点之后，以 5～6℃/min 的升温速率继续升温。试样每升高 2℃ 就划扫一次，直到试样着火，并且能连续燃烧不少于 5s，记录此温度作为试样的观察燃点，最后用盖子熄灭火焰。如果使用全自动闪点测定仪测量燃点，当闪点出现后仪器会继续升温，待出现燃点后，测试头抬起，点火杆会回到左边，杯盖自动盖住试验杯，熄灭火焰。显示器显示闪点温度值、燃点温度值。

如有必要，重复（4）～（7）实验步骤，以获得正确的闪点（需对所测样品进行闪点的预估，设置温度与真实闪点值相差不应超过 20℃，如果预设闪点过低，分析仪将显示错误信息，此时在"预设温度"上增加预设闪点值，直到得到更准确的值）。

（9）清洗试验杯，更换其他样品进行测试或关闭整理实验设备结束实验。

### 五、实验记录及数据处理

将预设闪点温度、实验样品名称和测得闪点值、燃点值分别填入表 2-2 中，并得出所测物质的闪点、燃点。

**表 2-2　液体开口闪点、燃点测定实验记录表**

| 序号 | 预设温度/℃ | 实验样品 | 闪点值/℃ | 燃点值/℃ |
|---|---|---|---|---|
| 1 | | | | |
| 2 | | | | |
| ⋮ | | | | |

总结：

### 六、注意事项

（1）按需取料，节约燃料，防止可燃液体泄漏着火。

（2）仪器包含点火装置，须在通风柜内柜作（不得打开风机），防止外部气流造成的测试误差。测试结束后再打开通风机通风。

（3）温度传感器使用时须防止碰撞。

（4）如果注入试验杯的试样过多，可用移液管或其他适当的工具取出；如果试样沾到仪器外边，应倒出试样，清洗后重新装样。

（5）测试头部分为机械自动转动，切勿用手强制动作，否则将造成机械损伤。

（6）测试结束后机油温度较高，处理时注意防护，等待冷却后再清洗分析仪。

（7）当仪器工作时出现异常，应及时与指导老师联系。

### 七、思考题

（1）什么是闪燃、闪点、燃点？为什么要测开口杯闪点？

（2）测量闪点和燃点对消防安全有何意义？

（3）几种物质的闪点大小与其化学结构有何关系？

## 第四节　可燃液体闭口闪点测定实验

### 一、实验目的

（1）明确开口闪点和闭口闪点的区别。

（2）掌握测定可燃性液体闭口闪点的实验方法及步骤。

（3）熟练使用闭口闪点全自动测量仪。

## 二、实验原理

### （一）开口闪点与闭口闪点

测定闪点的基本方法有两种：开口杯法和闭口杯法。测定同一种物质，开口闪点总比闭口闪点高，因为开口闪点测定仪所产生的蒸气能自由地扩散到空气中，相对不易达到闪火的温度。通常开口闪点要比闭口闪点高 20~30℃。

### （二）闭口闪点的实验测定方法

闭口闪点测定是在密闭容器内加热一定量的液体样品，使其温度逐步升高，并用引火源以一定的温度间隔在打开密闭容器的瞬间尝试点燃液体，记录发生闪燃现象时的温度作为测试结果。

闭口杯法测定可燃液体闪点的适用标准不唯一，如国家标准《闪点的测定　宾斯基-马丁闭口杯法》（GB/T 261）、《闪点的测定　闭杯平衡法》（GB/T 21775）和《泰格闭口杯闪点测定法》（GB/T 21929）等。本实验采用《闪点的测定　宾斯基-马丁闭口杯法》（GB/T 261）的实验方法和仪器进行测定，该标准适用于闪点高于40℃的样品测定。

在《闪点的测定　宾斯基-马丁闭口杯法》（GB/T 261）中，对闪点的定义为：在规定试验条件下，试验火焰引起试样蒸气着火，并使火焰蔓延至液体表面的最低温度，修正到 101.3kPa 大气压下。该标准的实验方法为：将样品倒入试验杯至加料线，盖上试验杯盖。在整个实验期间，如果试验样品采用表面不成膜的油漆和清漆、未用过润滑油及不包含在残渣燃料油、稀释沥青、用过润滑油、表面趋于成膜的液体、带悬浮颗粒的液体及高黏稠材料的其他石油产品，则以 90~120r/min 的搅拌速率连续搅拌，并以 5~6℃/min 速率加热样品；如果试验样品采用残渣燃料油、稀释沥青、用过润滑油、表面趋于成膜的液体、带悬浮颗粒的液体及高黏稠材料，则以（250±10）r/min 的搅拌速率进行搅拌，并以 1.0~1.5℃/min 的速率升温。以规定的温度间隔，试样在中断搅拌的情况下，将火源引入试验杯开口处进行点火（点火时需停止搅拌）。当试样的预期闪点不高于110℃时，从预期闪点以下（23±5）℃开始点火，试样每升高1℃点火一次；当试样的预期闪点高于110℃时，从预期闪点以下（23±5）℃开始点火，试样每升高2℃点火一次。当样品蒸气发生瞬间闪火，且蔓延至液体表面的最低温度时，此温度即为环境大气压下该样品的闭口闪点，再用公式修正到标准大气压下。

## 三、实验器材

### （一）宾斯基-马丁闭口闪点测定仪

宾斯基-马丁闭口闪点测定仪的构成如图 2-13 所示，其主要包括试验杯、盖组件以及加热室和浴套三个部分。

1. 试验杯

试验杯应由黄铜或者其他导热性能相当的不锈钢金属制成。温度计插孔应装配使其在加热室中定位的装置。可以安装手柄，但不能太重，以防止空试验杯倾倒。其尺寸如图 2-14 所示。

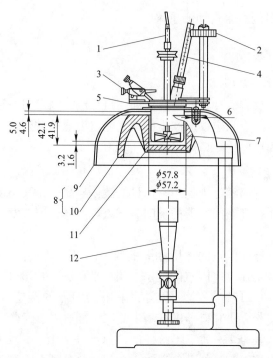

图 2-13　宾斯基-马丁闭口闪点试验仪（单位：mm）

1—柔性轴；2—快门操作旋钮；3—点火器；4—温度计；5—盖子；6—片间最大距离，$\phi9.5mm$；

7—试验杯；8—加热室；9—顶板；10—空气浴；11—杯表面厚度最小为 6.5mm，即杯周围的金属厚度；

12—火焰加热型或电阻元件加热型（图示为火焰加热型）

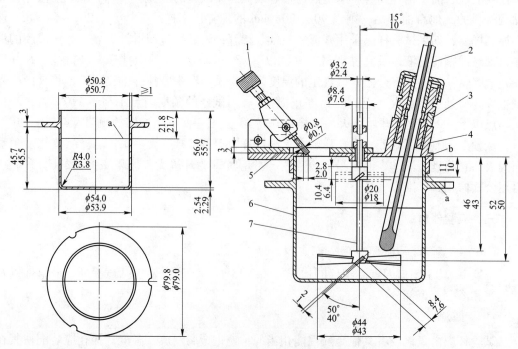

图 2-14　试验杯尺寸及试验杯盖与试验杯的装配（单位：mm）

1—点火器；2—温度计；3—温度计适配器；4—试验杯盖；5—滑板；6—试验杯；7—搅拌器；

a—最大间隙 0.36mm；b—试验杯的周边与试验杯盖的内表面接触

2. 盖组件

盖组件主要由试验杯盖、滑板、点火器、自动再点火装置和搅拌装置组成。试验杯与试验杯盖的装配情况如图 2-14 所示。

（1）试验杯盖：由黄铜或其他导热性能相当的不锈钢金属制成。杯盖四周有向下的垂边，几乎与试验杯的侧翼缘相接触，垂边与试验杯外表面在直径方向上的间隙不超过 0.36mm，且正好配罩在试验杯的外面。试验杯与连接部分应有定位或锁住装置。试验杯盖有三个开口。试验杯上部分边缘应与整个试验杯盖内表面紧密接触。

（2）滑板：由厚约 2.4mm 的黄铜制成。滑板的形状和装配要能让它在试验杯盖的水平中心轴的两个停位之间转动。保证滑板转到一个端点位置时，试验杯盖上的三个开口全部关闭，而转到另一端点位置时，三个开口全部打开。

（3）点火器：火焰喷射装置的尖端开口直径为 0.7~0.8mm。尖端为不锈钢或其他合适的金属材料。点火器配有机械操作器，当滑板在"开"的位置时，降下尖端，使火焰喷嘴开口孔的中心位于试验杯盖的上下表面平面之间，且通过最大开口中心半径上的一点。

（4）自动再点火装置：用于火焰的自动再点火。

（5）搅拌装置：安装在试验杯盖的中心位置。带有两个双叶片金属桨。两个叶片宽 8mm，并倾斜 45°，上桨面距试验杯盖约 19mm，下桨面距试验杯盖约 38mm。两组桨固定在搅拌器的旋转轴上，旋转轴可与电动机相连接。

3. 加热室

加热室由空气浴和能放置试验杯的浴套组成，用于给试验杯提供热量。空气浴可以采用火焰加热型或电加热金属铸件型，其底部和侧壁的温度应保持一致，厚度不小于 6mm，且火焰加热型的铸件应确保火焰的燃烧产物不能沿试验杯壁上移或进入试验杯；如果采用电阻元件加热型，电阻元件所有部位应受热均匀，且厚度不小于 6mm。

浴套由金属制成，装配成浴套和空气浴之间带间隙。可用三个螺丝和间隙衬套装在空气浴上。间隔衬套应该有足够的厚度，使空隙为（4.8±0.2）mm，其直径不大于 9.5mm。

（二）闭口闪点全自动测定仪

闭口闪点全自动测定仪的外观如图 2-15 所示。其设计原理基本按照国家标准《闪点的测定　宾斯基-马丁闭口杯法》（GB/T 261）中对测量仪器的要求。全自动测定仪在微

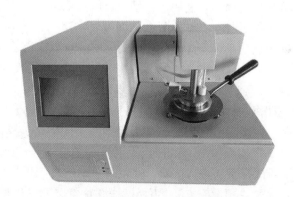

图 2-15　闭口闪点全自动测定仪

计算机自动控制下，以满足国标 GB/T 261 要求的升温速率和搅拌速率加热并搅拌样品，并以《闪点的测定　宾斯基-马丁闭口杯法》（GB/T 261）中规定的温度间隔，在自动打开滑盖、中断搅拌的情况下，通过微机控制气路系统自动打开气阀、自动点火（电点火时无需使用气源和气路系统），升降臂自动将火源引入试验杯开口处对样品进行测定。当出现闪点时，仪器通过闪火检测传感器检测并锁定结果，在微计算机的处理下自动打印出结果。该全自动测定仪测定闪点和燃点的温度范围为 40~300℃，温度分辨率为 0.1℃，测定温度误差可以控制在 1℃ 与 2℃ 之间。测定结果可通过仪器自动校正大气压力，无需人力计算。

（三）其他器材

同本章第三节。

**四、实验步骤**

（1）同本章第三节，检查仪器和通风系统是否处于正常状态，确认已配备个体防护装备、防火灭火措施。

（2）如果使用全自动闭口闪点测定仪，首先需进行"方法选择"，根据实验具体要求进行 GB/T 261 的选择。

（3）根据经验和参考数据对所测样品进行闪点的预估。使用全自动闭口闪点测定仪时，需在仪器上完成"预置闪点"设定。

（4）点燃试验火焰，并调节火焰直径为 3~4mm。全自动闪点测定仪通过气路系统自动打开气阀，自动点火。如果该设备为电点火系统，则仪器自动点火。

（5）将样品装入试验杯至加料线处，并盖上试验杯盖，放入加热室，确保试验杯就位或锁定装置连接好后插入温度计。全自动闭口闪点测定仪可通过传感器自动检测温度，将样品装入试验杯至加料线并盖上试验杯盖即可。

（6）试验开始后，根据不同的样品种类选择 A 步骤、B 步骤两种不同的升温速率和搅拌速率进行试验。步骤 A：试样为表面不成膜的油漆和清漆、未用过润滑油及不包含在步骤 B 所列举的试样之内的其他石油产品，以 5~6℃/min 的速率升温，搅拌速率为 90~120r/min。步骤 B：试样为残渣燃料油、稀释沥青、用过润滑油、表面趋于成膜的液体、带悬浮颗粒的液体及高黏稠材料（例如聚合物溶液和黏合剂），以 1.0~1.5℃/min 的速率升温，搅拌速率为（250±10）r/min。使用全自动闭口闪点测定仪进行试验时，将试样装入试验杯并安装到测定仪上后，点击"开始测试"即可。

（7）当试样的预期闪点为不高于 110℃ 时，从预期闪点以下（23±5）℃ 开始点火，试样每升高 1℃ 点火一次，点火时停止搅拌（用试验杯盖上的滑板操作旋钮或点火装置点火）；当试样的预期闪点高于 110℃ 时，从预期闪点以下（23±5）℃ 开始点火，试样每升高 2℃ 点火一次，点火时停止搅拌（用试验杯盖上的滑板操作旋钮或点火装置点火）。全自动闭口闪点测定仪可根据"预设闪点"自动调节温度间隔，无需人为操作。

（8）如果所记录的观察闪点温度与最初点火温度的差值小于 18℃ 或大于 28℃，则认为此结果无效，应更换新试样重新进行试验。使用全自动闭口闪点测定仪，当仪器提示测定结果错误时，需重新设置"预设闪点"，更换试样并重复以上操作步骤即可。

（9）清洗试验杯，更换其他样品进行测试或关闭整理实验设备结束实验。

## 五、实验记录及数据处理

将预设闪点温度、实验样品名称和测得闪点值等记录到表 2-3 中。

表 2-3　液体闭口闪点实验记录表

| 序号 | 预设温度/℃ | 实验样品 | 闪点值/℃ |
|---|---|---|---|
| 1 | | | |
| 2 | | | |
| ⋮ | | | |

总结：

## 六、注意事项

（1）试样如果为含水较多的残渣燃料油，应小心操作，加热此类样品会有溢出危险。

（2）记录火源引起试验杯内产生明显着火的温度，作为试样的观察闪点，但不要把在真实闪点到达之前出现在试验火焰周围的淡蓝色光轮与真实闪点相混淆。

（3）其他注意事项同本章第三节。

## 七、思考题

（1）测定闭口闪点的标准有哪些？请简述其方法。

（2）闭口闪点和开口闪点有何不同？请从不同的角度简述。

# 第五节　混合液体闪点测定实验

## 一、实验目的

（1）明确单组分可燃液体和多组分混合液体开口（或闭口）闪点的区别。

（2）熟悉多组分混合液体的闪点变化规律。

## 二、实验原理

随着化学工业的不断发展及化工产品的多样化，许多行业在实际生产中常常大量使用混合可燃液体，例如油漆、涂料、冶金、精细化工、制药等，这些行业场所的危险等级都取决于混合液体的闪点，而混合液体的闪点随组成、配比的不同而变化，很难从文献上查得，需要实际测量混合闪点，为研究其变化规律提供依据。重质油使用过程中，即使混入少量轻组分油品，闪点也会降低。

混合液体的闪点可分为两种情况：可燃液体与可燃液体的混合物，以及可燃液体与不燃液体的混合物。（1）两种可燃液体混合物的闪点值如图 2-16 所示，一般低于各组分闪点的算术平均值，并且接近于含量大的组分的闪点。而可燃液体与不可燃液体混合后的闪点随不可燃液体含量的增加而升高，当不可燃液体含量超过一定值后，混合液体不再发生闪燃。（2）可燃液体水溶液的闪点会随水溶液中可燃液体浓度的降低而升高。如甲醇或乙醇的水溶液中甲醇、乙醇含量分别降至5%、3%时没有闪燃现象。利用此特点，对水溶性液体的火灾，用大量水扑救，降低可燃液体的浓度可减弱燃烧强度，使火熄灭。

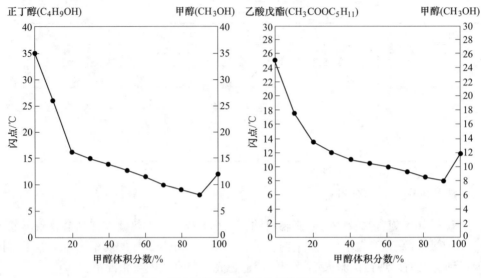

图 2-16    混合液体的闭口闪点与体积分数的关系

### 三、实验器材

同前两节，根据开口杯法和闭口杯法，准备相对应的克里夫兰开口杯闪点测定仪或宾斯基-马丁闭口闪点测定仪或相应的全自动闪点测定仪。准备烧杯、量筒、搅拌棒及清洗布等器具，准备变压器油、煤油、柴油、抗燃液压油、硅油等试验油品，准备酒精或清洁油等清洗剂。

### 四、实验步骤

（1）同前两节，检查仪器和通风系统是否处于正常状态，确认已配备个体防护装备、防火灭火措施。

（2）混合液体制备：选取两种油品，按不同体积比配制成混合液。

（3）按照可燃液体开口（或闭口）闪点测试方法，采用克里夫兰开口杯闪点测定仪（或宾斯基-马丁闭口闪点测定仪）和全自动开口闪点测定仪（或全自动闭口闪点测定仪）分别测定不同配比混合液的闪点。

（4）清洗试验杯，关闭设备，或重新选择两种油品制备一系列不同配比的混合液，测定其闪点。

### 五、实验记录及数据处理

将预设的温度、选取的样品混合物名称、配制的混合液比例和测定的闪点值分别填入表2-4中，绘制成曲线图（曲线图例可见本节实验原理图例），并分析其变化规律。

**表 2-4  可燃液体混合物的闪点燃点测试记录表**

方法：_____  仪器：_____  气压：_____

| 序号 | 预置温度/℃ | （   ）体积分数/% | （   ）体积分数/% | （闪/燃）点/℃ |
|------|-----------|------------------|------------------|--------------|
| 1 | | | | |
| 2 | | | | |
| ⋮ | | | | |

总结：

## 六、注意事项

（1）样品配制注意事项：

1）配制的样品一定要搅拌均匀。

2）样品需现制现用，长时间放置的样品需防止挥发并重新搅拌。

3）配制不同样品时需使用清洁油清洗配制烧杯。

4）量筒需专油专用，不得混用。

（2）其他注意事项同本章前两节。

## 七、思考题

（1）混合液体的闪点与单组分可燃液体的闪点有什么区别和联系？

（2）测量混合液体闪点对消防安全有何意义？

# 第六节  液体自燃点测定实验

## 一、实验目的

（1）明确自燃与自燃点的概念及影响可燃液体自燃点的因素。

（2）掌握测定可燃液体自燃点的试验方法及步骤。

（3）熟练使用自燃点测定仪。

## 二、实验原理

### （一）自燃与自燃点

《液体化学品自燃温度的试验方法》（GB/T 21860）、《可燃液体和气体引燃温度试验方法》（GB/T 5332）、《液化石油和石油化工产品自燃点测定法》（SH/T 0642）和《电厂用抗燃油自燃点测定方法》（DL/T 706）等多项国家和行业标准规范了液体自燃点的测定方法，并定义了自燃、自燃点等概念。

《消防词汇  第一部分：通用术语》（GB/T 5907.1）对自燃的定义为：

自燃（spontaneous ignition）：可燃物在没有外部火源的作用时，因受热或自身发热并蓄热所产生的燃烧。

在《液体化学品　自燃温度的试验方法》（GB/T 21860）中对自燃和自燃温度的定义为：

（1）自燃（autoignition）：物质在空气中，并无外燃源如火花，由于氧化反应而导致的燃烧。

（2）自燃温度（autoignition temperature，AIT）：物质在试验测试条件下，自燃现象出现的最低温度。

在《可燃液体和气体引燃温度试验方法》（GB/T 5332）中给出的引燃和引燃温度（自燃温度）定义如下：

（1）引燃（ignition）：可燃液体或气体在被加热的试验烧瓶内，发生清晰可见的火焰和（或）爆炸的化学反应，这种反应的延迟时间不超过 5min。

（2）引燃温度（ignition temperature）：按标准规定的方法试验，发生引燃时的最低温度。

自燃可以分为受热自燃和本身自燃两种。受热自燃是可燃物由于外界加热，使整体温度升高达到自燃点，未与明火接触而自行燃烧的现象，如火焰隔锅加热引起锅内油的自燃；本身自燃是可燃物由于自身发生化学反应、物理或生物作用等产生的热量，使温度升高至自燃点而发生自行着火的现象。两者的区别在于热源不同，本身自燃是来自可燃物本身的热效应，受热自燃的热来自于外部加热，因此它们的起火特点也不同。一般来说本身自燃是从内向外延烧，受热自燃往往从外向内延烧。发生本身自燃的主要方式有：（1）氧化发热；（2）分解放热；（3）聚合放热；（4）吸附放热；（5）发酵放热；（6）活性物质遇水；（7）可燃物与强氧化剂的混合。

自燃点是判断、评价可燃物火灾危险性的重要指标之一，它能够相对性地反映不同物质自燃着火的难易程度，对生产、储存和运输中可燃液体的火灾危险性评价具有实际应用意义。

（二）自燃点的影响因素

可燃物的自燃现象受到本身状态和外界条件的影响，影响可燃液体自燃点的因素主要包括以下几种：

（1）压力。压力越高，自燃点越低。如表 2-5 所示，汽油、苯和煤油的自燃点随压力的增大而逐渐降低。

表 2-5　不同压力下物质的自燃点

| 物质名称 | 自燃点/℃ | | | | | |
|---|---|---|---|---|---|---|
| | 0.1MPa | 0.5MPa | 1MPa | 1.5MPa | 2MPa | 2.5MPa |
| 汽油 | 480 | 350 | 310 | 290 | 280 | 250 |
| 苯 | 680 | 620 | 590 | 520 | 500 | 490 |
| 煤油 | 460 | 330 | 250 | 220 | 210 | 200 |

（2）浓度。当可燃气体或液体与空气混合浓度为化学当量浓度时，自燃点最低。低于或高于这个浓度，自燃点都升高。

（3）催化剂。活性催化剂（铁、钒、钴、镍等氧化物）能降低某些物质的自燃点，钝性催化剂则提高自燃点（如汽油钝化剂四乙基铅）。

（4）容器的材质及直径、容积。当容器的直径越小时，盛装的可燃物自燃点越高。部分可燃液体在不同容器下的自燃点变化情况如表 2-6 所示。

表 2-6　不同材质容器内物质的自燃点　　　　　　　　　（℃）

| 物质名称 | 铁管 | 石英管 | 玻璃瓶 | 钢杯 | 铂坩埚 |
|---|---|---|---|---|---|
| 苯 | 753 | 723 | 580 | 649 | — |
| 甲苯 | 769 | 732 | 553 | — | — |
| 甲醇 | 740 | 565 | 475 | 474 | — |
| 乙醇 | 724 | 641 | 421 | 391 | 518 |
| 乙醚 | 533 | 549 | 188 | 193 | — |
| 汽油 | 685 | 585 | — | — | 390 |
| 丙酮 | — | — | 633 | 649 | — |

（5）氧含量。可燃物自燃点在氧浓度高时比氧浓度低时的自燃点低，纯氧条件下比空气浓度的自燃点低。

（三）可燃液体自燃点测定原理

本实验测定的可燃液体自燃点是物质在大气压下的空气中，没有外界火源（如火焰、火花）条件下，其可燃混合物因放热氧化反应放出热量的速率高于热量散失速率而使温度升高引起着火的最低温度。

本实验中用注射器将 0.07mL 的待测试样快速注入加热到一定温度的 200mL 开口耐热锥型烧瓶内，并观察实验现象。实验中若在规定的时间内观察到清晰可见的火焰和（或）爆炸，或检测到气体混合物温度的突然升高（烧瓶内气体温度突然上升至少 200℃），则认为烧瓶内发生着火，试样发生了自燃。

物质从加热到着火需要经过一定的时间，即着火延迟时间（ignition delay time），也称为着火时滞。实验中它是从试样加入烧瓶中到试样着火瞬间之间的时间。温度越高着火延迟时间越短，理论上着火延迟时间趋向于无穷大时的温度为最低自燃温度。通常要求着火延迟时间不大于 5min。如果可燃物质与空气的混合物在一定温度下着火延迟时间大于 5min，则认为该温度低于该物质的自燃点，否则认为该温度高于自燃点。因此，通过设定不同实验温度的重复试验，不断缩小自燃点温度范围，最终确定自燃点。

### 三、实验器材

（一）液体自燃点试验装置标准要求

《可燃液体和气体引燃温度试验方法》（GB/T 5332）中规定的试验装置，主要由试验烧瓶、加热炉、热电偶、试样注射器或移液管、计时器和观察设备六个部分组成。

1. 试验烧瓶

试验烧瓶应使用体积为 200mL 硼硅酸盐玻璃制的锥形瓶。当试样的自燃点超过硼硅酸盐玻璃烧杯的软化点或试样对烧瓶有化学腐蚀时，可采用石英烧瓶或金属烧瓶，同时需注明使用的烧瓶材质。

2. 加热炉

加热炉主要由一个耐火绝缘材料制成的圆柱体、适当的绝热材料和支撑壳体、耐火材质的颈部环形盖和烧瓶定位圈和加热器（一个300W的底部加热器和一个300W的颈部加热器）组成。其结构如图2-17所示，圆柱体内径为127mm，高为127mm，圆柱体外围沿轴线方向以螺旋方式间隔均匀地缠绕功率为1200W的镍铬电阻丝。

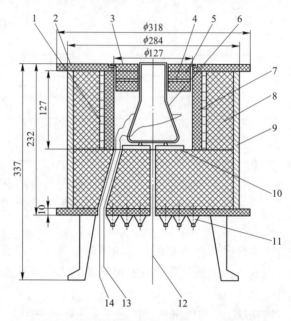

图2-17　标准加热炉结构及尺寸（单位：mm）

1—主加热器；2—耐火材料外盘；3—耐火材料圆形盘；4—颈部加热器；5—绝热层；6—200mL锥形玻璃烧瓶；
7—耐火绝缘材料圆柱体；8—绝热材料；9—支撑壳体；10—底部加热器；11—接线柱；12~14—热电偶

加热炉的温控系统应使用三支热电偶控温，其中两支热电偶分别安装在颈部加热器下方25mm和50mm处，另一支置于烧瓶底部的中心处。3个加热器应能独立控制，以使每支热电偶测得的温度在设定温度的±1℃内。

注意：加热炉应安装在通风柜内，及时将有毒气体抽走，以防操作人员长时间大量吸入有毒气体。

3. 热电偶

测量烧瓶温度应采用直径不大于0.8mm并经标定的K型热电偶。应安装在烧瓶外壁所选定的位置上，且应与烧瓶的外表面紧密接触。

4. 试样注射器或移液管

应采用体积为0.25mL或1mL的注射器，其分度值不超过0.01mL，配有内径不大于0.15mm的不锈钢针头。如果采用经标定的1mL移液管注入液体试样，应能够使1mL蒸馏水在室温下以35~40滴排出。

5. 计时器

用于测定引燃延迟时间的计时器，分度值不超过1s。

6. 观察设备

为能方便地观察烧瓶内部试样的引燃情况，可在烧瓶上方大约250mm处安装反射镜。其他能有效观察的方式也可采用。

**（二）RP-706 型自燃点全自动测定仪**

RP-706 型自燃点全自动测定仪如图 2-18 所示，其设计原理按照《电厂用抗燃油自燃点测定方法》（DL/T 706）的规定，可用于测定磷酸酯抗燃油的自燃点。试验时按照《电厂用抗燃油自燃点测定方法》（DL/T 706）的试验方法，将待测试样放入测定仪后，通过微型计算机控制自动处理待测试样，升温加热炉采用三段温度自动设定，三段温度均达到设定温度且温度均匀稳定后开始测定。当待测试样在仪器内发生自燃时，自燃点全自动测定仪自动检测自燃点，并通过屏幕显示样品测定结果。该仪器在进行连续性重复试验时重复性好，稳定性高，重复试验的温度误差可控制在 10℃ 以内，仪器控温范围为室温~800℃，控温精度可达±1℃。

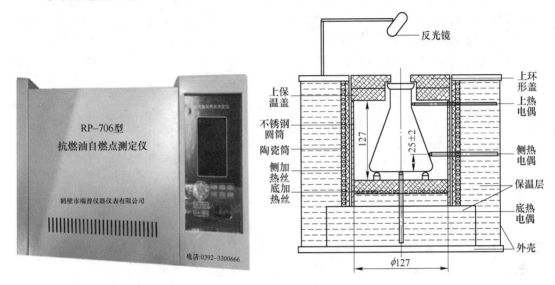

图 2-18 RP-706 型自燃点全自动测定仪外观及结构尺寸（单位：mm）

**（三）实验材料**

以 25 号变压器油、磷酸酯抗燃油为实验样品，并准备用于清洗锥形瓶的清洁剂。

**四、实验步骤**

（1）调节加热炉的温度，使锥形瓶达到所要求的温度，并保证其温度均匀，且稳定10min 左右。以 RP-706 型自燃点全自动测定仪为例，先对仪器完成"温度预设"，仪器会根据预设的温度开始加温，此时屏幕会显示三段温度，当三段温度达到设定温度且温度均匀稳定，屏幕显示'测试'后，可进行下一步操作。

（2）检查电路及注入系统等是否完好。准备好试样，液体试样应置于密闭容器中，当试样沸点接近室温时，要保证该试样注入锥形瓶前状态不变。

注：在加入待测试样进行试验前，可以先按照标准的试验程序对表 2-7 中的物质进行试验，如果测定的自燃点在误差允许范围内（同一测试人员重复试验测得的结果，不一致性不大于 2%；不同试验室重复试验测得的结果的平均值，不一致性不大于 5%），可以认为实验设备是准备好的。

表 2-7　实验设备验证物质的自燃点

| 可燃物质 | 自燃点/℃ |
| --- | --- |
| 正庚烷 | 220 |
| 苯 | 560 |

（3）用注射器或移液管抽取试验所需用量的试样（初始实验试样用量为 0.07mL），将试样以小滴状快速注入至试验锥形瓶的底部中心，整个操作应在 2s 内完成。操作完成后立即抽出注射器或移液管。注入时要避免沾湿瓶壁。

（4）试样完全注入锥形瓶后立刻开动计时器，当出现火焰和（或）爆炸时，应立即停止计时器，记录下对应的温度和引燃延迟时间。如没有发生上述现象，到 5min 时停止计时器并中止试验。

（5）连续性试验：在不同温度下重复步骤 1)～4)。

1）如果在初始设定温度下，试样在 5min 内没有着火，则转入下一步。如果在初始设定温度下，试样在 5min 内着火，则每次将温度降低 10℃进行试验，直至观察不到自燃现象为止，并记录此时的温度为 $T_0$（见图 2-19）。

2）每次将温度升高 10℃进行试验，直到样品发生自燃为止，记录该温度为 $T_1$，并记录试验温度点中不发生自燃的最高温度为 $T_0$。

3）将 $T_1$ 降低 5℃，记录该温度为 $T_2$，并进行试验。如果发生自燃，则再降低约 2℃，记录该温度为 $T_3$，并进行试验。若自燃，则 $T_3$ 确定为样品的自燃点，否则 $T_2$ 确定为自燃点。

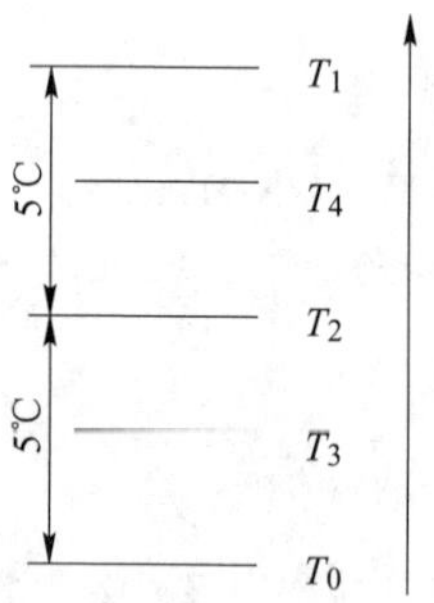

图 2-19　自燃点的确定流程

4）如果 $T_2$ 温度下没有发生自燃，则升高约 2℃，记录该温度为 $T_4$，并进行试验。若自燃，则 $T_4$ 确定为样品的自燃点，否则 $T_1$ 确定为自燃点。

（6）确认试验：在下列温度点重复试验至少 2 次。

1）若 $T_3$ 被确定为自燃点，则在 $T_0$、$T_3$ 重复试验，并确认 $T_0$ 温度下不自燃，$T_3$ 温度下自燃。

2）若 $T_2$ 被确定为自燃点，则在 $T_2$、$T_3$ 重复试验，并确认 $T_3$ 温度下不自燃，$T_2$ 温度下自燃。

3）若 $T_4$ 被确定为自燃点，则在 $T_2$、$T_4$ 重复试验，并确认 $T_2$ 温度下不自燃，$T_4$ 温度下自燃。

4）若 $T_1$ 被确定为自燃点，则在 $T_1$、$T_4$ 重复试验，并确认 $T_4$ 温度下不自燃，$T_1$ 温度下自燃。

（7）结束试验：取出锥形瓶并清洗、烘干。降低加热炉温度，关闭电源。处理未用完的试验样品。归还样品、器具，并清扫实验室。

**五、实验记录及数据处理**

将试验数据填入表 2-8 中并得出结论。

表 2-8　液体自燃点测定实验记录表

样品名称：_____　　样品用量：_____　　环境温度：_____　　环境气压：_____

| 序号 | 初始温度/℃ | 延迟时间/s | $T_0$/℃ | $T_1$/℃ | $T_2$/℃ | $T_3$/℃ | $T_4$/℃ | 自燃点/℃ |
|---|---|---|---|---|---|---|---|---|
| | | | | | | | | |
| | | | | | | | | |
| | | | | | | | | |

### 六、注意事项

（1）实验开始前开启通风系统，准备手套等防护装备。如果测定有毒试样的自燃温度，实验需在通风柜中进行。

（2）实验过程中观测现象需要通过反光镜，严禁直接近距离在瓶口上方观察，以防突然的自燃火焰伤害。

（3）对每一种试样的试验及最后一组试验均应使用经化学方法清洗过的洁净烧瓶。实验过程中如果发现烧瓶内有吸附物，应及时更换干净烧瓶。

（4）每次试验结束后，需用清洁、干燥的空气彻底吹出锥形瓶中的残余气体。

（5）实验可在能调节灯光能见度的实验室中进行，在暗室中有利于观察实验过程中的自燃现象。

### 七、思考题

（1）关于自燃点测定的标准有《电厂用抗燃油自燃点测定方法》（DL/T 706）、《液体石油和石油化工产品自燃点测定法》（SH/T 0642）、《可燃液体和气体引燃温度试验方法》（GB/T 5332），对比这些标准内容，分析液体和气体自燃点测定原理和操作的异同点。

（2）液体自燃点的测定方法与燃点的测定方法有何异同？

# 第七节　高分子材料闪点、自燃点测定实验

### 一、实验目的

（1）了解高分子材料与液体闪点和自燃点的区别，明确高分子闪点、自燃点在消防安全中的意义。

（2）掌握测定高分子材料闪点和自燃点的实验方法及步骤。

（3）熟练使用热空气炉测定高分子材料的闪点和自燃点。

### 二、实验原理

（一）高分子材料的燃烧特性

高分子材料也称为聚合物材料，是以高分子化合物为基体，再配有其他添加剂（助剂）所构成的材料。聚合物燃烧的过程是一个非常复杂的物理化学过程，它不仅具有一般

可燃固体材料燃烧的基本特征，还有一些鲜明的特性，这些特性既反映在聚合物点燃之前的加热过程中，也反映在点燃和燃烧过程中。聚合物在加热、燃烧过程中会表现出诸如软化、熔融、膨胀、发泡、收缩等特殊热行为，分解过程中不同聚合物还经历机理各异的反应历程，产生多种复杂成分的分解产物，这些过程及最终分解产物都对聚合物的燃烧过程有着重要影响。高分子材料按照特性可分为橡胶、纤维、塑料、高分子胶黏剂、高分子涂料和高分子基复合材料等。本实验以塑料为待测试样，对塑料的闪点和自燃点进行测定。塑料是以单体为原料，通过加聚和缩聚反应聚合而成的高分子化合物，部分塑料的燃烧特性如表2-9所示。

表2-9　部分塑料的燃烧特性

| 塑料名称 | 燃烧难易程度 | 离火后是否自熄 | 火焰状态 | 塑料变化状态 | 气味 |
| --- | --- | --- | --- | --- | --- |
| 聚甲基丙烯酸甲酯（PMMA） | 容易 | 继续燃烧 | 浅蓝色，顶端白色 | 熔化，起泡 | 强烈花果臭，腐烂蔬菜臭 |
| 聚氯乙烯（PVC） | 难 | 离火即灭 | 黄色，下端绿色，白烟 | 软化 | 刺激性酸味 |
| 聚偏氯乙烯（PVDC） | 很难 | 离火即灭 | 黄色，端部绿色 | 软化 | 特殊气味 |
| 聚苯乙烯（PS） | 容易 | 继续燃烧 | 橙黄色，浓黑烟碳束 | 软化，起泡 | 特殊，苯乙烯单体味 |
| 聚乙烯（PE） | 容易 | 继续燃烧 | 上端黄色，下端蓝色 | 熔融滴落 | 石蜡燃烧的气味 |
| 聚丙烯（PP） | 容易 | 继续燃烧 | 上端黄色，下端蓝色 | 熔融滴落 | 石油味 |

## （二）高分子材料的闪点和自燃点

《塑料燃烧性能试验方法 闪燃温度和自燃温度的测定》（GB/T 9343）中对塑料的闪点和自燃点的定义为：

闪燃温度（flash-ignition temperature，FIT）：在特定的试验条件下，材料释放出的可燃气体能够被火焰点着，这时试样周围空气的最低温度叫做该材料的闪燃温度。

自燃温度（self-ignition temperature，SIF）：在特定的试验条件下，无任何火源的情况下发生燃烧或灼热燃烧，这时周围空气的最低温度叫做该材料的自燃温度。

通过与可燃液体闪点和自燃点测定实验中闪点和自燃点概念的对比可知，高分子材料在自燃时会出现灼热燃烧现象，灼热燃烧是材料慢慢分解和炭化引起的，材料的固相中无火焰，燃烧区域伴有发光现象的燃烧，这是一种区别于可燃液体的新的燃烧现象。掌握高分子材料与其他材料闪点和自燃点的区别，对确定测定高分子材料的闪点和自燃点的试验方法具有重大意义。在现代生活中，聚合物已经在很多方面代替传统材料，广泛应用于人类的生产和生活中。大量使用的高分子材料已经成为引发现代火灾，特别是城市火灾和建筑物火灾的主要着火材料。通过对高分子材料的闪点和自燃点进行研究，可以降低由高分子材料引发的火灾的危险性，在高分子材料的火灾危险性评估和火灾防控方面具有指导意义。

（三）塑料闪点和自燃点的测定方法

塑料样品闪点的测定是将塑料样品装入带有开口的一定体积容器中，通过加热器加热容器内的空气，改变塑料样品附近的空气温度，在开口处引燃火焰的作用下，记录发生闪燃时的最低空气温度，将此作为塑料样品的闪点；自燃点的测定是采用与闪点测定相同的试验方法，在无引燃火焰的条件下，将观测到样品的火焰燃烧或灼热燃烧时的最低空气温度作为样品的自燃点。由于空气流速、升温速率、试样质量和试样状态等因素都会对塑料的闪点和自燃点产生影响，《塑料燃烧性能试验方法　闪燃温度和自燃温度的测定》（GB/T 9343）规定了测定参数和试验方法，即测定闪点时，需先通过转子流量计调节试验内管中的空气流量，调节空气流速至 25mm/s，将满足形状和质量要求的待测试样装入试样盘中，将热空气炉中经过试样的空气温度 $T_2$ 加热到一定的初始温度，在开口处引燃火焰的作用下，等待 10min，观测样品有无明显闪燃或易燃气体轻微爆炸或接着发生的试样燃烧，或以热电偶测定的样品温度 $T_1$ 和经过试样的空气温度 $T_2$ 是否快速升高为依据，将 $T_2$ 以 50℃ 为温度梯度升高或降低，重复进行试验，确定闪燃温度的范围。最后在此范围内比最高温度降低 10℃ 持续进行试验，直至 10min 内无燃烧的状态为止，此时的最低空气温度 $T_2$ 即为闪点。自燃点的测定即在无引燃火焰的情况下，按闪点测定相同的程序进行试验，将 10min 内可以观测到火焰燃烧或灼热燃烧时的最低空气温度 $T_2$ 作为该试样的自燃点。

### 三、实验器材

（一）实验装置

该实验仪器主要由热空气炉、炉管、内管、隔热层、点火器、热电偶、控温装置和计时器组成。

1. 热空气炉

热空气炉主要由一套电加热装置和试样盘组成。电加热装置应用（1.3±0.1）mm 金属合金加热丝均匀缠绕在炉管上 50 圈，其外包耐火材料制成夹套。试样盘由 0.5mm 厚的不锈钢制成，其直径为（40±2）mm，深度为（15±2）mm；圆形底被直径大约为 2mm 的不锈钢焊条环绕，环上焊接一根相同材质的杆，延伸到炉子的盖顶。具体结构如图 2-20 所示。

2. 炉管

炉管由金刚砂制成，内径为（100±5）mm，长度为（240±20）mm，耐温需不低于750℃，垂直放置在清理渣滓塞子的上方。

3. 内管

内管使用耐火材料制成。内径为（75±2）mm，长度为（240±20）mm，壁厚为 3mm，耐温需不低于 750℃。内管应放置在炉管内，用三个耐火的小垫块垫起，高于炉底（20±2）mm，顶部有一个用耐火材料（也可以使硅玻璃或不锈钢材料）制成的顶盖，顶盖中间有一直径为（25±2）mm 的开口，用于观测并可让烟雾和气体通过。

4. 空气源

空气源通过一根铜管以稳定、可控制的速度流过炉管与内管之间的靠近顶部的环状空

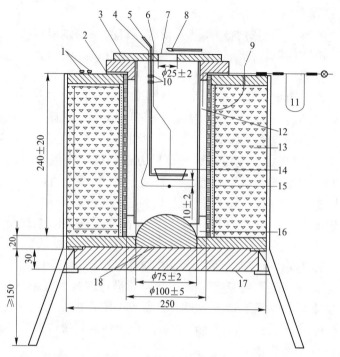

图 2-20　热空气炉结构及尺寸（单位：mm）

1—加热终端；2—垫圈；3—圆形耐火隔板；4—热电偶 $TC_2$；5—枝干；6—热电偶 $TC_1$；

7—空气供应器；8—引燃火焰；9—热电偶 $TC_3$；10—金属纽扣；11—空气流动仪表；12—气流相切缸；

13—隔热层；14—试样盘；15—加热金属丝；16—耐火垫块；17—热绝缘（可移动式）；18—检查塞（可移动式）

间内。空气在内管和炉管间加热、流通，最后在底部进入内管，空气流量用转子流量计或其他适宜的装置测定。

5. 隔热层

隔热层用矿物纤维绒填充夹套和炉壳之间，填充厚度约为 60mm。

6. 点火器

点火器由内径为（1.8±0.3）mm 的铜管制成，水平放置在圆形顶盖开口中心上方（5±1）mm 处。火焰长度为（20±2）mm。燃气为含量不低于 94% 的丙烷。

7. 热电偶

热电偶用直径为 0.5mm 的铬-镍基热电偶合金（K 型）或铁-铜镍合金（J 型）连接着一个误差不超过 ±2℃ 且校准过的记录仪进行温度测量。

热电偶 $TC_1$ 测量样品的温度 $T_1$，位置尽可能地靠近试样上表面的中心部位，金属丝缚在样品载体棒上。

热电偶 $TC_2$ 测量经过试样的空气温度 $T_2$，位于样品盘下方（10±2）mm 处，金属丝缚在样品载体棒上。

热电偶 $TC_3$ 测试加热线圈的温度 $T_3$，放置于炉子加热圈附近。

8. 控温装置

控温装置由一个合适的变压器或自动控制装置连接加热装置。

9. 计时器

计时器精度应精确至秒。

（二）实验材料

可使用任何形式的材料（包括复合材料），如有机玻璃碎片、聚乙烯塑料薄膜、聚氨酯泡沫、聚氨酯皮革、木屑等。

试样材料的用量需至少可以开展两次测试，且满足以下几点：

（1）密度大于 $100kg/m^3$ 的试样质量为 （3.0±0.2）g。

（2）粉状或粉末状材料，通常要加工成型。片状材料切割成正方形，最大尺寸为 （20±2）mm×（20±2）mm，堆积起来达到试样的质量要求。薄膜材料，卷起一条（20±2）mm 宽的带，长度以达到试样的质量要求为准。

（3）密度小于 $100kg/m^3$ 的泡沫状试样，切除外皮，试样制成（20±2）mm×（20±2）mm×（50±5）mm 的块状。

### 四、实验步骤

（一）闪点测定

（1）调整通过内管的全断面的空气流量 $q_V$（L/min），将空气流量控制在计算值的 ±10%内，调节空气的流速至 25mm/s。$q_V$ 可利用下式计算：

$$q_V = 6.62 \times \frac{293}{T} \tag{2-18}$$

式中，$q_V$ 为空气流量，L/min；$T$ 为 $T_2$ 温度，K。

（2）通过电加热装置调节加热线圈电流，参照温度 $T_3$，直至空气温度 $T_2$ 稳定在理想初始实验温度（初始实验温度一般为 400℃，可根据样品闪燃温度范围进行调整）。

（3）将试样放入试样盘中，并将试样盘的位置调整好。确认热电偶 $TC_1$ 和 $TC_2$ 安装在正确的位置，启动计时器，点燃引燃火焰，通过开口观察有无明显闪燃或易燃气体轻微爆炸或接着发生的试样燃烧（也可通过 $T_1$ 和 $T_2$ 的温度快速升高判断）。

（4）等待 10min，根据是否发生燃烧，将 $T_2$ 相应降低或升高 50℃，用新的试样重复试验。

（5）当闪燃温度范围确定后，开始在此范围比最高温度降低 10℃进行试验，并继续按 10℃降温进行试验，直到 10min 内无燃烧的状态为止。

（6）在此温度下 10min 内可观察到闪燃的发生，记录最低空气温度 $T_2$，即为闪点。

（二）自燃点测定

（1）在无引燃火焰的情况下，按（1）~（5）的程序进行试验。

（2）自燃表现为火焰燃烧或灼热燃烧。有些材料是灼热燃烧，在实际中观察到灼热燃烧比火焰燃烧困难，这种情况下，温度 $T_1$ 的上升速度要比 $T_2$ 的上升速度快，据此判断比目测更加可靠。

（3）在此温度下的 10min 内可以观测到火焰燃烧或灼热燃烧，记录此时最低空气温度 $T_2$，即为自燃点。

### 五、实验记录及数据处理

将实验所观测的实验现象、测得的温度数据以及样品信息填入表 2-10 中。

**表 2-10　高分子材料闪点、自燃点测定实验记录表**

| 样品名称 | 样品状态 | 样品质量/g | 实验现象 | 闪点/℃ | 自燃点/℃ |
|---|---|---|---|---|---|
|  |  |  |  |  |  |
|  |  |  |  |  |  |
|  |  |  |  |  |  |

### 六、注意事项

（1）试样在燃烧时可能会产生有毒气体，实验需在通风柜中或在排烟罩下进行。

（2）按照《塑料试样状态调节和试验的标准环境》（GB/T 2918）的规定，实验前试样应在环境温度（23±2）℃、相对湿度 50%±5% 的条件下放置不少于 40h。

（3）对于体积大、质量轻，且易受气流影响而从试样盘中滑落的试样，要用一根细的金属丝将其束缚起来。

（4）实验室光线调暗有利于观察实验过程中的自燃现象。操作人员接触高温器件时需戴上合适的手套。

### 七、思考题

（1）高分子材料的闪点和自燃点测定方法与其他材料的闪点和自燃点测定方法有什么不同？

（2）高分子材料的闪点和自燃点对消防安全有何意义？

## 第八节　固体堆垛自燃特性测定实验

### 一、实验目的

（1）理解弗兰克-卡门涅茨基自燃模型中有关参数的物理意义。

（2）掌握实验测定固体发生自燃的临界环境温度和反应活化能的方法。

（3）熟悉分析环境条件下固体发生自燃的临界尺寸的方法。

### 二、实验原理

**（一）固体自燃与自燃点**

自燃，是可燃物在没有外部火源的作用时，因受热或自身发热并蓄热所产生的燃烧。自燃点是在规定条件下，可燃物产生自燃的最低温度。可燃液体自燃点的测定方法有国家标准可遵循，可参见《可燃液体和气体引燃温度试验方法》（GB/T 5332），固体包装自燃点的测定尚无国家标准。

固体燃料自燃可以是 300℃ 低温下不发光的阴燃，或是气体温度超过 1300℃ 的有焰燃烧。自燃可分为受热自燃和本身自燃两种（详见本章第六节）。能够促使固体自燃的因素有：

（1）体积。体积大有利于能量积累和内部温度的升高。如木纤维板特征尺寸分别为 12in、22in 时的自燃点分别为 252℉、228℉（1in＝2.54cm；℉ 和 K 的换算式为 $y=\frac{5}{9}x-32$）+273.15，其中 $y$ 为以 K 为单位的温度，$x$ 为以 ℉ 为单位的温度。

（2）多孔性。便于空气扩散，以加快氧化速度和生物有机代谢能量的释放。

（3）水分。有助于细菌和其他微生物的生长。

（4）污染物。添加剂如不饱和油脂能够增强放热性。

（5）工艺缺陷。堆积温度较高的物质，缺少添加剂（如合成聚合物时的抗氧化剂）或提前中止化学反应。

本实验中对可燃固体的自燃特性，从热自燃理论和模型着手，能够判定可燃固体材料发生自燃的临界尺寸，对货物储运自燃火灾的研究和预防具有实际意义。

（二）热自燃理论及模型

热自燃理论认为着火是体系放热因素与散热因素相互作用的结果。如果体系放热因素占优势，就会出现热量积累，温度升高，反应加速，发生自燃；相反，如果散热因素占优势，体系温度下降，不能自燃。对于毕渥数 $Bi$ 较小的体系，可以假设体系内部各点的温度相同，自燃着火现象可以用谢苗诺夫自燃理论来解释。但对于毕渥数 $Bi$ 较大的体系（$Bi>10$），体系内部各点温度相差较大，必须用弗兰克-卡门涅茨基自燃理论来解释。该理论以体系最终是否能得到稳态温度分布作为自燃着火的判断准则，提出了热自燃的稳态分析方法。

可燃物质在堆放情况下，空气中的氧将与之发生缓慢的氧化反应，反应放出的热量一方面使物体内部温度升高，另一方面通过堆积物体边界向环境散失。如果体系不具备自燃条件，则从物质堆积时开始，内部温度逐渐升高，经过一段时间后，物质内部温度分布趋于稳定，这时化学反应放出的热量与边界传热向外流失的热量相等。如果体系具备了自燃条件，则从物质堆积开始，经过一段时间后，体系着火。很显然，在后一种情况下，体系自燃着火之前，物质内部温度分布不均。因此，体系能否获得稳态温度分布就成为判断物质体系能否自燃的依据。

理论分析发现，物质内部的稳态温度分布取决于物体的形状和达姆科勒数 $\delta$ 的大小。这里，$\delta$ 表征物体内部化学放热和通过边界向外传热的相对大小。当物体的形状确定后，其稳态温度分布则仅取决于 $\delta$。当 $\delta$ 大于自燃临界准则参数 $\delta_c$ 时，物体内部将无法维持稳态温度分布，体系可能会发生自燃着火现象。这里，$\delta_c$ 是把化学反应生成热量的速率和热传导带走热量的速率联系在一起的无量纲特征值，代表临界着火条件。

根据弗兰克-卡门涅茨基自燃理论，存在如下关系式：

$$\delta_c = \frac{r_o^2 E \Delta H_c K_n c_{AO}^n}{kRT_{a,cr}^2} \exp\left(-\frac{E}{RT_{a,cr}}\right) \tag{2-19}$$

式中，$r_o$ 为体系的临界尺寸，它对于球体、圆柱体为半径，对于平板为厚度的一半，对于立方体为边长的一半；$E$ 为反应活化能；$\Delta H_c$ 为摩尔燃烧热；$K_n$ 为燃烧反应速度方程中的指前因子；$c_{AO}$ 为反应物浓度；$k$ 为导热系数；$R$ 为气体常数；$T_{a,cr}$ 为临界环境温度，即临界状态下的环境温度。

对无限大平板，$\delta_c = 0.88$；对无限长圆柱体，$\delta_c = 2$；对球体，$\delta_c = 3.32$（见图2-21）；对立方体，$\delta_c = 2.52$。对于半边长分别为 $r$、$l$、$s$ 的长方体，按下式计算：

$$\delta_c = 0.88\left[1 + \left(\frac{r}{l}\right)^2 + \left(\frac{r}{s}\right)^2\right] \tag{2-20}$$

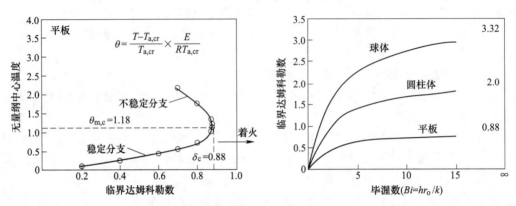

图2-21　不同形状固体材料的 $\delta_c$

将上述关系式（2-19）进行整理，并两边取对数得下式：

$$\ln\left(\frac{\delta_c T_{a,cr}^2}{r_o^2}\right) = \ln\left(\frac{E\Delta H_c K_n c_{AO}^n}{kR}\right) - \frac{E}{RT_{a,cr}} \tag{2-21}$$

此式表明，对特定的物质，等式右边第一项 $\ln\left(\dfrac{E\Delta H_c k_n c_{AO}^n}{kR}\right)$ 为常数，那么左边项 $\ln\left(\dfrac{\delta_c T_{a,cr}^2}{r_o^2}\right)$ 与 $\dfrac{1}{T_{a,cr}}$ 是线性关系。对于给定几何形状的材料，$T_{a,cr}$ 和 $r_o$（试样特征尺寸）之间的关系可通过试验确定。一旦确定了某几何形状试样的 $T_{a,cr}$，代入 $\delta_c$ 便可以由 $\ln\left(\dfrac{\delta_c T_{a,cr}^2}{r_o^2}\right)$ 对 $\dfrac{1}{T_{a,cr}}$ 作图，可得一直线（见图2-22），该直线的斜率 $k = -\dfrac{E}{R}$，由此可以求出材料的活化

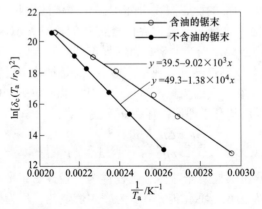

图2-22　作图求解锯末自燃反应活化能示例

能 $E=-kR$。弗兰克-卡门涅茨基自燃模型的近似性很好，若是外推范围不太大，它可以用来初步预测实验温度范围以外的材料自燃行为。所以利用外推法得到截距后，可以判定材料储运环境温度下发生自燃的临界尺寸，即所储运货物的最大包装尺寸。

（三）热自燃实验的设计原理

如图 2-23 和图 2-24 所示，采用对流循环良好（对流传热系数 $h$ 足够大）的箱式炉，炉温 $T_a$ 可控且均一。将半边长为 $r_o$ 的立方体试样置于箱体内。箱式炉设有观察窗，以便观察到着火现象以区别于阴燃。测量试样中心温度 $T_m$ 作为热失控参数，必要时可同时记录表面温度以便验证 $T_s = T_a$ 的假定。在不同炉体温度 $T_a$ 下反复试验，得到足以引发试样自燃的温度 $T_{a,2}$。炉温的很小变化都可能引发着火，实验中要注意设定温度的增长幅度。逐步增大试样尺寸，得到一系列 $T_{a,2}$，之后即可通过模型作图得到热自燃反应活化能，并外推环境温度下材料自燃的临界尺寸。

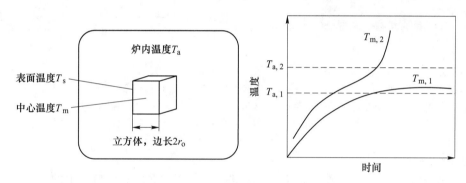

图 2-23　固体热自燃实验示意图

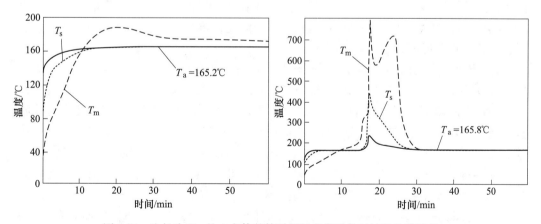

图 2-24　边长为 2in 的立方体某棉质材料自燃现象对炉温的敏感性

（1in = 2.54cm）

### 三、实验器材

实验设备主要包括：

（1）电热鼓风干燥箱（见图 2-25），提供不同的环境温度 $T_a$。

（2）K 型热电偶，长度为 2m，两支，测温精度为 ±0.5℃。

（3）温度数据采集仪。

（4）盛放试样的钢丝网立方体，边长 3cm、4cm、5cm、6cm、7cm、8cm 各一个。

实验样品采用活性炭粉末（粒径较细并均匀）或浸有桐油的锯末。

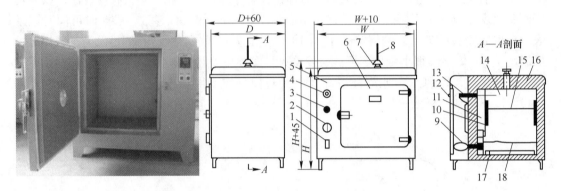

图 2-25　电热鼓风干燥设备结构示意图

1—鼓风开关；2—加热开关；3—指示灯；4—湿度控制器旋钮；5—箱体；6—箱门；7—排气阀；8—湿度计；

9—鼓风电动机；10—搁板支架；11—风道；12—侧门；13—温度控制器；14—工作室；

15—试样搁板；16—保温层；17—电热器；18—散热板

电热鼓风干燥箱温度设定方法：

（1）数显控温仪超温保护的烘箱使用方法：打开电源开关，将仪表上的温度设定开关置于"设定"端，仪表显示设定温度，旋动设定旋钮可改变设定温度值，根据需要对温度进行设定，设定好后将设定开关置回"显示"端，仪表将显示箱内的温度值（按住白色设定开关，待温度稳定后，旋动设定旋钮到所设温度，再等到温度稳定后，松开白色设定开关）。超温报警温度设定的方法同上。

（2）电脑控温的烘箱使用方法：打开电源开关，仪表上的 PV 窗将显示箱内温度，SV 窗显示设定温度值或控温时间剩余值，其中小数点左边为小时单位，小数点右边为分单位。按 ◀ 键可与温度设定值进行切换，按 ▲、▼ 键分别可改变设定温度或改变定时控温时间，要说明的是当不需要定时控温时，将时间设为 00.00。注意：时间设定中间有小数点闪烁，温度设定中间无小数点闪烁。将温度设定为所需温度，并设置超温保护报警温度。

按 ↵ 键 5s，在 PV 显示窗口将出现参数代码 P1（上偏差报警），再按 ↵ 键将显示参数代码 P2（下偏差报警），依次按下该键将显示 P3（偏差比例范围，一般为 ±12℃）、P4（积分时间，一般设为 200s）、P5（微分时间，一般设为 30s），这些参数都可按 ▲、▼ 键改变其值，按 ↵ 确认。

**四、实验步骤**

（1）装填试样并固定热电偶。将活性炭粉末装入某尺寸丝网立方体内（注意一定要装满装平），然后将立方体丝网平放入电热鼓风干燥箱的中心位置。两支 K 型热电偶中一支检测试样中心温度，保证其探头插入试样中心，为避免振动而引起热电偶移动，用细铁丝将其紧固在托盘上；另一支热电偶测定炉温，放置在立方体一侧，要求尽量接近立方体，但又不能与其接触，同样用细铁丝将其紧固在托盘上，关闭玻璃门与干燥箱大门。

（2）调试温度数据采集仪。将热电偶连接到数据采集仪，启动采集仪，确认采集的温度数据正常。

（3）设定干燥箱的工作温度，仪器开始加热升温。开启电热鼓风干燥箱的电源开关，同时打开辅助加热开关，根据预测的自燃温度，设定一个高出其一定温度的干燥箱工作温度，应注意所设温度不得高于干燥箱允许的最高工作温度（一般为300℃，温度设定方法见后面说明），超温报警温度设定为305℃，仪器开始加热升温。

（4）记录数据。每隔至多3min读取并记录一组数据：炉温、试样温度。并计算二者的差值以及相邻时间的试样温度差值。试验时不能随意打开控温炉。注意观察试样中心温度的变化规律，从试样温度-时间曲线判断试样是否发生了自燃。一直记录数据到试样温度超过炉温时为止。

（5）重复测试得到自燃温度。一次测试结束后，停止数据采集仪，关闭辅助加热开关，将干燥箱工作温度设定到室温（20℃），打开箱体大门与玻璃门，让鼓风系统继续工作，直到炉温降低到室温附近时，再关闭电源开关。将立方体丝网取出，倒掉试样（注意试样过热时不要倒在塑料容器中），清理干燥箱内部。设定另一个干燥箱工作温度，重复步骤（1）~（4）。

同一尺寸试样测得若干个温度后，取其中发生自燃的最低温度为最低超临界自燃温度，用 $T_{super}$ 来表示；取其中不发生自燃的最高温度为亚临界自燃温度，用 $T_{sub}$ 来表示。则该尺寸试样的自燃温度定义为：

$$T_{a,cr} = \frac{1}{2}(T_{super} + T_{sub}) \tag{2-22}$$

（6）变换丝网尺寸重复测试。改变试样尺寸，重复上述步骤，得到对应的 $T_{a,cr}$。

## 五、实验记录及数据处理

### （一）实验记录

将实验数据记录到表 2-11 和表 2-12 中。

表 2-11  $r_o =$ _____ cm 时的实验结果

| 时间/min | 0 | 3 | 6 | 9 | 12 | 15 | 18 | 21 | 24 | … |
|---|---|---|---|---|---|---|---|---|---|---|
| $T_a$/℃ | | | | | | | | | | |
| $T_m$/℃ | | | | | | | | | | |
| $(T_a - T_m)$/℃ | | | | | | | | | | |
| $\Delta T_m$/℃ | | | | | | | | | | |

表 2-12  不同尺寸时的自燃温度

| $r_o$/cm | 1.5 | 2 | 2.5 | 3 | 3.5 | 4 | 4.5 | … |
|---|---|---|---|---|---|---|---|---|
| 自燃温度/K | | | | | | | | |

（二）绘图及分析

已知立方体的临界自燃准则参数 $\delta_c$ 为 2.52，以 $\dfrac{1}{T_{a,cr}}$ 为横坐标、$\ln\left(\dfrac{\delta_c T_{a,cr}^2}{r_o^2}\right)$ 为纵坐标在直角坐标系中绘图，线性回归得到数据点的拟合直线或线性趋势线。

（1）计算活化能 $E$：上述直线的斜率为 $k'$，且有 $k' = -\dfrac{E}{R}$，则 $E = -k'R = -8.314k'$。代入直线的斜率，求出该物质自燃氧化反应的活化能。

（2）根据弗兰克-卡门涅茨基自燃模型判定室温（20℃）下体系发生自燃的临界尺寸：将绘制的 $\dfrac{1}{T_{a,cr}}$-$\ln\left(\dfrac{\delta_c \cdot T_{a,cr}^2}{r_o^2}\right)$ 图中的直线延长至室温，可查得对应于 $T = 273 + 20 = 293\mathrm{K}$（横坐标 $\dfrac{1}{T_{a,cr}} = \dfrac{1}{293} = 3.41 \times 10^{-3}$）时的纵坐标值，即为对应的 $\ln\left(\dfrac{\delta_c T_{a,cr}^2}{r_o^2}\right)$ 值，代入 $\delta_c = 2.52$ 和 $T_{a,cr} = 293\mathrm{K}$ 计算，求出室温下体系发生自燃的临界尺寸 $r_o$。而为了防止自燃，以立方体堆积的活性炭的边长不能大于 $2r_o$。

**六、注意事项**

（1）实验过程烘箱温度在满足实验需求下尽可能选择较低温度，以防意外燃烧和爆炸；炉温的很小变化都可能引发着火，烘箱设定温度增加幅度要小。

（2）实验过程中严密监测温度变化。

（3）实验中干燥箱内不能有其他可燃物或试剂。

（4）若监测试样表面温度，必须采用适当方法将热电偶固定在材料上。

（5）未经允许，不得选用其他易燃易爆可燃固体材料作为实验样品。

（6）若选用其他样品，可能发生试样变形或熔融，数据便会无效（小尺寸试样更容易发生这种现象，其着火温度超过熔点）。

（7）可能需要几个小时才会发生着火。可以每一个实验小组只测定 1 个尺寸试样的自燃温度，最后收集其他组的实验结果，以便处理实验数据。

（8）试样装填的密实程度对试验结果有较大影响，应确保每次装填的密实程度相近。可称量装填试样的质量，计算并记录试样的堆积密度，必要时分析堆积密度对实验结果的影响。

**七、思考题**

（1）为什么说具有自燃特性的固体可燃物之临界自燃温度不是特性参数？

（2）测定自燃氧化反应活化能时，为什么要强调控温炉内强制对流的传热条件？

（3）测定临界自燃温度 $T_{a,cr}$ 时，为什么要取超临界自燃温度的最低值和亚临界自燃温度的最高值之平均值？可否直接测定 $T_{a,cr}$？

（4）根据弗兰克-卡门涅茨基自燃理论，将小型实验结果应用于大量堆积固体时，如何保证结论的可靠性？如何应用实验结果预防堆积固体自燃或认定自燃火灾原因？

# 第九节　固体表面点燃温度测定实验

## 一、实验目的

（1）掌握连续记录温度的热电偶测温方法及原理。

（2）测量待测固体试样从受到热辐射加热到发生燃烧过程中的表面温度变化，并据此分析固体表面点燃温度参数。

## 二、实验原理

固体可燃材料的点燃温度：木材、聚合物等固体可燃材料在火灾辐射热流的作用下单面受热后，表面温度开始升高，达到一定温度时开始发生分解，挥发出可燃气体，而后发生点燃形成气相火焰。当发生点燃时，材料表面温度会发生突跃，根据温度变化曲线上的突跃点或转折点可以确定材料的点燃温度。红橡木在一定热辐射条件下的表面温度变化如图 2-26 所示。通常材料的点燃温度为材料燃烧的一个特征温度，可表征材料的火灾特性及危害。在相同的气流条件和点燃方式下，点燃温度一般只是材料的特征参数。在点燃模型中，该参数常被用作材料着火的临界判据。

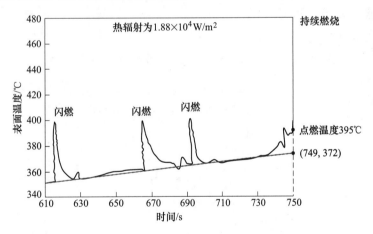

图 2-26　热辐射作用下红橡木表面温度曲线

## 三、实验器材

### （一）锥形加热器

锥形加热器或辐射锥是火灾测试仪器锥形量热仪的重要部件，其外观和结构如图 2-27 所示，可为材料表面均匀提供最高可达 $100kW/m^2$ 的辐射热流，满足《建筑材料热释放速率试验方法》（GB/T 16172）的要求。

其主要由紧紧缠绕成圆锥台形状的电加热管、用于装配电加热管的双层耐热合金锥套和 3 支 K 型铠装热电偶构成，内外锥壳内需填以公称厚度为 13mm、公称密度为 $100kg/m^3$ 的耐热纤维，3 支 K 型铠装热电偶需对称放置，以非焊接方式与电加热管接触。

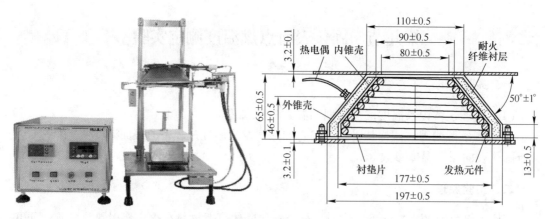

图 2-27　VOUCH 台式锥形加热器外观及尺寸（单位：mm）

锥形加热器是产生辐射热源的部件，通过热辐射对被测试样进行加热、烘烤，使之产生火焰燃烧。锥形加热器提供的热辐射强度，应能在被测试样表面达到 $100kW/m^2$ 的辐射照度，在试样表面的中心部位 $50mm\times50mm$ 范围内辐射照度应均匀，与中心处的辐射照度偏差不超过 $\pm2\%$，并通过 3 支 K 型铠装热电偶组成的温度控制调节器来调节。辐射照度是入射到试样表面某点处的面元上（包括该点和该单元区域）的辐射通量除以该面元的面积，可以通过辐射热流计测定。

（二）试样盒

试样盒主要由试样安装架和定位架组成，结构及尺寸如图 2-28 所示。

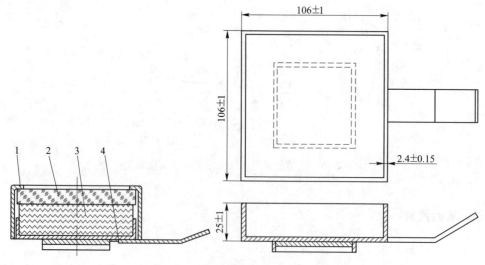

图 2-28　试样盒结构及试样安装架尺寸（单位：mm）

1—定位架（盒盖）；2—被测试样；3—耐热纤维垫；4—试样安装架

（1）试样安装架：为一个方形敞口盘，上端开口为（106±1）mm×（106±1）mm，深度为（25±1）mm，应采用厚度为（2.4±0.15）mm 的不锈钢板，包括一个便于插入和移出的把手，以及一个保证试样的中心位置在加热器下方并能与称重设备准确对中的机械装置。

安装架的底部应放置一层厚度至少为 13mm 的低密度（公称密度 65kg/m³）耐热纤维垫。锥形加热器下表面与试样顶部的距离应调节为（25±1）mm，对于尺寸不稳定的材料，其与锥形加热器下表面的距离应为（60±1）mm。

（2）定位架：采用厚度为（1.9±0.1）mm 的不锈钢板制成的方盒，方盒内边尺寸为（111±1）mm，高度为（54±1）mm。用于试样面的开口为（94.0±0.5）mm×（94.0±0.5）mm。定位架应以适当方式确保定位架与试样安装架之间能放置一个试样。定位架上配有螺丝孔，可以通过螺钉将其与试样安装架紧固在一起。

（三）其他器材

准备辐射热流计、K 型热电偶和 DaqPRO5300 数据采集仪构成的测温系统（同本章第一节）。还需准备电锯、电砂轮、锉、剪刀、直尺、铲刀、秒表等试样制备和测试计时工具。以木板或纸板实验样品，裁切为长宽各 100mm，厚 2~10mm 的试样。同时准备石棉垫、铝箔等辅助材料。

**四、实验步骤**

（1）开启通风系统，开启锥形量热仪并调节锥形加热器温度以达到指定的辐射热流，并记录热流值。

（2）制作实验样品（同锥形量热仪实验），记录样品尺寸、质量、颜色、材料及其他特征。

（3）将热电偶连接到数据采集仪，并调试数据采集系统或软件，设定数据采集时间间隔为 1~5s。

（4）将样品（预先装好在样品盒内）、热电偶都安置好，使热电偶与样品表面接触。

（5）开启记录温度数据的同时打开锥形加热器、点火器（点燃后移开点火器）。

（6）燃烧结束后，关闭锥形加热器，撤下样品盒及热电偶，结束软件记录，检查所记录数据，并导出数据。

注：必要时，进行重复试验，或选择不同材质、厚度的样品进行测试。

（6）实验结束后打扫废弃材料等垃圾，请指导老师或实验员关闭锥形量热仪、进行通风等，再检查水电等，离开实验室。

**五、实验数据记录及处理**

将本实验采用的样品状态（形状、尺寸、颜色等）、测试条件（辐射功率、是否强制点燃、是否加框等）、试样初始质量（去铝箔）、点燃时间等数据填入表 2-13。

表 2-13　固体表面点燃温度测定实验记录表

| 序号 | 样品名称 | 样品状态 | 测试条件 | 初始质量 | 点燃时间 | 点燃温度 | 试验现象 |
|---|---|---|---|---|---|---|---|
| 1 | | | | | | | |
| 2 | | | | | | | |
| 3 | | | | | | | |
| 4 | | | | | | | |

对采集到的实验数据进行处理，绘制所测试样品的表面温度−时间曲线，确定点燃特征温度。例如图 2-29 中厚木板（厚度为 5mm）的表面点燃温度约为 282℃，薄木板（厚度为 1.5mm）的表面点燃温度约为 291℃。

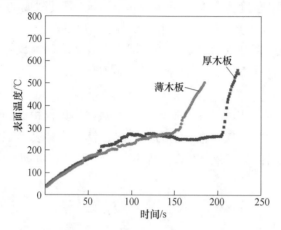

图 2-29　辐射热流 25kW/m$^2$ 下木块的表面温度曲线

### 六、注意事项

（1）点燃测试结束后，将样品取下时需佩戴隔热手套，防止烫伤。

（2）对于受热熔融或膨胀的样品，手持热电偶接触试样表面时用力不可太大，否则热电偶容易陷入熔体或刺破膨胀表面，导致测得的不是表面温度。

### 七、思考题

（1）辐射功率不同对点燃时间、点燃温度有何影响？为什么？

（2）表面点燃温度参数在火灾模拟中有何作用？如何应用？

# 第十节　可燃材料热解特征参数测定实验

### 一、实验目的

（1）了解热分析方法的种类。

（2）明确热重实验的原理、主要参数及影响因素。

（3）熟悉热重分析仪的结构、操作步骤和数据处理方法。

（4）掌握热重实验结果的意义。

### 二、实验原理

#### （一）热分析方法

热分析是在程序控制温度下，测量物质的物理性质与温度之间关系的一类技术。其数学表达式为 $P = f(T)$，其中 $P$ 为物质的一种物理量，$T$ 为物质的温度。所谓程序控制温度就是把温度看作时间的函数，即 $T=\beta(t)$，$t$ 是时间，则 $P=f(T$ 或 $t)$。在加热或冷却过程中，随着材料结构、相态和化学性质的变化，都会伴有相应的物理性质变化，这些物理性质包括质量、温度、能量、尺寸、声、光、热、力、电、磁等。根据物理性质的不同，可使用相应的热分析技术。国际热分析学会将热分析技术确认为 9 类 17 种，如表 2-14 所示，其中热重法（TG）、差热分析（DTA）和差示扫描量热法（DSC）应用最为广泛。

表 2-14　热分析技术种类

| 物理性质 | 热分析技术名称 | | 缩写 |
| --- | --- | --- | --- |
| 质量 | （1）热重法 | （thermogravimetry） | TG |
| | （2）等压质量变化测定 | （isobaric mass-change determination） | MD |
| | （3）逸出气体检测 | （evolved gas detection） | EGD |
| | （4）逸出气体分析 | （evolved gas analysis） | EGA |
| | （5）放射热分析 | （emanation thermal analysis） | ETA |
| | （6）热微粒分析 | （thermoparticulate analysis） | TPA |
| 温度 | （7）加热曲线测定 | （heating curve determination） | HD |
| | （8）升温曲线测定差热分析 | （differential thermal analysis） | DTA |
| 热焓 | （9）差示扫描量热 | （differential scanning calorimetry） | DSC |
| 尺寸 | （10）热膨胀法 | （thermodilatometry） | TD |
| 力学 | （11）热机械分析 | （thermomechanical analysis） | TMA |
| | （12）动态热机械法 | （dynamic thermomechanometry） | DTM |
| 声学 | （13）热发声法 | （thermosonimetry） | TS |
| | （14）热传声法 | （thermoacoustimetry） | TA |
| 光学 | （15）热光学法 | （thermophotometry） | TP |
| 电学 | （16）热电学法 | （thermoelectrometry） | TE |
| 磁学 | （17）热磁学法 | （thermomagnetometry） | TM |

### （二）热重法

热重法（thermogravimetry，TG）是在程序控温和一定气氛下，测量物质的质量与温度或时间关系的方法。根据控温方式分为非等温热重法（温度随时间以恒定速率变化）和等温热重法。气氛可以是静态或动态（流动）的活性（如空气）或惰性（如氮气、氩气）气氛。

TG 法以等温加热或以恒定升温速率加热样品材料，以观察在恒温条件下加热或在一定加热速率条件下加热时样品的失重行为和规律，所得结果简便、直观，可以帮助分析和判断材料产生气体小分子的起始温度和速率，以及加热速率、温度、环境条件对材料热解过程的影响，对材料热解和燃烧特性研究有一定帮助。更重要的是可以帮助理解热解的微观过程和机理，既可研究材料燃烧过程中的热解动力学，发展模拟模型，也可通过裂解机理研究提高材料阻燃性能的途径和方法。热重法还可以与其他热分析法或检测方法联用。

### （三）TG/DTG 曲线及热解特征参数

热重法得到的曲线称为热重曲线（TG 曲线），以质量 $m$ 为纵坐标（从上到下质量减少），以温度 $T$ 或时间 $t$ 为横坐标（从左到右温度或时间增加），即 $m\text{-}T$ 或 $m\text{-}t$ 曲线。热重曲线中质量（$m$）对时间（$t$）进行一次微商得到 $\mathrm{d}m/\mathrm{d}t\text{-}T$（或 $\mathrm{d}m/\mathrm{d}t\text{-}t$）曲线，称为微商热重（derivative thermogravimetry，DTG）曲线，它表示失重速率（质量随时间的变化率）与温度（或时间）的关系，相应地把以微商热重曲线表示结果的热重称为微商热重法。进一步还可以派生出二阶微商热重法（DDTG）。热重曲线表达失重过程具有形象、直观的特征，常常结合与之相对应的微商热重曲线一起进行定量分析。

典型的单失重阶段热重曲线如图 2-30 所示。TG 曲线上质量基本不变的部分称为基线或平台。$A$ 到 $G$ 七个点对应的温度：$T_A$ 为起始失重温度，$T_B$ 为失重结束温度，$T_C$ 为外延起始温度，$T_D$ 为外延终止温度，$T_E$ 为半寿失重温度，$T_F$ 为 10% 失重温度，$T_G$ 为 20% 失重温度。其中，$C$ 点和 $D$ 点为水平基线与质量下降曲线的切线交点。根据基线或平台可计算失重率和残余率，图 2-30 中初始质量为 $W_0$（通常用百分数表示，100%），失重后试样质量为 $W_1$，则失重率为 $(W_0-W_1)/W_0\times100\%$；残余率或成炭率（char yield，$\mu$）为 $W_1/W_0\times100\%$，一定程度上反映材料的炭化阻燃性。类似地，对于多失重阶段的 TG 曲线，根据相邻两个平台之间的质量差与初始质量的比值计算该阶段的失重率。对 TG 曲线求一阶导数得到 DTG 曲线，TG 曲线基线或平台处对应 DTG 曲线的零值，即 $T_A$ 和 $T_B$ 处失重速率为 0；DTG 曲线的顶点为失重速率最大值点（$\mathrm{d}^2W/\mathrm{d}t^2=0$），对应于 TG 曲线的拐点，对应的温度为失重速率峰值温度 $T_P$；DTG 曲线峰面积与 TG 失重量成正比。

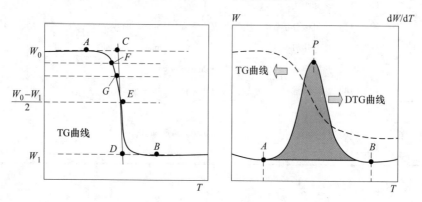

图 2-30    典型的 TG/DTG 曲线及特征参数

多数物质特别是高分子材料着火燃烧的前提是经高温热解产生可燃气体，该过程必然伴随着凝聚相质量的损失，表现为 TG 曲线的下降。因此，TG/DTG 曲线上的特征温度、成炭率可以很好地反映材料的热解特性。常用的热解特征参数有 $T_C$、$T_F$、$T_P$、$\mu$，实际研究中也经常用失重 5% 时的温度 $T_{5\%}$ 替代 $T_C$。聚合物的 $T_C$ 或 $T_{5\%}$ 通常与其点燃温度 $T_{\mathrm{ig}}$ 比较接近，如表 2-15 所示。

表 2-15    典型热塑性聚合物的热解特征温度和成炭率

| 聚合物 | 英文名称 | 缩写 | $T_C/{}^\circ\!\mathrm{C}$ | $T_P/{}^\circ\!\mathrm{C}$ | $T_{\mathrm{ig}}/{}^\circ\!\mathrm{C}$ | $\mu$ |
|---|---|---|---|---|---|---|
| 丙烯腈-丁二烯-苯乙烯共聚物 | acrylonitrile-butadiene-styrene | ABS | 390 | 461 | 394 | 0 |
| 阻燃 ABS | ABS FR | ABS-FR | — | — | 420 | 0 |
| 顺丁橡胶 | polybutadiene | BDR | 388 | 401 | 378 | — |

| 聚合物 | 英文名称 | 缩写 | $T_C$/℃ | $T_p$/℃ | $T_{ig}$/℃ | $\mu$ |
|---|---|---|---|---|---|---|
| 聚异丁烯（丁基橡胶） | polyisobutylene（butyl rubber） | BR | 340 | 395 | 330 | — |
| 醋酸纤维素 | cellulose acetate | CA | 250 | 310 | 348 | — |
| 氰酸酯（典型） | cyanate ester（typical） | CE | 448 | 468 | 468 | — |
| 聚乙烯（氯化） | polyethylene（chlorinated） | CPE | 448 | 476 | — | 0~0.2 |
| 聚氯乙烯（氯化） | polyvinylchloride（chlorinated） | CPVC | — | — | 643 | 0 |
| 氯丁橡胶 | polychloroprene rubber | CR | 345 | 375 | 406 | 0.13 |
| 聚三氟氯乙烯 | polychlorotrifluoroethylene | CTFE | 364 | 405 | 580 | — |
| 聚乙烯三氟氯乙烯 | poly（ethylene-chlorotrifluoroethylene） | ECTFE | 445 | 465 | 613 | 0 |
| 酚氧树脂 | phenoxy-A | EP | — | 350 | 444 | 0 |
| 环氧树脂（EP） | epoxy（EP） | EP | 427 | 462 | 427 | 0.04 |
| 聚乙烯四氟乙烯 | poly（ethylene-tetrafluoroethylene） | ETFE | 490 | 520 | 540 | 0 |
| 聚乙烯乙酸乙烯酯 | polyethylenevinylacetate | EVA | 448 | 473 | — | 0 |
| 氟化乙丙橡胶 | fluorinated ethylene propylene | FEP | — | — | 630 | 0 |
| 聚（苯乙烯-丁二烯） | poly（styrene-butadiene） | HIPS | 327 | 430 | 413 | 0 |
| 阻燃 HIPS | poly（styrene-butadiene）FR | HIPS-FR | — | | 380 | 0.1 |
| 聚对苯二甲酰对苯二胺（芳纶 1414） | poly（p-phenyleneterephthalamide） | KEVLAR | 474 | 527 | — | — |
| 聚丙烯酸酯（液晶） | polyarylate（liquid crystalline） | LCP | 514 | 529 | — | — |
| 三聚氰胺甲醛 | melamine formaldehyde | MF | 350 | 375 | 350 | — |
| 聚异戊二烯（天然橡胶） | polyisoprene（natural rubber） | NR | 301 | 352 | 297 | — |
| 聚三氟乙烯 | polytrifluoroethylene | P3FE | 400 | 405 | — | — |
| 聚酰胺 12 | polyamide 12 | PA12 | 448 | 473 | — | — |
| 聚酰胺 6 | polyamide 6 | PA6 | 424 | 454 | 432 | 0.02 |
| 聚酰胺 610 | polyamide 610 | PA610 | 440 | 460 | — | — |
| 聚酰胺 612 | polyamide 612 | PA612 | 444 | 468 | — | — |
| 聚酰胺 66 | polyamide 66 | PA66 | 411 | 448 | 456 | 0.04 |
| 聚酰胺 6（玻璃增强） | polyamide 6（glass reinforced） | PA6-G | 434 | 472 | 390 | — |
| 聚酰胺酰亚胺 | polyamideimide | PAI | 485 | 605 | 526 | 0.61 |
| 聚丙烯酰胺 | polyacrylamide | PAM | 369 | 390 | — | — |
| 聚丙烯腈 | polyacrylonitrile | PAN | 293 | 296 | 460 | — |
| 聚芳酯（无定形） | polyarylate（amorphous） | PAR | 469 | 487 | — | — |
| 聚丁烯 | polybutene | PB | — | 390 | — | — |
| 聚苯并咪唑 | polybenzimidazole | PBI | 584 | 618 | — | 0.75 |
| 聚甲基丙烯酸丁酯 | polybutylmethacrylate | PBMA | 261 | 292 | — | — |
| 聚苯并双噁唑 | polybenzobisoxazole | PBO | 742 | 789 | — | — |
| 聚四乙基丁二醇酯 | polybutyleneterephthlate | PBT | 382 | 407 | 382 | 0.07 |

续表 2-15

| 聚合物 | 英文名称 | 缩写 | $T_C/℃$ | $T_p/℃$ | $T_{ig}/℃$ | $\mu$ |
|---|---|---|---|---|---|---|
| 聚对苯二甲酸丁二醇酯 | polybutyleneterephthalate | PBT-G | 386 | 415 | 360 | — |
| 聚碳酸酯 | polycarbonate | PC | 476 | 550 | 500 | 0.25 |
| 聚碳酸酯/ABS（70/30） | polycarbonate/ABS（70/30） | PC/ABS | 421 | 475 | 440 | — |
| 聚碳酸酯（玻璃增强） | polycarbonate（glass reinforced） | PC-G | 478 | 502 | 420 | 0.52 |
| 聚己内酯 | polycaprolactone | PCL | 392 | 411 | — | — |
| 聚乙烯（高密度） | polyethylene（high density） | PE HD | 411 | 469 | 380 | 0 |
| 聚乙烯（低密度） | polyethylene（low density） | PE LD | 399 | 453 | 377 | 0 |
| 聚丙烯酸乙酯 | polyethylacrylate | PEA | 373 | 404 | — | — |
| 聚乙烯丙烯酸盐 | polyethylene-acrylic acid salt | PEAA | 452 | 474 | — | — |
| 聚醚醚酮 | polyetheretherketone | PEEK | 570 | 600 | 570 | 0.54 |
| 聚醚酰亚胺 | polyetherimide | PEI | 527 | 555 | 528 | 0.53 |
| 聚醚酮（如 KADEL） | polyetherketone（e.g. KADEL） | PEK | 528 | 590 | — | — |
| 聚醚酮酮 | polyetherketoneketone | PEKK | 569 | 596 | — | — |
| 聚甲基丙烯酸乙酯 | polyethylmethacrylate | PEMA | 246 | 362 | — | — |
| 聚乙烯萘酸酯 | polyethylenenaphthalate | PEN | 455 | 495 | 479 | 0.18 |
| 聚乙烯氧化物 | polyethyleneoxide | PEO | 373 | 386 | — | — |
| 聚醚砜 | polyethersulfone | PESU | 533 | 572 | 502 | 0.4 |
| 聚乙烯苯甲酸酯 | polyethyleneterephthlate | PET | 392 | 426 | 407 | 0.05 |
| 苯酚甲醛 | phenol formaldehyde | PF | 256 | 329 | 429 | 0.6 |
| 聚四氟乙烯全氟醚 | polytetrafluoroethylene-perfluoroether | PFA | — | 578 | — | — |
| 苯酚甲醛 | phenol formaldehyde | PF-G | — | — | 580 | — |
| 聚甲基丙烯酸甲酯 | polymethylmethacrylate | PMMA | 354 | 383 | 317 | 0 |
| 聚（4-甲基-1-戊烯） | poly（4-methyl-1-pentene） | PMP | — | 377 | — | — |
| 聚（α-甲基）苯乙烯 | poly（α-methyl）styrene | PMS | 298 | 333 | — | — |
| 聚（α-甲基苯乙烯） | poly（α-methylstyrene） | PMS | 250 | 314 | — | — |
| 聚甲醛 | polyoxymethylene | POM | 323 | 361 | 344 | 0 |
| 聚丙烯 | polypropylene | PP | 354 | 424 | 367 | $\mu$ |
| 聚丙烯（等规） | polypropylene（isotactic） | PP（iso） | 434 | 458 | — | 0 |
| 聚邻苯二甲酰胺（AMODEL） | polyphthalamide（AMODEL） | PPA | 447 | 488 | — | — |
| 聚苯醚 | polyphenyleneether | PPE | — | 418 | 426 | — |
| 聚（2,6-二甲基苯醚） | poly（2,6-dimethylphenyleneoxide） | PPO | 441 | 450 | 418 | — |
| 聚环氧丙烷 | polypropyleneoxide | PPOX | 292 | 343 | — | — |
| 聚苯硫醚 | polyphenylenesulfide | PPS | 504 | 545 | 575 | 0.5 |
| 聚苯砜 | polyphenylsulfone | PPSU | 557 | 590 | 575 | 0.58 |
| 聚苯乙烯 | polystyrene | PS | 319 | 421 | 356 | 0 |
| 聚砜 | polysulfone | PSU | 481 | 545 | 510 | 0.28 |

| 聚合物 | 英文名称 | 缩写 | $T_C$/℃ | $T_p$/℃ | $T_{ig}$/℃ | $\mu$ |
|---|---|---|---|---|---|---|
| 聚四氟乙烯 | polytetrafluoroethylene | PTFE | 545 | 590 | 630 | 0 |
| 聚四甲醛 | polytetramethyleneoxide | PTMO | — | 352 | — | |
| PU（异氰尿酸盐/刚性） | PU（isocyanurate/rigid） | PU | 271 | 422 | 378 | 0.13 |
| 聚醚聚氨酯橡胶 | polyetherurethane rubber | PUR | 324 | 417 | 356 | — |
| 聚醋酸乙烯酯 | polyvinylacetate | PVAC | 319 | 340 | — | |
| 聚乙烯醇缩丁醛 * | polyvinylbutyral * | PVB | 333 | 373 | — | |
| 聚氯乙烯（50%DOP） | polyvinylchloride（50% DOP） | PVC（flex） | 249 | 307 | 318 | 0.08 |
| 聚氯乙烯（刚性） | polyvinylchloride（rigid） | PVC（rigid） | 273 | 285 | 395 | 0.09 |
| 聚氯乙烯/聚醋酸乙烯酯共混物 | polyvinylchloride/polyvinylacetate blend | PVC/PVAC | 255 | 275 | | |
| 聚偏二氯乙烯 | polyvinylidenechloride | PVDC | 225 | 280 | | |
| 聚偏二氟乙烯 | polyvinylidenefluoride | PVDF | 440 | 490 | 643 | 0.23 |
| 聚氟乙烯 | polyvinylfluoride | PVF | 361 | 435 | 476 | 0 |
| 聚乙烯咔唑 | polyvinylcarbazole | PVK | 356 | 426 | — | |
| 聚乙烯醇 | polyvinylalcohol | PVOH | 298 | 322 | — | |
| 聚乙烯基吡啶 | polyvinylpyridine | PVP | 385 | 408 | — | |
| 聚（苯甲酰基）苯撑 | polypara（benzoyl）phenylene | PX | 476 | 602 | — | 0.66 |
| 聚（苯乙烯-丙烯腈） | poly（styrene-acrylonitrile） | SAN | 389 | 412 | 368 | |
| 苯基倍半硅氧烷（有机硅）树脂 | phenylsilsesquioxane（silicone）resin | SI | 475 | 541 | | |
| 硅橡胶 | silicone rubber | SIR | 456 | 644 | 407 | 0 |
| 聚苯乙烯马来酸酐 | poly（styrene-maleic anhydride） | SMA | 337 | 388 | | |
| 聚酰亚胺热塑性塑料 | polyimide thermoplastic | TPI | 523 | 585 | 600 | |
| 聚氨酯热塑性塑料 | polyurethane thermoplastic | TPU | 314 | 337 | 271 | 0.13 |
| 不饱和聚酯 | unsaturated polyester | UPT | 330 | 375 | 380 | |
| 不饱和聚酯 | unsaturated polyester | UPT-G | — | — | 395 | |

## （四）影响 TG 实验结果的因素

### 1. 仪器因素

（1）浮力与对流的影响：在加热过程中，试样周围气体密度及对流方式的变化会使悬吊在加热炉中的试样质量和盘所受浮力发生变化。升温过程会导致试样增重，对称量质量准确度及 TG 曲线造成影响。

（2）挥发物冷凝的影响：试样受热或升华，逸出的挥发物会在热重仪的低温区冷凝，造成仪器污染并使实验结果产生偏差。

（3）温度测量的影响：在热重分析仪中，热电偶与试样不接触，试样的真实温度与测量温度之间会有所差别。因此，应采用标准物质来标定热重分析仪的温度。

### 2. 测试条件

（1）升温速率：由于样品坩埚与炉体不直接接触，传热靠周围气氛进行，升温速率越快，温度滞后越严重，使失重转变整体向高温方向偏移。在热重分析仪中宜采用低速升温，建议高分子试样为 $5\sim10K/min$，无机、金属试样为 $10\sim20K/min$。需要指出的是，虽然升温速率发生变化，但失重量却保持不变。

（2）气氛：对于静态气氛中的可逆反应，随分解产物的增加，气氛压力增大，将使分解速度变慢；如果气氛与分解产物相同，将使分解温度向高温移动。对于动态气氛，气氛的性质、流速及反应类型等对热重曲线均有显著影响。由于静态气氛不易控制，因此多采用动态气氛。为使 TG 曲线的重现性较好，通常采用动态惰性气氛如 $N_2$、Ar 等，以避免气流与试样及其产物发生反应。火灾中材料存在有氧分解和无氧分解两种情况，可以分别采用空气和惰性气氛模拟材料着火前和着火后的热解过程，因为着火后火焰在很大程度上隔绝了空气接触材料表面。

3. 试样因素

（1）试样的用量：用量越大，试样吸热和放热反应引起试样温度发生的偏差越大；用量大会导致传热和挥发物挥发速度变慢、样品内部温度梯度增大，导致相邻失重转变靠近。因此，在灵敏度许可范围内，样品量尽可能少，一般为 $5\sim10mg$。

（2）试样的粒度：粒度越细，反应速率越快，TG 曲线的反应起始温度和终止温度降低，反应区间变窄。粗粒度的试样反应慢，应有的反应不能体现在 TG 曲线上，如蛇纹石粉状试样在 $50\sim850℃$ 连续失重，在 $600\sim700℃$ 分解最快，而块状试样在 $600℃$ 左右才开始有少量失重。因此，试样的粒度不宜太大、装填的紧密程度适中为好。同批试验样品，粒度和装填紧密程度要一致。

### 三、实验器材

（一）热重分析仪

典型的热重分析仪如图 2-31 所示。零位式热重分析仪主要包括 5 个模块：程序控制单元对炉体进行程序控温；气氛控制单元控制炉体内气氛及其流速；称重放大系统确保天平零位平衡并进行称重；微分处理单元对所称质量进行微分计算；仪器记录系统记录 TG 和 DTG 曲线。本实验采用法国凯璞科技集团 Setaram 公司的 TG/DSC 同步热分析仪 Setline STA 及其 Calisto 软件。

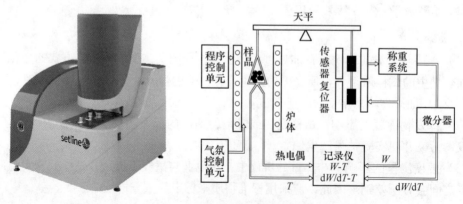

图 2-31　Setaram SetlineSTA 同步热分析仪外观及功能模块示意图

热重分析仪通常还应配备气瓶、减压阀、气体管路、传感器杆、试样坩埚、镊子、分析天平、冷却水循环系统等。

（二）实验试样

以粉状或粒状 PMMA、EVA 等聚合物或木粉为样品，取少量样品粉末或颗粒作为试样。

## 四、实验步骤

（一）准备阶段

（1）检查热重分析仪连接是否正常，确认正确选择了热重测试传感器杆，确认载气连接正确，输入压力约 3bar（0.3MPa）。

（2）开启冷却水，检查冷却水循环是否正常，流量不小于 2L/min。

（3）根据材料类型，初步判断终止温度、载气等测试条件。

（二）测试阶段

（1）打开仪器电源及计算机操作软件 Calisto-"Data Acquisition"，会自动弹出仪器数据实时监测图。确认天平处于解锁状态（天平锁定有利于 DSC/DTA 实验获得更加稳定的热流信号）。

（2）称量样品：使用精度 0.01~0.1mg 的天平称量 5mg 左右样品，装填入三氧化二铝坩埚中。

（3）将试样坩埚置于传感器杆的坩埚位上，需谨慎操作，尽量避免传感器晃动。等待传感器稳定后（无明显晃动），可在仪器信号实时监测窗口中确认当前温度，即"Untared Mass"在 TG 测量范围（±200mg 或 ±2000mg）之内。

（4）通过操作控制按钮，降下加热炉，至升降机构自动停止。

（5）实验编程：

1）在"Experiment"界面，点击"新建实验/New Experiment"新建一个实验程序（见图 2-32）。

图 2-32　新建实验程序的操作界面

在"实验属性"一栏中（见图 2-33），输入实验名、样品质量；在"通用"一栏中，输入需要记录的温度（炉体温度/样品温度/炉体和样品温度）、坩埚种类、气体选择、TG 量程、安全温度及备注等。安全温度为传感器使用温度上限+20℃（如 1100℃ 的传感器的安全温度为 1120℃）。

2）设定升降温程序：右键点击实验名，选择"添加新区间-标准区间"（见图 2-34）。

在"选择区间"中（见图 2-35），点击右键（或选择软件窗口下部左侧相应示意图），选择添加恒温或变温程序，设定温度范围、恒温时间、升降温速率，TG 清零与否（TG 清

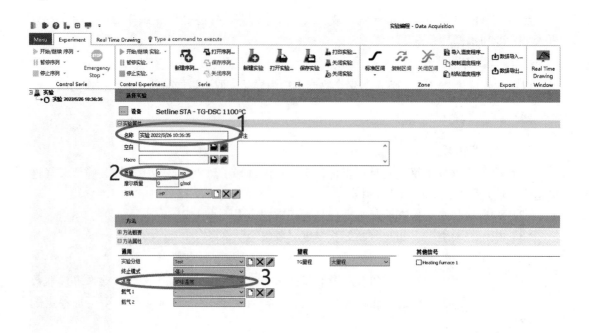

图 2-33　实验属性输入界面

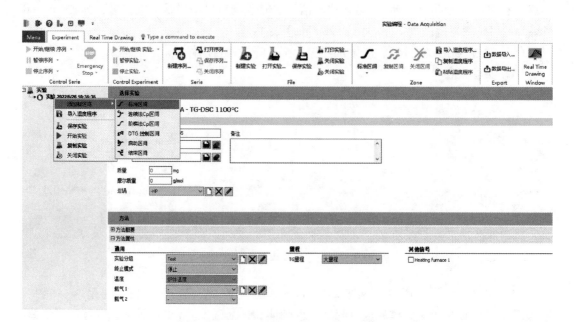

图 2-34　添加温度区间的操作界面

零），以及载气（气体 1/2）、辅助气开关控制和流速等。确认冷却水阀门打开，一般建议载气流量为 20mL/min。

3）在"选择区间"一栏中，确认 PID、安全温度等参数（见图 2-36）。

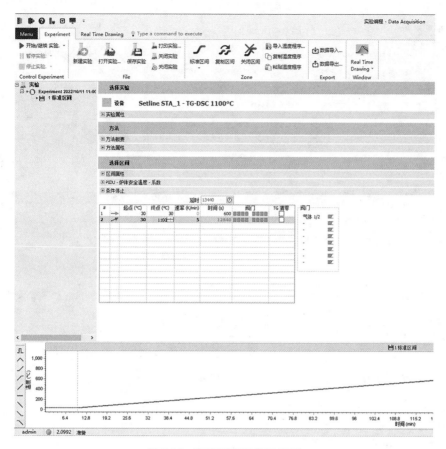

图 2-35　温度程序的设置界面

（6）确认冷却水及载气供应，加热炉已降下，确认 TG 信号稳定。建议实验开始前在仪器内先通入载气，有利于在实验初始获得稳定的 TG 信号。

（7）启动自动测试程序：右键点击实验名，点击"开始实验"，或点击菜单栏相关图标，仪器自动运行测试程序（见图 2-37）。

（8）自动测试程序完成后，待炉体温度降至室温（至少 70℃ 以下），通过操作控制按钮抬升加热炉，至升降机构自动停止，取出样品坩埚，可关闭冷却水及载气，仪器可不必关机。

### 五、实验记录及数据处理

（1）打开"processing"软件，点击"打开区间文件"或点击工具栏上的相关图标（见图 2-38）。

（2）选择需要处理的实验，点击"OK"。

（3）在左侧列表中找到实验名称，对 TG 图进行处理。首先选中左侧列表文件名，点击右键，选择"Blank Experiment Subtraction"，然后选取相应的空白实验以扣除基线/空白实验。此时右侧图中会出现两条曲线，在左侧列表中找到该文件名内的"☑ TG"去掉"√"，即可去掉处理前的曲线。

（4）选中图中的 TG 曲线，点击右键找到"Derivation"并点击，此时出现 DTG 曲线。

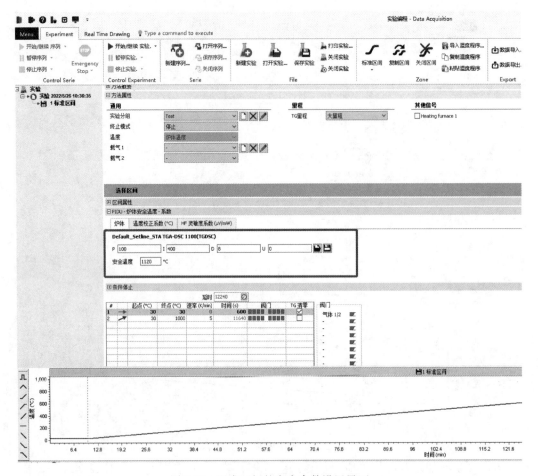

图 2-36 温度区间的安全参数设置界面

（5）输出数据，点击菜单中的"File"并选择"Export Chart Data"进行数据的输出和保存。

（6）打开输出数据文件，可以采用其他软件如 Excel 或 Origin 软件进行处理，获取 TG 曲线和 DTG 曲线（见图 2-39），并对实验数据进行分析和比较，获取特征参数。

## 六、注意事项

（1）尽量保持室温恒定，避免使仪器直接暴露于空调出风口或窗口，避免阳光直射仪器。

（2）保持实验台稳定，避免振动。如有可能，应将仪器与计算机分两个实验台放置，仪器自动测试期间，不要触碰仪器所在实验台。

（3）避免接触仪器高温表面。

（4）要充分了解样品成分，避免测试"危险"样品。初次实验建议样品装填至不大于坩埚容积 1/3，如果信号响应不够，可适当增加样品量。但增加样品量会造成样品内部温度梯度加大及气态分解物逸出困难，相应降低信号分辨率。在信号响应足够的情况下，建议尽量使用较小样品量。

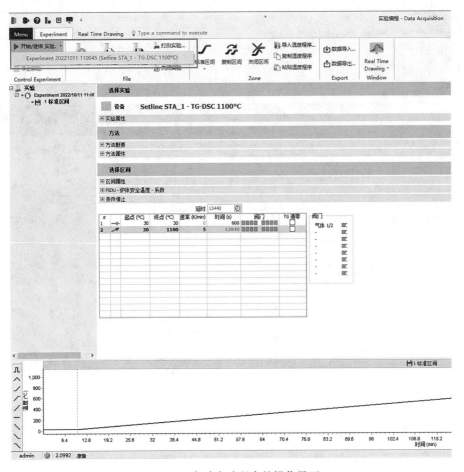

图 2-37　启动实验程序的操作界面

（5）选择合适的传感器杆：仅进行 TG 测试，选择放置单个坩埚的传感器杆；TG/DSC 综合热分析测试，选择放置两个坩埚的传感器杆。

（6）坩埚的选择应考虑样品与坩埚的相容性，参考如下：

1）金属类样品宜使用氧化铝（$Al_2O_3$）坩埚。金属样品会与 Pt 坩埚形成合金，导致坩埚无法再次使用，并可能损坏传感器；Co 及 Cr 在氢气下会与 $Al_2O_3$ 反应；Ti 及钛合金样品、单质 Si 及含 Si 合金在高温下会损坏 $Al_2O_3$ 坩埚。分析金属样品时（非氧化试验），建议使用惰性气氛（$N_2$、Ar、He）。

2）氧化物（陶瓷类）样品宜使用金属（Pt、Al）坩埚。玻璃、碱金属、碱土金属氧化物，高温熔融物助熔氧化铝；碱金属、碱土金属的铁酸盐，高温熔融物侵蚀氧化铝；过量氧化铅、氧化铋等陶瓷助烧剂，烧结挥发严重；C 及含 C 较多的样品易损坏 $Al_2O_3$ 坩埚。氧化物可以在氧化气氛下测量，氮化物需在氮气气氛下测量。使用 DSC 铂坩埚时，需使用氧化铝保护垫片。

**七、思考题**

（1）如果要研究某种气固反应，载气应如何确定？

图 2-38 打开实验结果文件的操作界面

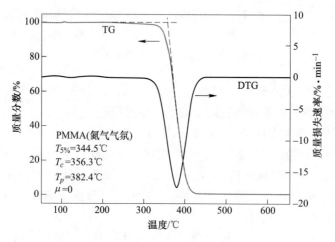

图 2-39 TG/DTG 曲线及特征参数

（2）热重实验结果与物质的安全性有何关联？

（3）根据热重实验结果，如何分析材料的热解反应动力学特性？

（4）热重实验过程中的实验载气有何作用？

（5）热重实验结果对分析材料的燃烧或阻燃性能或机理有何用处？

（6）实验后的坩埚如何处理？

# 第十一节　燃烧热测定实验

## 一、实验目的

（1）明确燃烧热、恒压燃烧热和恒容燃烧热的概念，以及燃烧热在消防安全中的意义。

（2）掌握氧弹量热仪的结构及测定燃烧热的实验方法及步骤。

（3）学习使用雷诺图解法校正体系漏热引起的温度改变值。

## 二、实验原理

### （一）量热法

热化学测量包括量热法和热分析法，本实验主要测定待测试样的燃烧热，一般采用量热法进行测定。量热法是直接测定定容过程的热效应 $Q_V$ 和定压过程的热效应 $Q_p$ 的实验方法，是热化学测量中的基本方法。通常能直接测定的热效应有物质的热容、溶解热、中和热、稀释热、燃烧热等；热效应的数据也常用于计算平衡常数和其他热力学量。

### （二）燃烧热

在 25℃、101kPa 时，1mol 纯物质完全燃烧生成稳定的氧化物时所放出的热量，叫做该物质的燃烧热，单位为 kJ/mol。有时也用单位质量或单位体积的燃料燃烧时放出的能量计量。

通过量热法可以在恒容或恒压条件下分别测得恒容燃烧热 $Q_V$ 和恒压燃烧热 $Q_p$。由热力学第一定律可知，$Q_V$ 等于体积内能变化 $\Delta U$；$Q_p$ 等于其焓变 $\Delta H$。若把参加反应的气体和反应生成的气体都作为理想气体处理，则它们之间存在如下关系：

$$Q_p = Q_V + \Delta nRT \tag{2-23}$$

式中，$T$ 为反应温度，K；$\Delta n$ 为反应前后产物与反应物中气体的物质的量之差，mol；$R$ 为摩尔气体常数。

### （三）氧弹量热仪

氧弹量热仪是用于测定固体和液体燃料燃烧热的计量仪器，其结构如图 2-40 所示。测量原理是将一定量的样品在充有过量氧气的氧弹内燃烧，放出的热量使整个量热体系（包括氧弹、内筒及内筒中的水、搅拌器和温度计）温度升高；然后根据热量计的热容量、量热体系的温升和样品质量，计算样品的热值。氧弹量热仪的热容量通过在相似条件下燃烧一定量的苯甲酸燃烧热标准物质来确定。

氧弹量热仪根据量热原理可分为等温型和绝热型。等温型氧弹量热仪的量热体系被充满水的、能保持温度恒定的外筒所包围。样品在氧弹内燃烧使量热体系温度上升，同时外筒水温保持不变。绝热型氧弹量热仪的量热体系被充满水的、温度能快速变化的外筒所包围。样品在氧弹内燃烧使量热体系温度上升，同时外筒温度自动跟踪内筒温度，使内外筒没有热量交换。

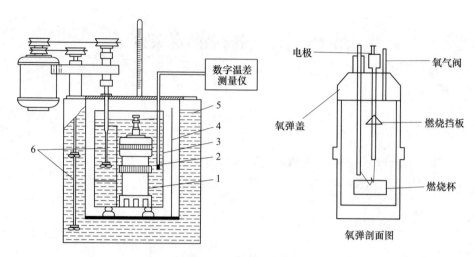

**图 2-40　氧弹量热仪**
1—燃烧氧弹；2—温度传感器；3—内筒；4—挡板；5—恒温水夹套；6—搅拌棒

### （四）燃烧热计算原理

使用等温型氧弹量热仪进行实验时，氧弹放置在装有一定量水的内筒中，水筒外是空气隔热层，再外面是温度恒定的水夹套。样品在体积固定的氧弹中燃烧放出的热 $Q_V$、引火丝燃烧放出的热和由氧气中微量的氮气氧化成硝酸的生成热，大部分被水筒中的水吸收，另一部分则被氧弹、水筒、搅拌器及温度计等吸收。在热量计与环境没有热交换的情况下，可以写出如下的热量平衡式：

$$- Q_V m - qb + 5.98c = Wh\Delta t + C_{总}\Delta t \tag{2-24}$$

式中，$Q_V$ 为被测物质的恒容燃烧热，J/g；$m$ 为被测物质的质量，g；$q$ 为引火丝的燃烧热，J/g；$b$ 为烧掉了的引火丝质量，g；5.98 为硝酸生成热是 $-59800$J/mol，当用 0.100mol/L NaOH 来滴定生成的硝酸时，每毫升碱液相当于 $-5.98$J；$c$ 为滴定生成的硝酸时，耗用 0.100mol/L NaOH 的体积，mL；$W$ 为水筒中的水的质量，g；$h$ 为水的比热容，J/g；$C_{总}$ 为氧弹、水筒等的总容热，J/℃；$\Delta t$ 为与环境无热交换时的真实温差。

一般式（2-24）中硝酸的生成热非常小，可以忽略，于是可简化为：

$$- Q_V m - qb = Wh\Delta t + C_{总}\Delta t \tag{2-25}$$

如在实验时保持水筒中水量一定，把式（2-25）右端常数合并得到：

$$- Q_V m - qb = K\Delta t \tag{2-26}$$

式中，$K$ 为热量计热容（热量计的水当量）$K = Wh + C_{总}$，J/℃。

由式（2-26）可知，要测得样品的 $Q_V$，必须知道仪器的水当量 $K$。测量的方法是以一定量已知燃烧热的标准物质（常用苯甲酸，其燃烧热以标准试剂瓶上所标明的数值为准）在相同的条件下进行实验，由标准物质测定仪器的水当量 $K$，再测定样品的 $Q_V$。

### （五）温差校正方法

实际上，氧弹量热仪不是严格的绝热系统，加之由于传热速度的限制，燃烧后由最低温度达最高温度需一定的时间，在这段时间里系统与环境难免发生热交换，因而从温度计上读得的温差不是真实的温差，为此必须对读得的温差进行校正。

　　雷诺作图法校正温差的具体步骤如下：如图 2-41 所示，将燃烧前后历次记录的温度（此温度为相对值，即贝克曼温度计或数字式精密测量仪的读数）对时间作图，连成 abcd 曲线。图 2-41 中 b 点相当于开始燃烧之点，c 点为观察到的最高的温度读数点，由于热量计和外界的热量交换，曲线 ab 和 cd 常常发生倾倒。取 b 点所对应的温度 $T_1$，c 点对应的温度 $T_2$，其平均温度为 T，经过 T 点作横坐标的平行线 TO，与曲线 abcd 相交于 O 点，然后过 O 点作垂直线 AB，此线与 ab 和 cd 的延长线交于 E、F 两点，则 E 点和 F 点所表示的温度差即为欲求温度的升高值 $\Delta T$。如图 2-41（a）所示，$EE'$ 表示环境辐射进来的热量所造成热量温度计温度的升高，这部分必须扣除；而 $FF'$ 表示热量计向环境辐射出热量而造成热量温度计温度的降低，因此这部分必须加入。经过这样校正后的温差即为与环境无热交换的真实温差。

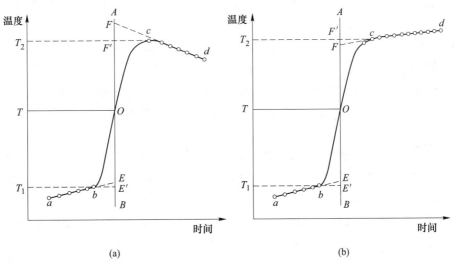

图 2-41　雷诺温度校正图
（a）绝热较差情况下；（b）绝热较好情况下

### 三、实验器材

（一）氧弹量热仪

氧弹量热仪主要由燃烧氧弹、内筒、外筒、搅拌器、水、温度传感器、试样点火装置、温度测量等主要设备和燃烧皿、压力表和氧气导管、点火装置和压饼机等附属设备两个部分组成，其结构和尺寸满足《煤的发热量测定方法》（GB/T 213）的规定。

1. 氧弹

氧弹由耐热、耐腐蚀的镍铬或镍铬钼合金钢制成，需要具备三个主要性能：

1) 不受燃烧过程中出现的高温或腐蚀性产物的影响而产生热效应。

2) 能承受充氧压力和燃烧过程中产生的瞬时高压。

3）试验过程中能保持完全气密。

弹筒容积应为 250~350mL，弹头上应装有供充氧和排气的阀门以及点火电源的接线电极。新氧弹和新换部件（弹筒、弹头、连接环）的氧弹应经 20.0MPa 的水压试验。

## 2. 内筒

内筒由紫铜、黄铜或不锈钢制成，断面可为椭圆形、菱形或其他适当形状。筒内装水通常为 2000~3000mL，以能浸没氧弹（进、出气阀和电极除外）为准。内筒外面应高度抛光，以减少与外筒间的辐射作用。

## 3. 外筒

外筒为金属制成的双壁容器，并有上盖。外壁为圆形，内壁形状则依内筒的形状而定；外筒应完全包围内筒，内外筒间应有 10~12mm 的间距，外筒底部有绝缘支架，以便放置内筒。

恒温式外筒和绝热式外筒的控温方式不同，分别满足以下要求：

（1）恒温式外筒：自动控温的外筒在整个实验过程中，外筒水温变化应控制在 ±0.1K 之内；非自动控温式外筒——静态式外筒，盛满水后其热容量应不小于热量计热容量的 5 倍（通常 12.5L 的水量可以满足外筒恒温的要求），以便试验过程中保持外筒温度基本恒定。外筒的热容量应该是：当冷却常数约为 0.002min$^{-1}$ 时，从试样点火到末期结束时的外筒温度变化小于 0.16K；当冷却常数约为 0.003min$^{-1}$ 时，此温度变化应小于 0.11K。外筒外面可以加绝热保护层，以减少室温波动的影响。用于外筒的温度计应有 0.1K 的最小分度值。

（2）绝热式外筒：外筒中水量应较少，最好装有浸没式加热装置，当样品点燃后能迅速提供足够的热量以维持外筒水温与内筒水温相差在 0.1K 之内。通过自动控温装置，外筒水温能紧密跟踪内筒的温度。外筒的水还应在特制的双层盖中循环。

自动控温装置的灵敏度应能达到使点火前和终点后内筒温度保持稳定（5min 内温度变化平均不超过 0.005K/min）；在一次试验的升温过程中，内外筒间热交换量应不超过 20J。

## 4. 搅拌器

螺旋桨式或其他形式。转速 400~600r/min 为宜，并应保持恒定。搅拌器轴杆应有较低的热传导或与外界采用有效的隔热措施，以尽量减少量热系统与外界的热交换。

## 5. 量热温度计

用于内筒温度测量的量热温度计至少应有 0.001K 的分辨率，以便能以 0.002K 或者更好的分辨率测定 2~3K 的温升；它代表的绝对温度应能达到近 0.1K。量热温度计在它测量的每个温度变化范围内应是线性的或线性化的。有两种类型的温度计满足以上要求：一类是玻璃水银温度计，如固定测温范围的精度温度计和可变测温范围的贝克曼温度计；另一类是数字显示温度计。

## 6. 燃烧皿

铂制品最理想，可用镍铬钢制品，合金钢或石英制也可。高 17~18mm、底部直径为 19~20mm、上部直径为 25~26mm、厚 0.5mm。

7. 压力表和氧气导管

压力表由指示氧气瓶中压力和指示充氧时氧弹内压力的两个部分组成。表头上应安装有减压阀和保险阀，通过内径为 1~2mm 的无缝钢管与氧弹连接，或通过高强度尼龙管与充氧装置连接，以便导入氧气。

8. 点火装置

采用 12~24V 的电源，可由 220V 交流电源经变压器供给。线路中应串接一个调节电压的变阻器和一个指示点火情况的指示灯或电流计。

9. 压饼机

螺旋式、杠杆式或其他形式均可，能压制直径为 10mm 的样品饼或苯甲酸饼。模具及压杆应用硬质钢制成，表面光洁，易于擦拭。

10. 秒表和天平

分析天平的分度值（感量）需达到 0.1mg；工业天平的分度值（感量）需达到 0.5g，载重为 4~5kg。

（二）XRY-1B 型氧弹量热仪

XRY-1B 型氧弹量热仪符合《煤的发热量测定方法》（GB/T 213）、《石油产品热值测定法》（GB/T 384）和中华人民共和国国家计量检定规程《氧弹热量计检定规程》（JJG 672）的要求。

仪器组成和各主要部件如图 2-42 所示，主要包括量热主机、氧弹配件、微电脑、打印机等。量热主机由外筒、内筒、搅拌电机和氧弹组成，是热量计的重要组成部分，主要用于完成建立一个恒温系统，并保证被测样品在此环境下，在"点火""搅拌"的过程中，能准确地反映出其温升曲线，从而计算出其热值。氧弹配件由压饼机、充氧器、放气阀和弹头支架组成，主要用于压样、方便安装点火丝、辅助充氧和试验后放气。仪器微电脑控制，液晶显示屏实现人机对话，用于自动控制仪器的测量全过程，并记录、存贮全部测量数据。打印机用于输出测量数据。

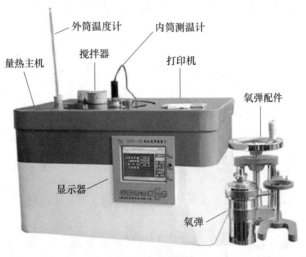

图 2-42 氧弹量热仪

（三）其他器材

其他器材包括：氧气钢瓶 1 只；氧气表 1 只；数字贝克曼温度计 1 台；水银温度计（0~50℃，最小分度为 0.1℃）1 只；万用电表 1 个；台称 1 台；分析天平 1 台；活扳手 1 只；带刻度的直尺 1 把。

需要准备苯甲酸、点火丝（镍铬丝）、待测样品（萘、煤块、塑料片、蜡烛块等）等实验材料。

## 四、实验步骤

（一）准备阶段

（1）接通电源，打开仪器检验各部分是否正常工作后关机。熟悉压片和氧弹装样操作及仪器上各按钮的功能。

（2）干燥恒重苯甲酸（0.9~1.2g）和萘（0.6~0.8g）压片，注意紧实度，分析天平称样，放入燃烧皿中。

（3）容量瓶量取 3000mL 水，调节水温低于室温 1K。

（4）量取两根 9~10cm 点火丝，中段在圆珠笔芯上绕几圈。点火丝缚紧使接触电阻尽可能小。

（5）氧弹内预滴 10mL 水，促产物凝聚成硝酸。

（二）测试阶段

（1）装点火丝：将氧弹弹盖放在弹头支架上，取一根约 9cm 长的点火丝，把点火丝与试样接触好，两端挂在两根开有斜缝的装点火丝杆上（其中一根杆也是燃烧皿托架），用小套管锁紧。（不可让点火丝接触燃烧皿或氧弹体的其他金属部位，以免形成旁路电流，使点火失败。为了防止样品燃烧时直冲氧弹头上的密封件，在燃烧皿上方设有圆形挡火板。）

（2）充氧：在氧弹内加入 10mL 蒸馏水，拧紧氧弹盖。（旋紧氧弹盖，用万用表检查两电极是否通路。若通路，则旋紧氧弹出气口后即可以充氧气。）将充氧器接在工业氧气瓶上，把氧气导管接在氧弹上，打开气阀，限压在 2.5~3.0MPa，往氧弹内缓缓充入氧气，压力平衡时间不得少于 30s。（充氧后可再次用万用表检查氧弹中两电极间的电阻。）充好氧气的氧弹放入水中检查是否漏气，看不到冒气泡说明氧弹不漏气。

（3）给内筒加水：将氧弹放在内筒的氧弹座架上，向内筒加入已调好水温的蒸馏水（约 3000g，水面应在进气阀螺母的 2/3 处附近）；每次的加水量必须相同（质量差 ≤ ±1g），使内筒水温比外筒低 0.2~0.5K，以便在测量结束时内筒水温高于外筒，温度曲线可出现明显下降。将内筒放在外筒的绝缘支座上，出厂时已调好了限位，以保证每次位置的一致性。

（4）将氧弹戴好点火帽，插好点火电极，盖好外筒筒盖（将点火线卡在筒盖上留的缺口处）。

（5）开启搅拌功能，记录 10 个温度作为基线温度数据，每 30s 记录温度一次。

（6）点火，读取温升值，直至温度达到最高折点，每 30s 记录温度一次。

（7）当温度达到最高折点后，继续读取 8 个温度作为回落基线，每 1min 记录温度一次。如果使用 XRY-1B 型氧弹量热仪进行测试，将氧弹和点火丝安装完毕后，只需开机后打开控制软件，选择"国标测量""瑞-芳测量"或其他测量，输入苯甲酸或样品质量、仪器热容量和附加热（点火丝的热），然后开始测试即可。

（8）测试完毕后，取出氧弹，用放气帽缓缓放气 1min，量出未燃尽的引火线长度，计算实际消耗量。用 150～200mL 蒸馏水清洗氧弹，得硝酸液量。盛烧杯加盖煮沸 5min，加 2 滴酚酞，以 0.1mol/L 氢氧化钠液滴至粉红色。

（9）清洗整理仪器，保持仪器表面清洁干燥以防腐蚀，打扫实验室卫生。请实验员或指导老师检查后离开实验室。

### 五、实验数据记录及处理

苯甲酸的燃烧热为 -26460J/g；燃烧铁丝的燃烧热为 -6695J/g。

（1）请根据表 2-16 中的信息，将表 2-16 内所需的试验数据填入。

表 2-16　燃烧热测定实验记录

环境温度：（　　　）℃　外筒水温：（　　　）℃

| 样品 | 苯甲酸 | | | | 萘 | | | |
|---|---|---|---|---|---|---|---|---|
| 称量 | 样品+纸　（　　　）<br>纸　　　　（　　　）<br>样品净重　（　　　）<br>点火丝　　（　　　）cm<br>残丝　　　（　　　）cm | | | | 样品+纸　（　　　）<br>纸　　　　（　　　）<br>样品净重　（　　　）<br>点火丝　　（　　　）cm<br>残丝　　　（　　　）cm | | | |
| | 时间/min | 温度/℃ | 时间/min | 温度/℃ | 时间/min | 温度/℃ | 时间/min | 温度/℃ |
| 初期 | 0.5<br>1<br>1.5<br>2<br>2.5 | | 3<br>3.5<br>4<br>4.5<br>5 | | 0.5<br>1<br>1.5<br>2<br>2.5 | | 3<br>3.5<br>4<br>4.5<br>5 | |
| | 时间/min | 温度/℃ | 时间/min | 温度/℃ | 时间/min | 温度/℃ | 时间/min | 温度/℃ |
| 主期 | 5.5<br>6<br>6.5<br>7<br>7.5<br>8 | | 8.5<br>9<br>9.5<br>10<br>10.5<br>11 | | 5.5<br>6<br>6.5<br>7<br>7.5<br>8 | | 8.5<br>9<br>9.5<br>10<br>10.5<br>11 | |
| | 时间/min | 温度/℃ | 时间/min | 温度/℃ | 时间/min | 温度/℃ | 时间/min | 温度/℃ |
| 末期 | 12<br>13<br>14<br>15 | | 16<br>17<br>18<br>19 | | 12<br>13<br>14<br>15 | | 16<br>17<br>18<br>19 | |

（2）根据测得的温度，画出温度变化曲线，依据雷诺校正求出温度差（可参考图 2-43）。

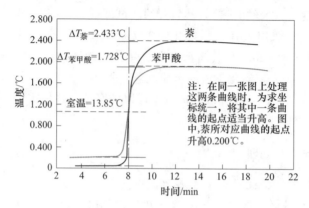

图 2-43　萘试样测试结果的雷诺校正示例

（3）根据计算原理计算萘的恒压燃烧热。

（4）由数据手册查出萘的恒压燃烧热，计算本次实验的误差。

### 六、注意事项

（1）进行本实验前需事先学习掌握 XRY-1B 氧弹式热量计、氧气钢瓶、氧气减压阀、充氧器的使用方法和实验数据的雷诺作图处理方法。

（2）待测样品需干燥，受潮样品不易燃烧且会使称量有误。

（3）燃烧丝与两电极和样品片之间一定要接触良好，以防点火失败，并且不能有短路。

（4）实验过程中需时刻注意观察与氧弹强度相关的结构，如发现显著问题，应进行修理并经水压试验后才能继续实验。

（5）仪器中的压力表和各连接部分禁止与油脂接触或使用润滑油。如不慎沾污，应依次用苯和酒精清洗，并待风干后使用。

（6）测定氧弹量热仪的热容与测量样品的条件应该一致。

（7）在精确测量中，应将氮的氧化所产生的热效应从总热量中扣除。可用0.1mol/L NaOH 溶液滴定洗涤氧弹内壁的蒸馏水，每毫升 0.1mol/L NaOH 溶液相当于放热 5.983J。

（8）量热容器、搅拌器在使用完毕后，应用干布擦去水迹，保持表面清洁干燥。使用后氧弹内部需擦拭干净，以免引起弹壁腐蚀，减少其强度。

（9）坩埚在每次使用后，必须清洗和除去碳化物，并用纱布清除黏着的污点。

### 七、思考题

（1）起始内筒水的温度，为什么选择比环境低 1K 左右？

（2）实验中，如何划分体系和环境？是怎么样进行热交换的？

（3）实验场所有哪些危险源？如何控制？

（4）使用氧气钢瓶和减压器要注意哪些事项？

# 第十二节　固体燃烧速度测定实验

## 一、实验目的

（1）明确可燃固体燃烧速度的定义和影响因素。

（2）掌握固体燃烧速度测定装置及其测定固体燃烧速度的操作步骤。

（3）掌握通过可燃固体燃烧速度评价火灾危险性的方法。

## 二、实验原理

**（一）固体燃烧速度及表示方法**

固体可燃物的燃烧速度用来评价固体材料传播燃烧的能力。一般来说固体可燃物的燃烧速度是小于可燃气体和可燃液体的。不同性质的固体燃烧速度差别很大，影响固体燃烧速度的主要因素有以下几种：

（1）易燃固体密度：燃烧速度可以理解为可燃物质在单位时间内的质量损失。一般固体密度越大，燃烧速度越小。

（2）固体含水量：固体含水量越高，燃烧速度越小。

（3）比表面积：固体的表面积与其体积之比。固体粒度不同、几何形状不同，其比表面积也不同。比表面积大，燃烧时单位体积固体所受的热量就大，燃烧速度就大。

（4）初温：初温高，燃烧速度快。

燃烧速度有两种表示方法：燃烧质量速度和燃烧线速度。燃烧质量速度，即单位时间内在单位面积上烧掉固体（液体）的质量，单位为 $kg/(m^2 \cdot h)$ 或 $g/(cm^2 \cdot min)$；燃烧线速度，即单位时间内烧掉的固体（液体）试样的长度或深度，单位为 mm/min 或 cm/h。

**（二）固体燃烧速度试验方法**

测定固体燃烧速度的试验方法应遵循国家标准《危险品　易燃固体燃烧速率试验方法》（GB/T 21618）和《Manual of Tests and Criteria》（ST/SG/AC. 10/11/Rev. 7）。主要是将固体物质装入特制的固体模具点燃后确定燃烧时间，进而计算该固体物质的燃烧速度并判断该物质传播火焰的能力。该实验步骤分别为样品的初步甄别、燃烧速率测定和润湿段阻止燃烧三个部分，通过实验获得的燃烧速度和实验现象，根据国标规定的评价方法对该实验样品的危险性进行分类。

**（三）可燃固体点燃后传播燃烧的评价方法**

根据《危险货物分类和品名编号》（GB 6944）和《Manual of Tests and Criteria》（ST/SG/AC. 10/11/Rev. 7）的规定，对易燃固体的危险特性进行了划分。具体如下：

（1）实验样品（金属粉除外）在上述测量过程中有一次或者多次燃烧时间不到45s或者燃烧速率大于2.2mm/s，则该固体具有易燃危险性，应划为危险类别第4.1项；金属或合金粉末如果能够被点燃，并且反应在10min内蔓延至试样全部长度，应划分为《危险货物分类和品名编号》（GB 6944）中危险类别第4.1项。

（2）易于燃烧的固体（金属粉末除外），在根据《Manual of Tests and Criteria》（ST/SG/AC. 10/11/Rev. 7）第三部分第 1 小节所述的试验方法进行试验时，如燃烧时间小于 45s 并且火焰通过湿润段，应划入Ⅱ类包装。金属或金属合金粉末如反应段在 5min 以内蔓延到试样的全部长度，应划入Ⅱ类包装。

（3）易于燃烧的固体（金属粉末除外），在根据《Manual of Tests and Criteria》（ST/SG/AC. 10/11/Rev. 7）第三部分第 33.2.1 小节所述的试验方法进行试验时，如燃烧时间小于 45s 并且湿润段阻止火焰传播时间不小于 4min，应划入Ⅲ类包装。金属粉如反应段在大于 5min 但小于 10min 内蔓延到试样的全部长度，应划入Ⅲ类包装。

包装类别的含义及划分见《危险货物运输包装类别划分方法》（GB/T 15098）：Ⅰ类包装——盛装具有较大危险性的货物；Ⅱ类包装——盛装具有中等危险性的货物；Ⅲ类包装——盛装具有较小危险性的货物。

### 三、实验器材

（一）实验器具

（1）堆垛模具：如图 2-44 所示，堆垛模具长 250mm，剖面为内高 10mm、宽 20mm 的三角形。模具纵向两侧安装金属板，作为侧面界板，板比三角形剖面上边高出 2mm，该模具的功能是用于盛放燃烧实验用的堆垛。

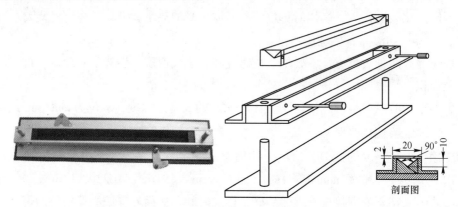

图 2-44 燃烧速率实验堆垛模具示意图和附件剖面图

（2）试验平板：用于放置试样，具有不渗透、不燃烧、低导热的特点。

（3）点火源（火焰最低温度为 1000℃）。

（4）标尺（或直尺），秒表。

（二）实验材料

制备成粉末状、颗粒状、糊状或膏状的试样（若试验样品状态不易堆垛，则应在不改变其燃烧危险性的基础上进行预处理，制备成容易堆垛的形态）。

### 四、实验步骤

（一）初步甄别试验

（1）将实验用粉状或颗粒状样品松散地装入模具，然后让模具从 20mm 高处跌落在硬表面上三次。将模具安放于凉的不渗透、低导热的平板上。

（2）使用任何合适的点火源，例如液化气喷嘴（最小直径为 5mm）喷出的高温火焰（最低温度 1000℃），或小火源或最低温度为 1000℃ 的热金属线，烧样品带的一端，直到样品点燃，喷烧最长时间为 2min（金属或合金粉末为 5min）。

（3）注意观察燃烧能否在 2min（或金属粉为 20min）试验时间内沿着样品带蔓延 200mm。

（4）如果物质不能在 2min（或金属粉为 20min）试验时间内点燃并沿着样品带着火焰或阴燃传播 200mm，那么该物质不应划为易燃固体，并且不需要进一步试验。

（5）如果物质在不到 2min 或金属粉在不到 20min 内传播蔓延了 200mm 长的样品带，则应进行燃烧速率实验以及润湿段阻止燃烧实验。

（二）燃烧速度测量实验

（1）同前述实验步骤相同，将实验用粉状或颗粒状样品松散地装入模具，然后让模具从 20mm 高处跌落在硬表面上三次。然后将侧板拆除，将不渗透、不燃烧、低导热的平板置于模具顶上，倒置后拿掉模具。如系潮湿敏感物质或含有易挥发物质，应在该物质从容器取出之后尽快把试验做完。

（2）把样品带物质放在排烟柜的通风处。风速应足以防止烟雾逸进实验室，并在试验期间保持不变（可在装置周围设置挡风屏障）。

（3）使用任何合适的点火源，点火源选择如前所述。当堆垛燃烧了 80mm 距离时，注意观察、测量之后 100mm 的燃烧速率。试验应进行 6 次，每次均使用干净的不燃烧的平板，除非更早观察到确定的结果。

（三）润湿段阻止燃烧试验

（1）对于金属粉以外的物质，应在 100mm 长的时间测定段之外 30～40mm 处将 1mL 的湿润溶液加在样品堆垛带上。

（2）将湿润溶液逐滴滴在脊上，确保样品带堆垛剖面全部湿润，液体没有从两边流失。

（3）有许多物质，水会从样品带的两边滚下，所以可能需要加湿润剂。所使用的湿润剂应是不含可燃溶剂的，湿润溶液中的活性物质总量不应超过 1%，这种液体可加在样品带顶上深 3mm、直径为 5mm 的穴中。

（4）用合适的点火源点燃样品带的一端。

（5）对于金属粉以外的物质，记下湿润段是否阻止火焰的传播至少 4min。试验应进行 6 次，每次均使用干净的平板，除非在更早时候观察到确定的结果。

**五、实验记录及数据处理**

完成燃烧速度测量实验后，详细记录实验所得的燃烧时间和燃烧速度。对于金属粉以外的固体物质，还应继续进行润湿段阻止燃烧实验。将观察到的实验内容记录于表 2-17 中。

表 2-17　固体燃烧速度实验记录表

| 样品名称 | 样品状态 | 燃烧时间 | 燃烧速度 | 试验现象 | 备注 |
|---|---|---|---|---|---|
|  |  |  |  |  |  |
|  |  |  |  |  |  |
|  |  |  |  |  |  |

根据以上实验数据，通过实验原理中的可燃固体点燃后传播燃烧的评价方法，对该试验样品的危险性进行分类。

### 六、注意事项

（1）为使燃烧平稳，点燃样品时火焰不要正对样品的一端，要倾斜一定的角度。

（2）若使用液化气点火源，点燃液化气时，阀门不要开得太大，开到恰使火焰能够被点燃的位置，点燃后逐渐开大。在实验完成后应立即关掉液化气罐阀门。

（3）当样品被点燃后，火焰应调到最小位置或调关，使反应自行发生即可。

（4）润湿段阻止燃烧实验中，湿润样品堆垛时，液体滴在样品带上，面积要尽量小，以免从两边流失。水若滚落，需要加润湿剂。

（5）试验样品必须处理为粉末状、颗粒状、糊状或膏状，否则影响实验结果。

（6）试验样品潮湿敏感，应尽快完成实验。

（7）实验过程中注意点火源和人的位置，防误操作烧伤。例如点燃液化气时，人应站在火焰侧面，不要正对火焰。

（8）实验前应确认有充分的防火灭火措施，配备了防止烫伤的耐高温手套等个体防护装备。

### 七、思考题

（1）固体燃烧速度的影响因素有哪些？

（2）请作出固体燃烧速度测量实验过程示意图。

## 第十三节　液体燃烧速度测定实验

### 一、实验目的

（1）明确实验测量可燃液体燃烧速度的原理和方法。

（2）掌握可燃液体燃烧速度的不同表示方法及应用。

（3）熟悉含水量对可燃液体燃烧速度的影响规律。

### 二、实验原理

可燃液体一旦着火并完成液面上的传播过程，就进入稳定燃烧状态。液体的稳定燃烧一般呈水平面的"池状"燃烧形式，也有一些呈"流动"燃烧的形式。池状燃烧的燃烧速度有两种表示方法，即线速度和质量速度。

（1）燃烧线速度 $v$ 即单位时间内燃烧掉的液体厚度，单位为 mm/h。$v$ 可以表示为：

$$v = \frac{H}{t} \tag{2-27}$$

式中，$H$ 为液体燃烧掉的厚度，mm；$t$ 为液体燃烧所需时间，h。

（2）燃烧质量速度 $G$ 即单位时间内单位面积燃烧的液体质量，单位为 kg/（m²·h）。$G$ 可以表示为：

$$G = \frac{g}{St} \tag{2-28}$$

式中，$g$ 为燃烧掉的液体质量，kg；$S$ 为液面的面积，$m^2$；$t$ 为液体燃烧所需时间，h。

（3）液体燃烧质量速度与线速度存在如下关系：

$$G = \frac{g}{S} \times \frac{v}{H} = \frac{\rho v}{1000} \tag{2-29}$$

式中，$\rho$ 为可燃液体的密度，$kg/m^3$。

一些可燃液体的燃烧速度如表2-18所示。

**表2-18　可燃液体的燃烧速度**

| 液体名称 | 密度/kg·m⁻³ | 线速度/mm·min⁻¹ | 质量速度/kg·(m²·h)⁻¹ |
|---|---|---|---|
| 航空汽油 | 730 | 2.10 | 91.98 |
| 车用汽油 | 770 | 1.75 | 80.85 |
| 煤油 | 835 | 1.10 | 55.11 |
| 直接蒸馏的重油 | 938 | 1.41 | 78.10 |
| 丙酮 | 790 | 1.40 | 66.36 |
| 苯 | 879 | 3.15 | 165.37 |
| 甲苯 | 866 | 2.68 | 138.29 |
| 二甲苯 | 861 | 2.04 | 104.05 |
| 乙醚 | 715 | 2.93 | 125.84 |
| 甲醇 | 791 | 1.20 | 57.60 |
| 丁醇 | 810 | 1.07 | 52.08 |
| 戊醇 | 810 | 1.30 | 63.03 |
| 二硫化碳 | 1270 | 1.75 | 132.97 |
| 松节油 | 860 | 2.41 | 123.84 |
| 醋酸乙酯 | 715 | 1.32 | 70.31 |

### 三、实验器材

（一）液体燃烧速度测定装置

如图2-45所示，该实验装置主要由重锤、玻璃管、滑轮和石英容器四个部分组成。石英容器的直径为62mm，壁面可带刻度。玻璃管应带体积刻度或长度刻度，如采用滴定管。根据试验台的高度，可选择使用三脚架、铁架台等固定装置以保证测定装置的稳定性、可操作性和液面的水平。测定时，石英容器和玻璃管中都装满可燃液体，石英容器内液体的液面因燃烧而逐渐下降，但可利用玻璃管逐渐上升而多出的液体来补充烧掉的液体，使液面始终保持在0—0线上。记录下燃烧时间和滴定管上升的体积，即可算出可燃液体的燃烧速度。在实验操作过程中，必要时还需用到移液管和吸耳球。对于不易点燃的液体，配备丁烷点火器。

（二）实验材料

试验样品（乙醇、煤油等）。

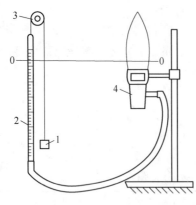

图 2-45　液体燃烧速度测定装置示意图及丁烷点火器外观

1—重锤；2—玻璃管；3—滑轮；4—直径为 62mm 的石英容器

### 四、实验步骤

（1）连接好燃烧装置，检查有无泄漏、不稳固的连接等不安全状况，确定装置处于稳定状态。

（2）用量筒量取适量如 25~50mL 可燃液体倒入玻璃管内，水平读数，确定滴定管内液体体积。

（3）用烧杯和量筒量取适量预定体积的可燃液体倒入石英容器中至某个刻度（满杯、半杯等），并记录所倒入可燃液体的体积 $V$ 和石英容器内液体的深度 $H$。

（4）调整连通管和石英容器的相对位置，方便操作。实验中玻璃管必须始终保持垂直状态且稳固，管内液面在操作过程中始终保持垂直状态。

（5）点燃石英容器内可燃液体，通过及时移动连通玻璃管的位置，保持石英容器内液面位置的恒定。玻璃管内液体每减少 5mL 记录所消耗时长，计算燃烧线速度 $v$，直至连续 2 次燃烧速度相对误差小于 1%，认为达到稳定燃烧状态，继续测 3 次燃烧速度并将其平均值记为稳定燃烧速度 $v_L$。如燃烧速度过快或不便计算，可在燃烧接近结束时，及时用移液管、吸耳球移液适量，保证燃烧消耗总体积方便计算，实时记录燃烧现象和时间。

（6）测定石英容器盛装满杯和半杯可燃液体条件下，燃烧一定体积可燃液体的燃烧速度：线速度 $v_{L1}$、$v_{L2}$，质量速度 $G_1$、$G_2$。

（7）配制不同含水量的乙醇溶液（可燃），重复以上满杯状态条件的燃烧过程，计算其燃烧速度。

### 五、实验记录及数据处理

（1）记录每个试样各个时间段的燃烧速度及稳定燃烧时的燃烧速度平均值，分析燃烧速度随时间的变化规律。

（2）分析石英容器内液体的容量（满杯、半杯）对稳定燃烧速度的影响规律，并分析其原因。

（3）分析含水量对乙醇燃烧速度的影响规律。

### 六、注意事项

（1）实验中应确保石英容器附近环境气流速度较小，对火焰燃烧影响不大。

（2）不得将易燃液体沾染或泼洒在人身和衣物及实验台附近，严禁易燃液体的泼洒、溅落等泄漏行为。不得向着火容器中添加可燃液体。

（3）燃烧杯附近不得存放可燃物，以防止火灾发生。

（4）为保持石英容器内液面位置的恒定，移动玻璃管时不能过快，操作要平稳。

### 七、思考题

（1）不同测定方法所得液体燃烧速度是否相同？为什么？

（2）为什么要保持石英容器内液面位置的恒定？

（3）容器直径对液体燃烧速度有何影响？

# 第十四节　液体燃烧现象及温度分布测定实验

### 一、实验目的

（1）明确液体燃烧的过程，了解常用化学品的燃烧现象。

（2）测定液体物质燃烧过程中的温度分布特征。

### 二、实验原理

一般液体着火是发生气相有焰燃烧，首先液体的挥发气与空气混合形成可燃气体混合物，在可燃浓度范围内的可燃气体混合物遇到足够的外界火源、电火花等会被引燃，然后部分火焰能量反馈到液体促使其温度升高，加速挥发或气化，可燃气则不断燃烧，达到一定程度时液体被点燃并发生持续燃烧。随后火焰会蔓延至整个液池表面，并逐渐进入稳定燃烧阶段。

要点燃液体，在其表面产生持续的火焰，可燃气的供给速度必须不小于燃烧时可燃气的消耗速度，即：

$$\dot{m}'' \leq \dot{m}_v'' = \frac{\dot{q}_{net}''}{L_v} = \frac{\dot{q}_e'' + \dot{q}_f'' - \dot{q}_1''}{L_v} = \frac{\dot{q}_e'' + f\Delta H_c \dot{m}'' - \dot{q}_1''}{L_v} \tag{2-30}$$

式中，$\dot{m}''$为可燃气消耗速度，即燃烧质量速度，$kg/(m^2 \cdot s)$；$\dot{m}_v''$为可燃气供给速度，即燃料气化速度，$kg/(m^2 \cdot s)$；$\dot{q}_{net}''$为液面的净热通量；$\dot{q}_f''$为火焰传给液体的热通量；$\dot{q}_e''$为外部热源给予液体表面的热通量，$W/m^2$；$\dot{q}_1''$为液体表面单位面积的热损失速度，$W/m^2$；$f$为液体燃烧热反馈到液体表面的分率；$\Delta H_c$为蒸气的燃烧热，$J/kg$；$L_v$为液体从初始温度状态到蒸发或分解为可燃气所需的热量，或称为广义气化热，$J/kg$。

$L_v$包括气化潜热或分解热、从初始温度到沸点或分解温度所需热：

$$L_v = \Delta H_v + c_p(T_v - T_0) \tag{2-31}$$

式中，$\Delta H_v$为气化或分解为可燃气所需的热；$c_p$为液体的平均质量定压热容，$J/(kg \cdot k)$；

$T_v$为沸点或分解温度，有时统称为气化温度；$T_0$为液体的初始温度。

因此，液体燃烧需要先蒸发，且燃烧速率取决于蒸发速度。实际上，从液面到火焰底部存在一个蒸气带，且该蒸气带的厚度与液体的易挥发性、易燃性等有关。图 2-46 为几种典型液体的燃烧蒸气带示意图，液池边缘处蒸气带区域的厚度：苯的为 50mm；汽油的为 40~50mm；柴油的为 25~30mm。

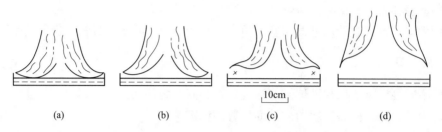

图 2-46  燃烧液体表面上方的火焰形状
（a）乙醇；（b）柴油；（c）汽油；（d）苯

可燃液体按照成分不同分为单组分液体（如甲醇、丙酮、苯等）、沸程较窄的混合液体（如煤油、汽油等）和沸程较宽的多组分混合液体（如原油、重油等）。对于单组分液体和沸程较窄的混合液体，在自由表面燃烧时，很短时间内就形成稳定燃烧，且燃烧速度基本不变。火焰传给液面的热量使液面温度升高，达到沸点时液面的温度则不再升高。液体在敞开空间燃烧时，表面温度接近但略低于沸点。单组分油品和沸程很窄的混合油品，在池火稳定燃烧时，热量只传播到较浅的油层中，即液面加热层很薄。由于液体稳定燃烧时，液体蒸发速度是一定的，火焰的形状和热释放速率是一定的，因此火焰传递给液面的热量也是一定的。这部分热量一方面用于蒸发液体，另一方面向下加热液体层。如果加热厚度越来越厚，则根据导热的傅里叶定律，通过液面传向液体的热量越来越少，而用于蒸发液体的热量越来越多，从而使火焰燃烧加剧。显然，这是与液体稳定燃烧的前提不符合的。因此，液体在稳定燃烧时，液面下的温度分布是一定的。正丁醇稳定燃烧时液面下的温度分布见图 2-47（a）。

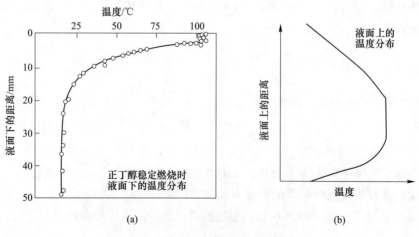

图 2-47  液体燃烧液面上下的温度分布

液面上方，火焰辐射的热量有一部分被蒸气带吸收，因此，温度从液面到火焰底部迅速增加；到达火焰底部后有一个稳定阶段；高度再增加时，则由于向外损失热量和卷入空气，火焰温度逐渐下降。火焰沿纵轴的温度分布示意图如图 2-47（b）所示。火焰温度主要取决于可燃液体的种类，一般石油产品的火焰温度在 900~1200℃，不发光的酒精火焰的温度比烃类火焰温度高得多。这是因为烃类火焰有烟颗粒，辐射系数较大，会通过辐射向外损失相当大部分的热。

### 三、实验器材

（一）实验器材

深 5cm、直径为 62mm 的石英容器，热电偶，铁架台，数据采集仪，相机，直尺，丁烷点火器。

（二）实验材料

苯，乙醇，柴油，汽油。

### 四、实验步骤

（1）将石英容器置于水平实验台，通过铁架台将 8 根热电偶按从高到低的顺序布置在石英容器中心垂直轴线上，容器口水平位置以上、以下各 4 根，上方热电偶间隔距离为 2~5cm，下方间距为 5mm。

（2）连接热电偶和数据采集仪，调试并确认温度数据采集正常。

（3）用铁架台固定好直尺，以便观测容器内液体深度、火焰高度，固定好相机以便拍照。

（4）将测试物质倒入容器中，液层深度约为 4cm。

（5）开启数据采集仪，立即用点火器引燃液体。

（6）观察火焰颜色、高度、生烟大小、蒸气带形态，每隔 5min 用相机记录燃烧火焰外观。

（7）待液体燃尽时结束该物质的燃烧实验。

（8）更换其他可燃液体重复进行实验。

（9）几种可燃液体燃烧实验全部结束后，拆解热电偶和数据采集仪，将铁架台等器具整理好，清洗容器。

### 五、实验记录及数据处理

（1）记录每种物质燃烧的火焰颜色、生烟大小比较情况。

（2）从照片中对比直尺找出火焰高度、蒸气带厚度等数据，并对不同物质的数据进行对比分析；查找每种物质的蒸气压、蒸发热、挥发度等数据，与蒸气带厚度进行对比，分析其相关性。

（3）从数据采集仪中导出温度场数据，并作图分析液体燃烧过程中的温度分布特征

### 六、注意事项

（1）容器中液体如果已经着火，则不要再向其中添加液体。

（2）实验过程中注意开启通风或在通风柜中进行实验，并注意石英容器附近风速要尽量小，以免影响燃烧火焰和观察蒸气带，且风向不要过于偏向一侧而使火焰偏离角度大于45°。

### 七、思考题

（1）液体的闪点、燃点与蒸气带厚度之间有没有关系？

（2）闪点、燃点较低的液体的蒸气带厚度一般是否较大？

（3）蒸气带厚度与物质的挥发度、饱和蒸气压有关系吗？

# 第十五节　油品沸溢喷溅实验

### 一、实验目的

（1）掌握油品沸溢喷溅现象的特征及危害。

（2）明确油品燃烧发生沸溢喷溅现象的发生条件。

（3）熟悉油品沸溢喷溅实验的操作步骤。

### 二、实验原理

油罐中的油品在燃烧过程中会产生后果非常严重的火灾现象——沸溢和喷溅。油火发生沸溢和喷溅现象主要是因为燃烧时油品内部热传递的特性和油品中含有水分。

对于沸程较宽的混合液体，主要是一些重质油品，如原油、渣油、蜡油、沥青、润滑油等，由于没有固定的沸点，在燃烧过程中，表面温度不断地逐渐升高。火焰向液面传递的热量首先使低沸点组分蒸发并进入燃烧区燃烧，而沸点较高的重质部分，则携带在表面接受的热量向液体深层沉降，形成一个热的锋面向液体深层传播，逐渐深入并加热冷的液层。热的锋面称为热波，这一现象称为液体的热波特性。对于原油的燃烧，热波的初始温度等于液面的温度，等于该时刻原油中最轻组分的沸点。随着原油的连续燃烧，液面不断蒸发，组分的沸点越来越高，热波的温度会由150℃逐渐上升到315℃，比水的沸点高得多。热波在液层中向下移动的速度称为热波传播速度，它比液体的燃烧线速度（液面下降速度）快，如表2-19所示。

表 2-19　热波传播速度与燃烧线速度的比较

| 油品种类 | | 热波传播速度/mm·min⁻¹ | 燃烧线速度/mm·min⁻¹ |
|---|---|---|---|
| 轻质油品 | 含水率<0.3% | 7~15 | 1.7~7.5 |
| | 含水率>0.3% | 7.5~20 | 1.7~7.5 |
| 重质燃油及燃料油 | 含水率<0.3% | 约8 | 1.3~2.2 |
| | 含水率>0.3% | 3~20 | 1.3~2.3 |
| 初馏分（原油轻组分） | | 4.2~5.8 | 2.5~4.2 |

原油黏度比较大，且都含有一定的水分。原油中的水一般以乳化水和水垫两种形式存在。所谓乳化水是原油在开采运输过程中，原油中的水由于强力搅拌被剪切成细小的水珠悬浮于油中而形成。放置久后，油水分离，水因比重大而沉降在底部形成水垫。在热波向液体深层运动时，由于热波温度远高于水的沸点，因而热波会使油品中的乳化水气化，大量的蒸汽就要穿过油层向液面上浮，在向上移动过程中形成油包气的气泡，即油的一部分形成了含有大量蒸汽气泡的泡沫。这样，必然使液体体积膨胀，向外溢出，同时部分未形成泡沫的油品也被下面的蒸汽膨胀力抛出罐外，使液面猛烈沸腾起来，就像"跑锅"一样，这种现象叫沸溢，如图2-48所示。随着燃烧的进行，热波的温度逐渐升高，热波向下传递的距离也加大，当热波到达水垫时，水垫的水大量气化，蒸汽体积迅速膨胀，以至把水垫上面的液体层抛向空中，向罐外喷射，这种现象叫喷溅，如图2-48所示。油罐火灾在出现喷溅前，通常会出现油面蠕动、涌涨现象，出现油沫2~4次；烟色由浓变淡，火焰尺寸更大、发亮、变白，火舌形似火箭；金属油罐会发生罐壁颤抖，伴有强烈的噪声（液面剧烈沸腾和金属罐壁变形所引起的）。当油罐火灾发生喷溅时，能把燃油抛出70~120m，不仅使火灾猛烈发展，而且严重危及扑救人员的生命安全，因此，应及时组织撤退，以减少人员伤亡。

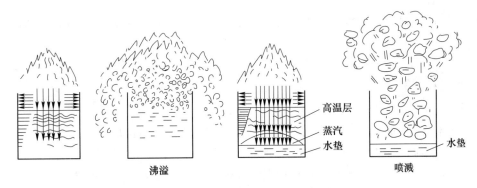

图2-48　油罐沸溢喷溅火灾示意图

沸溢或喷溅过程说明，沸溢或喷溅形成必须具备三个条件：

（1）原油具有形成热波的特性，即沸程宽，比重相差较大；

（2）原油中含有乳化水或水垫，水遇热波变成蒸汽；

（3）原油黏度较大，使水蒸气不容易从下向上穿过油层；如果原油黏度较低，水蒸气很容易通过油层，就不容易形成沸溢。

一般情况下，发生沸溢要比发生喷溅的时间早得多。发生沸溢的时间与原油种类、水分含量有关。根据实验，含有1%水分的石油，经45~60min燃烧就会发生沸溢。喷溅发生时间与油层厚度、热波移动速度以及油的燃烧线速度有关，可近似用下式计算：

$$\tau = \frac{H - h}{v_0 - v_1} - KH \qquad (2\text{-}32)$$

式中，$\tau$为预计发生喷溅的时间，h；$H$为储罐中油面高度，m；$h$为储罐中水垫层高度，m；$v_0$为原油燃烧线速度，m/h；$v_1$为原油的热波传播速度，m/h；$K$为提前系数，h/m，储油温度低于燃点取 0、高于燃点取 0.1。

### 三、实验器材

铁罐 1 只（尺寸内径为 20cm，高 40cm），罐盖 1 个（可用于盖灭铁罐火焰），搅拌器，秒表，米尺，相机或摄像机。必要时可配备热电偶测温系统、烟气分析仪、热辐射计等其他器材，用于监测油池火燃烧的温度分布、烟气浓度变化和热辐射分布。

选取 32 号机油或其与柴油、航空煤油等油品的等比例混合物作为实验油品。

### 四、实验步骤

（一）沸溢实验

（1）向一定体积的实验油品中按设定比例（2%～6%）掺水，用搅拌器充分搅拌0.5h，得到乳化油样。向铁罐内加入约 7cm 深的乳化油样，并记录所加油品的体积或油层深度。

（2）在铁罐正上方（>20cm）布置烟气分析仪一台，记录该位置高度。

（3）用蘸有酒精的布条点燃油品，开始计时，同时开启烟气分析仪并实时记录燃烧过程中的烟气浓度和温度。

（4）随时记录燃烧过程中所观察到的现象并记录从点火到油罐发生沸溢所用时间，并每隔 5～10s 记录火焰高度。

（5）清洗油桶并清理地面，必要时准备另一种含水率的油品，重复实验步骤（1）～（5），继续实验。

（二）喷溅实验

（1）向铁罐内加入 1.0cm 深的水，并记录所加的水量或水深度。

（2）向铁罐内加入约 5cm 深的实验油品，并记录所加油样的体积或厚度。

（3）在铁罐正上方（>20cm）布置烟气分析仪一台，记录该位置高度。

（4）随时记录燃烧过程中所观察到的现象并记录其出现时间，每隔 5～10s 记录火焰高度。

（5）待喷溅现象结束后，熄灭火焰，停止实验。

（6）清洗油桶及清理地面，必要时改变水层厚度，重复实验步骤（1）～（5）。

（7）停止实验，整理仪器，处理铁罐内残余油品并清洗铁罐，清理地面残留油品，打扫实验室卫生，请实验员或指导老师检查后离开实验室。

### 五、实验数据记录及处理

（1）详细记录实验现象及数据。油品沸溢或喷溅实验现象以照片记录，可参考图 2-49。

（2）根据实验数据分析沸溢或喷溅发生所需时间、火焰高度，与理论公式进行对比。

### 六、注意事项

（1）实验过程较为危险，实验空间应至少 4m×4m×4m，仪器设置妥当并点火后必须保持较远距离观察，距离铁罐不少于 3m，或在另一个房间通过观察窗观察现象。

图 2-49　油品喷溅实验现象

（a）0s（喷溅起始）；（b）6s（喷溅中）；（c）7s（喷溅中）；（d）9s（喷溅尾声）

（2）不得在近处俯身观察罐内情形，待喷溅现象消失或铁罐火势较小时方可近前用盖子盖住铁罐口以熄灭火焰，且随时准备好消防砂、灭火毯、灭火器等其他灭火设施。

（3）铁罐上方 3m 必须设排烟罩抽走燃烧烟气，操作人员需要佩戴防毒面具等进行防护。

### 七、思考题

（1）油品燃烧沸溢和喷溅现象二者的主要区别是什么？哪种现象危害更大？

（2）油品燃烧发生沸溢前有哪些燃烧特征？油品燃烧发生喷溅前有哪些燃烧特征？

（3）如何预防原油火灾中的沸溢和喷溅现象？

（4）针对原油火灾中的沸溢和喷溅现象，应急人员应该采取什么防护措施？

# 第十六节　建筑火灾回燃现象仿真实验

### 一、实验目的

（1）了解建筑火灾与通风的影响关系，掌握回燃现象及其发生条件。

（2）了解火灾模拟区域模型，熟悉 CFAST 软件模拟建筑火灾回燃现象。

### 二、实验原理

（一）建筑火灾回燃现象

建筑内可燃物燃烧的不完全程度取决于可燃物与空气量的比。一般可定义燃料供给系数 $\Phi$，它是实际燃料质量与氧气质量的比值和发生化学计量反应时氧气质量与燃料质量的比值的乘积。如果 $\Phi < 1$，燃料燃烧完全后仍有过量的氧存在，通常称为"贫燃料"；如果 $\Phi > 1$，停止燃烧时仍有未燃烧的燃料存在而氧气已经全部消耗掉，称为"富燃料"。

室内火灾刚发生时，$\Phi < 1$，随着火灾发展，燃料供给量大于氧气供给量。当 $\Phi \geqslant 1$ 时，室内火灾被称为通风控制的火灾。当 $\Phi \geqslant 4$ 时，气相燃烧几乎停止，燃烧是由残余固

相燃料氧化引起的，CO 的产率明显增大（见图 2-50）。此时，室内温度很高且存在大量可燃气体，但因为缺少氧气而不能燃烧形成气相火焰，一旦有新鲜空气进入就会立即发生气相燃烧形成火焰，出现回燃（backdraft）现象。在实际火灾现场，观察到浓烟（尤其是白烟）冒出且没有明火的情况往往与室内空气不足有关，此时开门或窗很容易造成回燃，导致火势突然增大，对人员造成威胁。

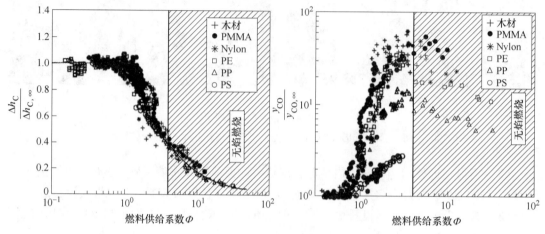

图 2-50　燃料供给系数 $\Phi$ 对实际燃烧热 $\Delta h_C$ 和 CO 产率 $y_{CO}$ 的影响

（下标 ∞ 代表空气充足的燃烧条件）

由上可知，回燃是指富燃料燃烧产生的高温不完全燃烧产物（烟气）遇新鲜空气时发生的快速爆燃现象。回燃是在通风受限的建筑火灾进入缺氧燃烧甚至闷烧后，由于新鲜空气的突然大量补充引起热烟气急剧燃烧的现象，是一种特殊的火灾现象。

（二）火灾模拟区域模型

火灾模拟可用于火灾调查、火灾危险评价、性能化设计等。火灾模型可分为确定性模型和不确定性模型两大类。确定性模型是根据质量守恒、动量守恒和能量守恒等基本物理定律建立的。如果给定有关空间的几何尺寸、物性参数、相应的边界条件和初始条件，利用这种模型可以得到相当准确的计算结果。不确定性模型也有多种形式，如统计模型和随机模型。在讨论火灾发展过程时，主要涉及随机模型，这种模型把火灾的发展看成一系列连续出现的状态（或条件），而由一种状态转变到另一种状态有一定的概率。通过这种概率的分布计算，可以得到出现某种结果状态的概率分布。

确定性火灾模型主要有经验模型（experiential model）、区域模型（zone model）、场模型（field model）和网络模型（net works）等，在计算精度和速度方面各有特点，如图 2-51 所示。经验模型是以实验测定的数据和经验为基础建立的。多年来人们在与火灾作斗争的过程中，收集了很多实际火场的资料，也开展过大量的火灾实验，测得了很多的数据，通过分析，整理出了不少关于火灾分过程的经验公式，应用这些经验模型，可以对火灾的主要分过程有较清楚的了解。

区域模型、场模型和网络模型则是将质量、动量、能量等基本定律结合温度、烟气的浓度以及人们关心的其他参数表达成微分方程组。这种微分方程组需要迭代求解，为了求出有关参数的空间分布，需要将研究对象（例如起火房间）划分成若干小的空间。这种小

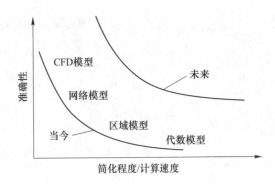

图 2-51　火灾模拟模型的准确性与简化程度/计算速度的关系

空间一般被称为控制体（control volume）。火灾模型假设在任意某个时刻，每个控制体内的温度、烟气密度、组分浓度等参数都是相同的。另外，为了计算各参数随时间的变化，还应当确定合理的时间步长（time step）。

区域模型通常把房间分为两个控制体，即上部热烟气层与下部冷空气层。在火源所在的房间，有时还增加一些控制体来描述烟气羽流和顶棚射流。实验表明，在火灾发展及烟气蔓延的大部分时间内，室内的烟气分层现象相当明显，因此人们普遍认为区域模拟给出的近似相当真实。

CFAST（consolidated fire growth and smoke transport）是由美国 NIST（www. nist. gov）开发的区域式计算多室火灾与烟气蔓延的程序，是较常用的火灾模拟区域模型。该程序主要由早期的 FAST 模型发展而来，它还融合了 NIST 开发的另一个火灾模型 CCFM 中先进的数值计算方法，从而使程序运行更加快速、稳定。

CFAST 可以用来预测用户设定火源条件下建筑内的火灾环境，空间范围从 $1m^3$ 量级到 $1000m^3$ 量级。用户需要输入建筑内多个房间的几何尺寸和连接各房间的门窗等开口情况、壁面结构的热物性参数、火源的热释放速率或燃烧质量速率以及燃烧产物的生成速率。该模型可以预测各个房间内的热释放速率、上部烟气层和下部空气层的温度、烟气层界面位置以及代表性气体浓度随时间的变化、房间壁面的温度、通过壁面的传热以及通过开口的质量流率等。CFAST 还能处理机械通风和存在多个火源的情况。但该程序内部没有描述火灾中燃烧反应的模型，需要用户输入可燃物的热释放速率或质量释放速率和物质的燃烧热。在处理辐射增强的缺氧燃烧和燃烧产物的生成速率等方面也还存在一定的缺陷。

### 三、沃茨街建筑火灾回燃案例

1994 年 3 月 28 日，纽约市消防局接到报警称一栋三层楼公寓（见图 2-52）的烟囱向外冒出浓烟和火星。执勤警官安排两个三人消防小组扛着消防水枪进入第一层和第二层，同时安排从楼梯顶部排烟。当进入第一层公寓的门被推开时，一股强大的火焰从公寓冲出，向上进入楼梯间，包围了二楼的三名消防员。该火焰持续了 6.5min，导致二楼三名消防员死亡。

火灾调查表明，该建筑建造于 19 世纪初，后又进行了一些改造：屋顶下降到 2.5m，门窗都进行了更换，提高了隔热性和密封性，并填充了一些缝隙以防止漏风，除了客厅壁

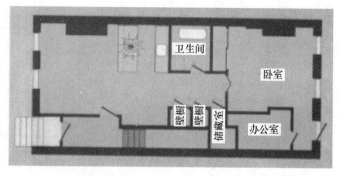

图 2-52 沃茨街（Watts Street）着火建筑物结构及一层布局

炉外，其他壁炉都被封闭起来，整个公寓都铺装厚木地板，楼梯上方安装了舷窗和带金属框的玻璃天窗。一楼住户下午 6 点 25 分将一个塑料垃圾袋放在厨房煤气炉旁，之后离开公寓，所有门窗都是关着的。只有客厅的壁炉可以与外界流通空气。煤气炉的长明火焰引燃了垃圾袋，烧着了几瓶烈酒、木地板及其他可燃物。3 月 28 日晚上 7 点 36 分，有人打火警电话报告发现浓烟和火星。当消防队员赶到时，见到浓烟从烟囱冒出，但没观察到其他着火现象。之后安排打开楼顶舷窗和天窗进行排烟。一楼的消防小组打开公寓门时瞬间感觉到一股空气冲进屋里，紧接着一股暖而不热的气流冲出，这股暖气流接着转变成巨大火焰，该火焰从门上方出来向上冲向楼梯。火焰充满了整个楼梯间，并从敞开的舷窗和天窗冲出来，可以看到屋顶上冒出了火焰。该火焰持续了至少 6.5min。一楼的消防小组蹲下避开火焰并撤退逃出，但位于二楼的消防小组完全被火焰包围。楼顶天窗的金属框都被熔化成了长长的冰柱形状，木质楼梯也大部分被烧毁了。

**四、操作步骤**

（一）房屋结构建模

CFAST 将房间看作左下角为固定点的矩形空间，如图 2-53 所示，有前（front）、后（rear）、左（left）、右（right）四面墙，输入固定点坐标及房间高度（height）、宽度（width）、深度（depth）三个参数。

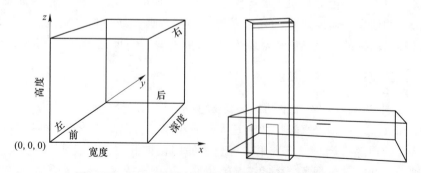

图 2-53 CFAST 房间定位坐标及模拟建筑的物理模型

对于沃茨街火灾，可以将该建筑简化为两个房间：一个是起火房间［apartment］，即一层公寓，另一个是楼梯间［stairway］。在 CFAST 中，选择［compartment］菜单，将起火房间〔apartment〕设置深度为6.1m，宽度为12.8m，高度为2.53m；楼梯间〔stairway〕设置深度为1.22m，宽度为3.05m，高度为9.14m。

（二）门窗及其开合模拟

门窗及其开合设置界面如图2-54所示。在CFAST〔VENT〕菜单中，设置4个通风口：

（1）楼梯间到外界的门：〔stairway〕到外界〔outside〕通风口，位于左墙，0.91m宽，下沿位置（sill）0m，上沿位置（soffit）2.13m，即门高2.13m。

（2）楼梯天窗：〔stairway〕到外界〔outside〕通风口，位于后墙，3.05m宽，下沿位置8.869m，上沿位置9.10m。

（3）客厅壁炉：〔apartment〕到外界〔outside〕通风口，位于后墙，1.321m宽，下沿位置1.1m，上沿位置1.143m。

（4）一层公寓到楼梯间的门：〔apartment〕到〔stairway〕通风口，位于前墙，0.91m宽，下沿位置0m，上沿位置2.13m，同时设置门的开合状态变化，时间0~2249s时开度为0，2250s后开度为1，模拟门被消防员打开。

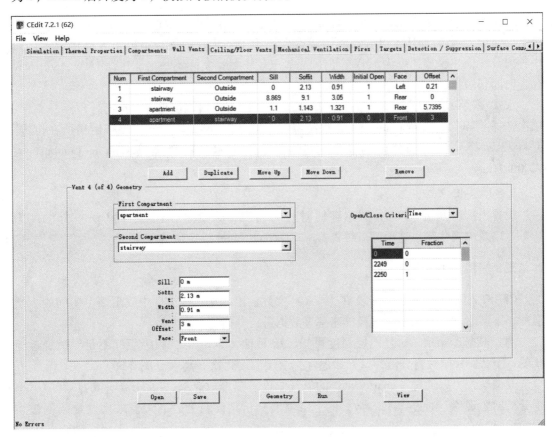

图2-54 门窗及其开合设置界面

（三）火源的模拟

火灾发展模型用下式表达：

$$Q = bt^2 \qquad\qquad (2\text{-}33)$$

式中，$Q$ 为火源的热释放速率，kW；$b$ 为火灾发展系数；$t$ 为火灾的发展时间，s。

火灾发展系数表征火灾蔓延的快慢，根据 NFPA 的分类，火灾发展阶段可分为极快、快速、中等和慢速四种类型。CFAST 通过三个时间设置火源大小，即增长阶段时长、完全发展阶段时长、衰减阶段时长。$t_0$ 为火源热释放速率达到 1MW 时所需的时间，单位为 s。火源分级及参数设置如表 2-20 所示。

表 2-20　火源分级及参数设置

| 火源分级 | $b$ | $t_0/\text{s}$ | 增长阶段/s | 完全发展阶段/s | 衰减阶段/s |
|---|---|---|---|---|---|
| 慢速 | 0.0029 | 584 | 600 | 300 | 600 |
| 中等 | 0.0117 | 292 | 300 | 300 | 300 |
| 快速 | 0.0469 | 146 | 150 | 300 | 150 |
| 极快 | 0.1876 | 73 | 75 | 300 | 75 |

对于沃茨街回燃事故，根据垃圾袋燃烧的实验数据，可以假设初始热释放速率恒定为 25kW。而大多数普通住宅可燃物的燃烧特征属于中等火，因此该事故中火源很快转化为中等火，峰值热释放速率为 1MW，但因为氧气量不足，实际不一定能达到 1MW，或 1MW 存在时间很短。

火灾规模设置如图 2-55 所示。在 CFAST 中用中等火模拟该火源，点击［Fires］菜单，依次选择［add t2］［medium fire］，火源位置设置［2.15m，1.65m］模拟厨房所在位置。并将 1MW 燃烧的时长修改为 300~3000s。输入干木材的燃烧热 Heat of Combustion：12000kJ/kg。

（四）其他设置

设置模拟时间为 3000s，数据存储时间间隔为 30s，室内温度为 20℃，室外温度为 10℃，以及可视化输出选项等。核查 Lower Oxygen Limit 设定值为 15。

## 五、模拟结果及分析

CFAST 模拟结果通过电子表单（.csv）文件输出，从这些文件中找出两个房间的上层温度、下层温度、氧浓度、热释放速率等数据进行分析。

例如根据［apartment］上层温度可知，房间着火 500s 后，因为氧气不足，燃烧逐渐减弱；至 2250s 门被打开后，又开始燃烧，上层温度再次升高（见图 2-56）。

类似地，可以通过［apartment］的氧气浓度、热释放速率、［stairway］的热释放速率等分析回燃现象，通过［stairway］的上层温度分析消防员死亡、天窗玻璃及金属框被熔化的情况。

## 六、注意事项

（1）各房间左下角固定点坐标要设置正确，以明确房间之间的位置关系，构建建筑模型后可先查看房间位置排布是否正确，然后再开始计算。

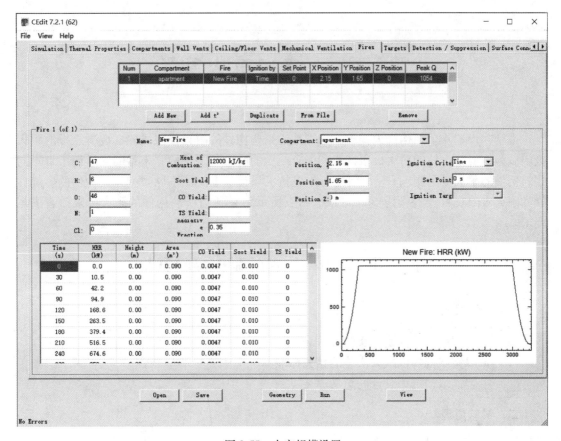

图 2-55 火灾规模设置

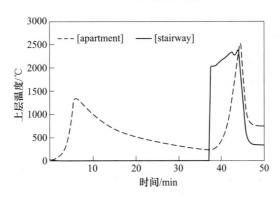

图 2-56 模拟的上层温度

（2）通风口位于房间哪面墙要正确设置。

## 七、思考题

（1）沃茨街火灾案例模拟仅仅考虑了该三层建筑中的第一层公寓，如果考虑第二层和第三层公寓，对模拟结果影响如何？

（2）Lower Oxygen Limit 值的设置对模拟过程和结果有什么影响？

（3）本实验模拟的回燃事故中，门的打开时间对事故后果有何影响？

# 第三章　结构抗火实验

本章共设置 4 个结构抗火实验，分别是钢结构构件的耐火极限试验、混凝土板的耐火极限试验、混凝土柱的耐火极限试验和组合结构的耐火极限试验，来帮助同学们了解不同建筑构件的耐火极限测试方法、评定标准及抗火设计的意义。不同类型建筑构件的燃烧性能和耐火极限见附表 1~附表 4，可根据附表所示结果预估所测构件的耐火极限是否满足要求。

## 第一节　钢结构构件的耐火极限试验

### 一、实验目的

（1）了解钢结构构件耐火实验方法。
（2）了解钢结构构件耐火实验的相关标准。
（3）了解钢结构抗火设计的意义。

### 二、实验原理

（一）耐火极限

耐火极限是指在标准耐火试验条件下，建筑构件从受火作用开始到达到极限状态（构件失效）时所经历的时间，一般以小时计，小数点后应保留两位有效数字或是精确至 1min。所谓的构件失效是指构件无法继续承担其使用功能。对于有承载要求的结构构件，在规定的耐火时间内应保证其稳定性；对于起分隔、防止火灾扩散作用的构件，在规定的耐火时间内应保证其完整性与绝热性。

（二）判定准则

1. 承载能力

判定试件承载能力的参数是变形量和变形速率。试件变形在达到稳定阶段后将会产生相对快速的变形速率，因此依据变形速率的判定应在变形量超过 $L/30$ 之后才可应用。试件超过以下任一判定准则限定时，均认为试件丧失承载能力。

① 抗弯构件
极限弯曲变形量（单位为 mm）：

$$D = \frac{L^2}{400d} \tag{3-1}$$

极限弯曲变形速率（单位为 mm/min）：

$$\frac{\mathrm{d}D}{\mathrm{d}t} = \frac{L^2}{9000d} \tag{3-2}$$

式中　$L$——试件的净跨度，mm；

　　　　$d$——试件截面上抗压点与抗拉点之间的距离，mm。

② 轴向承重构件

极限轴向压缩变形量（单位为 mm）：

$$C = \frac{h}{100} \tag{3-3}$$

极限轴向压缩变形速率（单位为 mm/min）：

$$\frac{\mathrm{d}C}{\mathrm{d}t} = \frac{3h}{1000} \tag{3-4}$$

式中　$h$——初始高度，mm。

2. 完整性

完整性指试件在耐火试验期间能够持续保持隔火性能的时间。试件发生以下任一限定情况均认为试件丧失完整性：

（1）棉垫被点燃。

（2）缝隙探棒可以穿过。

（3）背火面出现火焰并持续时间超过 10s。

3. 隔热性

隔热性指试件在耐火试验期间持续保持耐火隔热性能的时间。试件背火面温升发生超过以下任一限定情况均认为试件丧失隔热性：

（1）平均温度升高超过初始平均温度 140℃。

（2）任一点位置的温升超过初始温度（包括移动热电偶）180℃（初始温度应是试验开始时背火面的初始平均温度）。

### 三、实验装置及实验条件

（一）火灾试验炉

火灾试验炉采用液体或气体燃料，如图 3-1 所示，具有以下功能：

（1）对水平或垂直分隔构件，能够使其一面受火。

（2）柱子的所有轴向侧面都能够受火。

（3）对于不对称墙体，能使其不同面分别受火。

（4）梁能够根据要求三面或四面受火（除加载部位）。

注：火灾试验炉可使多个试件同时进行试验，并能满足每一种构件测量的要求。炉内衬材料采用耐高温的隔热材料，密度小于 1000kg/m³。炉内衬材料的最小厚度为 50mm。

图 3-1 为火灾试验炉平面图。试验炉的平面轴线尺寸为 6.56m×10.66m，炉壁为厚 580mm 的岩棉墙。试验炉长边方向的炉壁外侧为 10 根高 1.1m，间距为 1.0m 的钢筋混凝土柱；短边炉壁外侧厚度为 100mm。此外，炉体内部还具有一道可以自由移动的岩棉墙，见图 3-2。试验炉的升温系统由 18 个对称布置在长边炉壁上的柴油燃烧器组成，见图 3-3。试验中各个燃烧器的工作由计算机智能控制，升温过程符合 ISO 834 标准升温曲线。炉壁处均匀配置了可以灵活安装的铠装 K 型热电偶，用以测量试验中炉内烟气温

度。试验炉的炉底由耐火砖砌筑，具有 6 个与室外烟囱相连的烟道口。试验时，炉内烟气由烟道中设置的抽气风机抽出，通过烟囱排到室外，以起到减少室内烟气及调节炉内压力的作用。

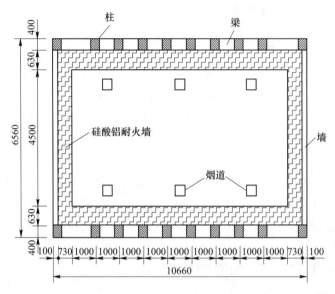

图 3-1　火灾试验炉平面图（单位：mm）

(a)　　　　　　　　　　　　　　　　　(b)

图 3-2　火灾试验炉实物

（a）卧式火灾试验炉；（b）立式火灾试验炉

## （二）加载装置

加载采用液压、机械或重物。加载装置能模拟均布加载、集中加载、轴心加载或偏心加载，试验时根据试件结构的相应要求确定加载方式。在加载期间，加载装置应能够维持试件加载量的恒定（偏差在规定值的±5%以内），并且不改变加载的分布。在耐火试验期间，加载装置能够跟踪试件的最大变形量和变形速率。

## （三）约束和边界条件

试件安装在特殊的支承和约束框架内。在试验中，支承末端和边界的约束采用不燃的

图 3-3　试验炉燃烧器

柔性密封材料封堵，尽可能与实际应用一致。一个边界条件提供膨胀、收缩或转动的约束，另一个边界条件提供试件变形自由变化的空间。检测试件可选择任意一个边界条件分别确定为约束和（或）自由变化。边界条件的选择应通过仔细分析其实际应用的条件加以确定。如果试件在实际应用中的边界条件不确定或是变化的，应采用保守的方法在试件两边或两端提供支承。如果试验过程中应用了约束，应对试件约束部分在受到膨胀力、收缩力或扭矩作用之前的约束状态进行描述。试验过程中通过约束传导到试件的外部力和力矩应进行记录。

（四）实验条件

1. 升温曲线

按照以下 RABT 标准升温曲线进行监测和控制：

$$T = 345\lg(8t + 1) + 20 \tag{3-5}$$

式中　$T$——炉内的平均温度，℃；

　　　$t$——时间，min。

2. 炉温偏差

试验期间的炉内实际时间-温度曲线与标准时间-温度曲线（见图 3-4）的偏差 $d_e$ 用下式表示：

$$d_e = \frac{A - A_s}{A_s} \times 100\% \tag{3-6}$$

式中　$d_e$——偏差，%；

　　　$A$——炉内实际时间-平均温度曲线下的面积；

　　　$A_s$——标准时间-温度曲线下的面积。

$d_e$ 应控制在以下范围内：

（1）$d_e \leqslant 15\%$，$5\text{min} < t \leqslant 10\text{min}$；

（2）$d_e \leqslant [15 - 0.5(t - 10)] \times 100\%$，$10\text{min} < t \leqslant 30\text{min}$；

（3）$d_e \leqslant [5 - 0.083(t - 30)] \times 100\%$，$30\text{min} < t \leqslant 60\text{min}$；

（4）$d_e \leqslant 2.5\%$，$t > 60\text{min}$。

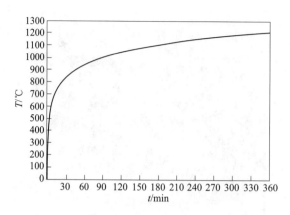

图 3-4 标准时间-温度曲线

所有的面积应采用相同的方法计算，即合计面积时的时间间隔在（1）条件下不应超过 1min，在（2）（3）和（4）条件下不应超过 5min，并且从 0min 开始计算。在试验开始 10min 后的任何时间里，由任何一个热电偶测得的炉温与标准时间-温度曲线所对应的标准炉温不能偏差±100℃。

当试件易燃材料含量过高，在试验开始后，试件轰燃，引起炉温升高，导致炉温曲线与标准曲线发生明显偏差，但是这种偏差的时间不应超过 10min。

（五）其他仪器

1. 变形测量仪

变形可使用机械、光学或电子技术仪器测量。仪器应与执行标准相一致（例如挠度值的测量或压缩值的测量），且每分钟至少要读取数值并记录一次。应采取各种必要的预防措施以避免测量探头由于受热产生数值漂移。

2. 完整性测量仪

① 棉垫

完整性测量所使用棉垫应由新的、未染色的、柔软的脱脂棉纤维构成，不含有其他种类的纤维。棉垫厚 20mm，长度和宽度各为 100mm，质量为 3 ~ 4g。使用前预先在温度为（100±5）℃的干燥箱内干燥至少 30min 后保存于干燥器内或其他防潮的容器内，以备随时使用。为便于使用，棉垫应安装在如图 3-5 所示带有手柄的框架内。

② 缝隙探棒

如图 3-6 所示是两种规格的缝隙探棒，用于测量试件的完整性。它们是直径为（6±0.1）mm 和直径为（25±0.2）mm 的圆柱形不锈钢棒，并带有一定长度的隔热手柄。

**四、实验步骤**

（1）试件设计：试件结构材料、结构要求和安装方法应能够代表构件的实际使用状况。试件的安装应采用建筑中的标准化工艺，例如表面抛光等。独立试件的结构不应被改变（例如不同的连接系统）。将试件安装在特定的支承和约束框架内产生的任何变化不能对试件的性能有较大的影响，并应详细记录在试验报告中。

（2）试件吊装：试件竖直度和加载位置校准。

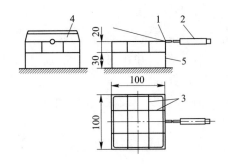

图 3-5　棉垫框架

1—铰链；2—适当长度手柄；3—直径为 0.5mm 的支承钢丝；

4—带有插销的铰链连接盖；5—直径为 1.5mm 的钢丝框架

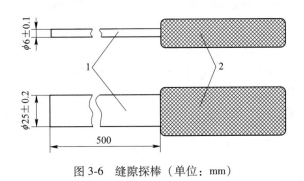

图 3-6　缝隙探棒（单位：mm）

1—不锈钢棒；2—隔热手柄

（3）固定试件：根据试件是否承重进而确定是否设置加载装置；安装温度、变形、应变等测量系统，封闭立式炉。

（4）对承重构件进行加载，打开引风机，吹扫；打开输气阀门，点火，调节引风阀门和输气阀门开度，使炉内温度按设定升温曲线升高。

（5）试验过程中，按需测量炉内、试件内部、试件背火面温度；承重构件还需要测量试件的变形、应变等；观测并记录试件开裂、冒烟、出现明火等试验现象。

（6）实时监测测量数据及试验现象，根据相关规范耐火极限的判断准则或预先设定的试验终止条件，及时关闭输气阀门。

（7）承重构件卸载，继续保持立式炉的送风和排烟，根据试件冷却需求确定开炉试件及测量系统持续工作时间。

（8）处理试验数据及分析试验现象，评判构件耐火性能。

### 五、实验数据记录及处理

（一）温度测量

对试验期间的固定热电偶（除移动热电偶外所有热电偶），以时间间隔不超过 1min 测量并记录温度 1 次。

（二）炉压测量

炉内压力应进行连续测量和记录，或是在控制点时间间隔不超过 5min 测量记录 1 次。

（三）变形测量

在试验过程中，试件相应变形量应进行测量和记录。对承重试件，在试件加载前和按要求进行加载后，都应进行尺寸测量，并在耐火试验过程中，间隔 1min 测量 1 次形变。变形速率根据测量的变形值进行计算。

（1）对于水平承重试件，在可能发生最大变形量的位置测量（对简支承构件，最大变形通常发生在跨度的中间）。

（2）对于垂直承重试件，伸长（试件高度增加）应表示为正值，收缩（试件高度减少）表示为负值。

（四）完整性观测

整个试验过程中应对分隔构件的完整性进行判定，并对以下各项进行观测记录：

（1）棉垫：记录棉垫被点燃的时间，同时记录棉垫被点燃的位置（没有发出火光或燃烧的棉垫变焦现象可忽略不计）。

（2）缝隙探棒：记录缝隙探棒能通过试件裂缝的时间，同时记录裂缝的位置。

（3）窜火：应记录试件背火面窜出火焰和持续的时间，同时记录窜出火焰的位置。

（五）加载和约束

对承重试件，应记录试件承载能力丧失的时间。为维持其约束条件，力和（或）力矩所发生的适当改变应记录。

（六）一般现象

试验期间应对试件的试验现象进行观察，如果试件结构出现变形、开裂、材料熔化或软化、材料剥落或烧焦等相关现象，应记录在报告中。如果出现背火面冒出大量浓烟气的现象，应记录在报告中。

表 3-1 为钢结构构件的耐火极限试验记录表。

表 3-1　试验记录表

| 试验项目 | 试验内容 |
| --- | --- |
| 试验室名称和地址 | |
| 试验日期 | |
| 委托方名称和定制 | |
| 试件名称和制造厂 | |
| 试件结构尺寸 | |
| 试件的含水率及养护信息 | |
| 试件的加载量 | |
| 支承和约束条件 | |
| 热电偶、变形测量和压力测量仪器安装信息 | |
| 热电偶曲线 | |
| 变形曲线 | |
| 压力曲线 | |
| 试验现象描述 | |
| 耐火极限 | |

### 六、注意事项

（1）实验过程中应做好个人防护措施，防止烫伤、砸伤。

（2）实验应远离可燃物质，防止发生火灾。

### 七、思考题

（1）钢结构耐火试验测试对钢结构防火设计有什么启示？

（2）火灾试验炉温度对钢结构耐火试验结果有什么影响？

# 第二节　混凝土板的耐火极限试验

### 一、实验目的

（1）了解梁、板等建筑构件耐火实验方法。

（2）了解梁、板等建筑构件耐火实验的相关标准。

（3）了解梁、板等建筑结构抗火设计的意义。

### 二、实验原理

通常情况下梁是底面和两侧面受火。当梁四面受火或少于三面受火时，受火条件应做必要改变。梁作为楼板结构的一部分，应和楼板结构共同试验，并对其完整性和（或）隔热性进行评定。

当未经试验建筑构件的结构符合本实验给出的直接应用范围规定的条件时，按本实验规定进行了耐火试验的构件的耐火性能结果可应用于未经试验的同类建筑构件。

### 三、实验装置及实验条件

（一）实验装置

实验装置选用火灾试验炉，具体参考本章第一节。

（二）实验条件

（1）如果试验试件小于实际使用中的构件，那么试件的尺寸、加载类型和加载程度及支点情况将起到非常重要的作用。在加载情况和实际使用中完全相同的情况下，试件的破坏模式（如弯曲破坏、剪切破坏或局部破坏）将取决于试件的材料和结构形式。当具体的破坏模式难以确定时，需要分别对每种破坏模式进行两次或两次以上的验证。

（2）试验中选用的荷载值和分布方式要保证其产生的最大弯矩和最大剪力不低于实际使用中的设计值。

（3）当加载系统通过重块或液压系统对试件施加均布荷载时，单点加载值不得超过总荷载的10%。当对试件施加集中荷载时，单点加载值可以超过总量的10%，但加载点和试件之间承压板的面积不得小于 $0.01\text{mm}^2$，也不得大于 $0.09\text{mm}^2$，且承压板面积不得超过总面积的16%。加载系统不应影响试件表面的空气流动，且加载设备与试件表面的距离不得小于60mm。

（4）当楼板或屋顶试件中含有一个或几个结构梁时，还应满足 GB/T 9978.6 中的附加要求。当对水平组合构件进行加载时，如果需要对其中的梁部件施加额外的集中荷载或均布荷载，加载系统应能够满足要求。

### 四、实验步骤

#### （一）试件设计

如果试件组合体中含有一个吊顶，那么吊顶的尺寸应满足 $L_{exp}$（试件的受火长度）和 $W_{exp}$（试件的受火宽度）的规定，并对其整体进行性能评定。另外，还应遵循以下要求：

（1）试件应根据委托方提出的实际使用状况要求和方法进行安装。

（2）试件应含有实际应用中的所有零部件，如悬挂部件和（或）固定部件、伸缩部件和连接部件。如果吊顶的附属部件（如照明系统或通风系统）是吊顶设计中不可分割的部分，则均应包括在试件中，且分布状况应与实际使用中相同。

（3）如果吊顶设计中含有纵向和横向的连接，则试件应包括这两点。试件安装时，应避免搭接部位出现缝隙，设计中有要求的除外。如果设计中有要求，选取的缝隙应该具有代表性，且布置在吊顶范围内，不应设置在试件的四周。

（4）吊顶和墙体边缘设置节点，以及节点材料在实际应用中都应该具有代表性。吊顶的安装应该能够阻止热气蔓延，并保证构件不会沿着轴向伸缩或向任何方向膨胀，吊顶有设计要求时除外。为了准确评价试件膨胀装置和龙骨的热膨胀性能，龙骨应该与四周紧密连接。

（5）如果吊顶试件横向和纵向的结构不同，那么沿着不同的方向，其性能也会存在一定的差异。试验选用的吊顶试件应该能够沿着纵向体现出各个关键部位的具体状况。当状况过于复杂而不能确定时，应该根据具体的结构沿着横向和纵向分别进行试验。

（6）如果附属部件不是吊顶的一部分，且安装后会影响到试件的耐火性能，那么就需要另外的试验来判定这些部件的性能。

#### （二）试件尺寸

1. 楼板支点为简支

简支楼板的安装情况见图 3-7。

试件受火长度（$L_{exp}$）不小于 4m 时，试件支点之间的中间跨度（$L_{sup}$）应在受火长度（$L_{exp}$）的每端最多加长 100mm；试件长度（$L_{spec}$）应在受火长度（$L_{exp}$）的每端最多加长 200mm。如果试件为简支单跨，且不含结构部件或吊顶，那么其宽度不应小于 2m。

2. 实际状况

当楼板实际长度大于试验炉开口长度时，试件的受火长度（$L_{exp}$）不应小于 4m。构件的设计受火长度小于 4m 时，可按实际的长度进行试验。加载长度不应超过实际使用长度。试件长度（$L_{spec}$）在受火长度（$L_{exp}$）每端最多加长 200mm。

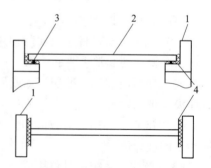

图 3-7　简支试件示例

1—试验炉体；2—试件；3—轴或辊子；
4—隔热材料

对于某些构件包含的约束梁，4m 的跨度是不够的，此时只有部分梁处于受弯状态，其余的部分都受到支撑部件的约束。因此要使至少 4m 的梁受到正弯矩的作用，需要选择更长的试件。如果希望梁的 $X\%$ 受到正弯矩作用，那么试件总长应为 $L=4\times100/X(\text{m})$。

试件的受火宽度（$W_{exp}$）不应小于 3m。对于实际设计中受火宽度小于 3m 的试件，按实际受火宽度受火即可。对于单跨结构，其横向跨度（$W_{sup}$）等于受火宽度（$W_{exp}$）。如果结构中含有两跨，横向跨度（$W_{sup}$）应是受火宽度（$W_{exp}$）每端加上支撑长度的一半。选择支撑时其长度应该保证 $W_{sup}$ 和 $W_{exp}$ 的差异不超过实际的应用状况。试件的宽度（$W_{spec}$）为受火宽度（$W_{exp}$），则每端最多加长 200mm。

（三）试件的安装与约束

（1）承重水平分隔构件进行耐火试验时，可以铰接（简支），也可以模拟实际使用时的边界条件。如果采用实际使用中的支撑和约束条件，应在试验报告和试验结果中进行详细说明。

（2）楼板或屋面等试件试验时通常安装在铰接支撑上。当端部条件已知时，试件试验时应按实际使用情况安装在平滑的混凝土或钢板支撑面上。

（3）简支试件安装时，应允许试件自身的纵向自由移动和垂直变形，应避免一切因摩擦力而引起的限制。

（4）设计必要的装置来限制试件的热膨胀、旋转和轴向变形，以满足因热膨胀和约束所产生的作用力。

（5）当一个试验中的梁不是一根时，每根梁均应在规定的条件下受火，并且独立加载。

（6）试件周边所有缝隙均应用不燃材料封堵，且不得对试件附加任何约束。

（7）采用耐火弹性材料对支撑进行密封保护，防止试验时热气对端部条件造成影响。

（8）当试件尺寸小于试验框架开口时，可使用支撑部件减少开口尺寸，以满足试件要求。如果不影响试件的耐火性能，支撑部件不必考虑试件的要求。当在支撑部件和试件间有梁连接时，试件和梁之间的节点设计，包括所有的固定材料和节点材料，应与实际使用状况一致，并作为试件的一部分。支撑结构作为试验框架的一部分。

（9）试件与支撑部件或试验框架间的所有连接均能够产生一定的约束作用。支撑部件也应该具有足够的刚性来提供一定的约束作用。

**五、实验数据记录及处理**

表 3-2 为混凝土板的耐火极限试验记录表。

**表 3-2　试验记录表**

| 试验项目 | 试验内容 |
| --- | --- |
| 试验室名称和地址 | |
| 试验日期 | |
| 委托方名称和定制 | |
| 试件名称和制造厂 | |

续表 3-2

| 试验项目 | 试验内容 |
|---|---|
| 试件结构尺寸 | |
| 试件的含水率及养护信息 | |
| 试件的加载量 | |
| 支承和约束条件 | |
| 热电偶、变形测量和压力测量仪器安装信息 | |
| 热电偶曲线 | |
| 变形曲线 | |
| 压力曲线 | |
| 试验现象描述 | |
| 耐火极限 | |

### 六、注意事项

（1）实验过程中应做好个人防护措施，防止烫伤、砸伤。

（2）实验应远离可燃物质，防止发生火灾。

### 七、思考题

（1）混凝土板耐火试验对混凝土板防火设计有什么启示？

（2）混凝土板耐火试验与钢结构耐火试验之间的区别是什么？

（3）如何提升混凝土板的耐火性能？

## 第三节　混凝土柱的耐火极限试验

### 一、实验目的

（1）了解混凝土柱耐火实验方法。

（2）了解混凝土柱耐火实验的相关标准。

（3）了解混凝土柱抗火设计的意义。

### 二、实验原理

柱在进行耐火试验时所有轴向侧面均受火，当实际受火面少于 4 个时，应重新确定相应的试验条件。当未经试验建筑构件的结构符合本实验给出的直接应用范围规定的条件时，已按本实验规定进行耐火试验的构件耐火性能结果可应用于未经试验的同类建筑构件。

### 三、实验装置及实验条件

#### （一）实验装置

实验装置采用火灾试验炉，具体参考第三章第一节。

（二）实验条件

（1）当试件的高度过大，试验炉无法安装时，应按照承重试件的高细比调整荷载，因此委托方应提供该试件尺寸调整后的设计荷载值。

（2）应对试件的末端进行设计，使荷载能够按照要求的稳定度和偏心率从承载法兰盘传递到试件。顶端和底端承载面应相互平行并与柱的轴线垂直，以避免产生偏心位移。

（3）避免加载装置受热，应对试件两端的接触轴环进行防护。采取的防护措施应方便试验柱的定位，为试验炉内表面提供充分密封，要有适当的接触和支撑，确保在整个加热过程中加载装置的位置不受影响。

（4）密封方法应当允许试件在炉内移动，且不影响荷载从承载法兰盘传递到试件上以及试件末端的约束条件。

（5）加载系统的压缩位移量应满足试件最大变形的要求。

## 四、实验步骤

（一）试件准备

1. 试件设计

当实际应用中的耐火层有接缝时，在试件的中部高度处至少应设计一个典型的接缝。当柱使用中空包覆层时，包覆层的约束位置应能代表其在实际应用中的安装与约束条件。顶部的缝隙、包覆层与柱之间的缝隙应按与实际使用相同的条件填充。当试验柱包覆耐火层后，应采取措施防止因承载而使耐火层受到附加的影响力。

2. 试件尺寸

试件的尺寸应为其实际尺寸。当试件的高度超过3m时，试件受火部分的尺寸不应小于3m。试件受火高度的每一端加高不能大于300mm，这段超出的高度用于将试件固定在加载装置上，同时也起到分隔加载装置与炉内环境的作用。超出的高度应尽可能小，以减少热传导损失。

3. 试件养护

在试验过程中，试件包括其填充和连接材料的强度和含水量应与在正常使用情况的条件相符。当达到平衡时，应测定并记录试件的含水量和养护状态。包括框架护衬的任何支撑结构不受上述要求的约束。

4. 试件安装和约束

（1）试件两端的约束应模拟实际使用条件，采用刚性连接方式或铰接方式。但是，在一种约束方式下得到的数据不能直接转换为在另一种约束方式下的数据。当需要全面的结果时，应在不同的约束条件下进行相应试验。当试件的一端或两端采用铰接时，应确保没有摩擦阻力。

（2）当使用铰接时，可通过在柱和加载装置之间使用球状连接、柱状辊轮或者刀状连接来代表。当使用柱状辊轮时，其轴线应平行于柱截面的短轴。

（3）铰接件应安置在两个承载板之间（一端与加载装置固定，另一端与柱接触）以改进在柱截面上的荷载分布。

（4）应准确选择铰接件与柱中心轴的相对位置，以控制荷载的偏心距不超过

$L/500$（$L$ 为柱的计算长度）或 7mm。应尽量减小铰接件的摩擦阻力。

（5）当采用固端连接时，应确保承载法兰盘和柱的端面接触。

（二）热电偶布置

（1）在试验炉内，与试件相对的位置至少安置 6 支热电偶，两两相对分别位于试件受火长度的 1/4、1/2 和 3/4 处。

（2）热电偶的位置应能保证在加热开始时距离试件每个面（100±50）mm，距离试验炉的顶部不小于 400mm。在测量的过程中，热电偶的位置变化不应超过 50mm。

（3）当柱是由钢或其他高温特性已知的材料制造时，对试件温度的测量将有助于估算其丧失承载能力的时间，也可用于评价技术性能。使用螺纹连接、焊接和喷射均可将热电偶附着在钢壁上。应注意的是，要确保热电偶的热电极至少有 50mm 和热电偶热端处在等温的区域。

试件的热电偶要固定在 4 个高度，每个高度至少要有 3 支热电偶。顶层和底层热电偶分别距柱受热部分末端 600mm，中间两层热电偶则在高度方向均匀分布。试件的热电偶在每个高度典型的位置如图 3-8 所示。

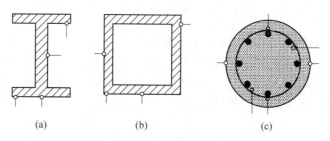

图 3-8　试件的热电偶典型分布

（a）"工"字钢柱；（b）盒形柱；（c）钢筋混凝土

（三）荷载使用

（1）构成试件材料的实际测试性能和国家认可的建筑规范规定的设计方法。

（2）构成试件材料的理论性能和国家认可的建筑规范规定的设计方法。

（3）建筑结构规范依据实际应用确定的或由试验委托者为某一特定用途提供的实际构件荷载。

（四）试验炉控制

1. 炉内热电偶

用于测量炉内温度的热电偶，应均布在试件附近以获得可靠的平均温度。每类构件应按试验方法规定布置热电偶的数量和位置。

热电偶的位置不应受燃烧器火焰的直接冲击，并且距离炉内所有侧墙、底面和顶部不应小于 450mm。

试验开始时，炉内热电偶的数量（$n$）应不少于试验方法中规定的最少数量。如果热电偶损坏，炉内剩 $n-1$ 个热电偶时，试验室不需采取任何措施。如果试验时炉内热电偶的数量少于 $n-1$，试验室应更换热电偶，确保至少有 $n-1$ 个热电偶在使用。

热电偶由于遭受跌落的碎片冲击及在连续使用中的损耗，仪器的敏感度会随着时间的推移有轻微的降低。因此每次试验前应进行运行检查，确保仪器正常使用。

热电偶的固定不应嵌入或接触试件，除非测温端对位置有特殊要求。如果测温端的固定已嵌入或接触试件，应通过建立相应的失效判定准则或是添加明确的附加信息将影响的结果降到最低。

### 2. 背火面热电偶

测量背火面平均温升的热电偶应布置在试件表面的中心位置和平均每1/4区域的中心位置。有波纹或筋状物的结构，可以在最厚和最薄的位置适当增加热电偶数量。热电偶的布置应距离热气流、结合点、交叉点和贯通连接紧固件（如螺钉、销钉等）以及会被穿过试件的热烟气直接冲击的位置不小于50mm。

附加热电偶应贴在背火面可能出现高温的位置，用于测量最高温升。如果在任意直径150mm圆的区域内紧固件所占的总面积小于1%，热电偶不应贴在会产生较高温度类似螺钉、钉子或夹子等紧固件上。热电偶不应贴在表面直径小于12mm非贯通紧固件上，对于表面直径小于12mm贯通紧固件，可使用特殊的测量仪器测温。对于特定构件，其背火面热电偶位置有更多其他要求，将在相应构件的试验方法中规定。

热电偶的隔热垫周围与试件表面采用耐高温胶完全黏结，并且在圆铜片与试件之间及圆铜片与隔热垫之间不应有任何胶，也不应存在空隙，即使有，也十分细小。在无法使用胶黏结时，也可以使用别针、螺钉或回形针，但是它们只能与隔热垫接触，而不能与铜片接触。

### 3. 移动热电偶

如果在使用移动热电偶20s内，温度没有达到150℃，则停止使用移动热电偶测温。若达到或超过150℃，则继续测温作为判定依据。使用移动热电偶测量时，应避开如螺钉、钉子或夹子等紧固件所在的位置，因为这些位置可能出现明显的温差；作为额外增加的热电偶，还应避开背火面热电偶的安装位置。

### 4. 环境温度热电偶

测量环境温度的热电偶（或铂电阻）应安装在距离试件背火面（1.0±0.5）m处，但不应受到来自试件和（或）试验炉热辐射的影响。

### 五、实验数据记录及处理

表3-3为混凝土柱的耐火极限试验记录表。

表3-3 试验记录表

| 试验项目 | 试验内容 |
| --- | --- |
| 试验室名称和地址 | |
| 试验日期 | |
| 委托方名称和定制 | |
| 试件名称和制造厂 | |
| 试件结构尺寸 | |
| 试件的含水率及养护信息 | |

续表 3-3

| 试验项目 | 试验内容 |
|---|---|
| 试件的加载量 | |
| 支承和约束条件 | |
| 热电偶、变形测量和压力测量仪器安装信息 | |
| 热电偶曲线 | |
| 变形曲线 | |
| 压力曲线 | |
| 试验现象描述 | |
| 耐火极限 | |

### 六、注意事项

（1）实验过程中应做好个人防护措施，防止烫伤、砸伤。

（2）实验应远离可燃物质，防止发生火灾。

### 七、思考题

（1）混凝土柱在标准升温曲线下的耐火试验与实际火灾有何不同？

（2）如何提升混凝土柱的耐火性能？

# 第四节　组合结构的耐火极限试验

### 一、实验目的

（1）了解组合结构的耐火实验方法。

（2）了解组合结构的耐火实验的相关标准。

（3）了解组合结构抗火设计的意义。

### 二、实验原理

组合结构是指由两种或两种以上的建筑材料组合而成的结构，如常见的钢-混凝土组合板、组合梁、型钢混凝土、钢管混凝土和 FRP（fiber reinforced polymer）约束结构等。组合结构的特点在于如何优化地组合不同材料，通过组成材料之间的相互作用，充分发挥组成材料的优点，尽可能避免或减少其弱点所带来的不利效应。试验中荷载的确定方法主要包括：

（1）试验荷载确定方法。实际构件施加前述确定的试验荷载之后，导致其临界区域的材料产生应力，这些应力是国家认可建筑法规中的设计方法所规定允许的最大应力。此方法提供的试验荷载是最严格的，同时也为试验数据的外推及其在计算程序中的应用提供了一个现实可行的依据。

（2）建筑规范规定的特定设计方法。这个性能特征值通常由材料的生产者提供，或通过查阅有关材料的标准性能参数的参考文献来获得（通常给出一个范围）。大多数情况下，此方法确定的试验荷载值有一点保守，因为材料性能的实际值大多数情况下高于其特征值，并且建筑构件不会承受到设计方法所预期的极限应力的作用。另一方面，这个方法与典型的国家规范规定的荷载设计方法及其相关的关于建筑构件中使用材料性能的设计说明具有更密切的关系。如果材料的实际性能已经确定，且（或）耐火试验试件的结构组件的应力已经在耐火试验过程中得到测量，则从这样的耐火试验中获得的结果的有效性可能加强。

除研究试验过程中确定试验荷载的各个依据之外，还应注意与这些依据有关的，在建筑结构设计时采用的国家认可的建筑法规，这些法规可能会提供一系列不同的构件设计方法，这些设计方法通常因考虑建筑的不同使用环境而不完全一样，尤其是当考虑对风、雪、地震等荷载因素的适应性时，建筑结构的设计有着显著不同。因此，需要重点注意的是，在耐火试验过程中无论选取哪种方法来确定施加荷载，都宜考虑与试件所代表构件在实际中未受热时荷载的相关性；另外，确定试验荷载的依据以及其他影响试验结果数据有效性和可适用性的相关信息，如材料特性和应力水平等信息，应在试验报告中明确给出。

### 三、实验装置及实验条件

#### （一）实验装置

实验装置采用火灾试验炉。

#### （二）实验条件

（1）当试件小于实际使用中的构件时，试件的尺寸、加载类型、加载量和支点情况将对试件的破坏模式起到非常重要的作用，当加载情况和实际使用情况完全相同时，试件的破坏模式（如弯曲破坏、剪切破坏或局部破坏）将取决于试件的结构形式。当具体的破坏模式难以确定时，需要对每种破坏模式分别进行两次或两次以上试验验证。

（2）荷载大小和分布方式所产生的最大弯矩和最大剪切力应该等于或大于设计值。

（3）加载系统应能够为试件提供所需的均布荷载或集中荷载，当用集中荷载模拟均布荷载所产生的弯曲效果时，加载点不应少于 2 个，间距不应小于 1m。当使用 4 点加载系统，加载点应布置在距离任一端的 1/8、3/8、5/8、7/8 跨度的位置。荷载应通过荷载分配板传递到梁上，分配板的宽度不超过 100mm。加载系统不应影响试件表面的空气流动，加载点处除外，加载装置与试件表面的距离不得小于 60mm。

### 四、实验步骤

#### （一）试件准备

1. 试件设计

（1）对于代表实际使用情况的梁和楼板或屋面的组合构件，进行试验时可以将其整体看作"T"形梁。对于钢梁上面的板构件，可以是高密度混凝土，也可以是轻质混凝土，但是前者得出的结果不能用于后者。

（2）对于带梁结构，特别是代表实际使用状况的楼板和屋面部件，板厚应能够反映结构设计情况。实际楼板的宽度应大于等于梁宽度的 3 倍且不应小于 600mm。实际宽度的选择应依据试验炉的设计而定。

（3）对于不包含代表实际情况的楼板或屋面结构的试件，梁应支撑一个对称放置的标准盖板。盖板情况如下：盖板的设计制作单独进行，使用时采用非连续加强筋，避免在梁和盖板间产生牵连作用而对梁产生附加的强度和刚度。盖板制作可用密度为（650±200）kg/m³ 的加气混凝土板，每块最大长度为 1m，厚度至少为（150±25）mm，盖板的宽度应大于等于梁宽度的 3 倍且不小于 600mm。实际宽度的选择应依据试验炉的设计而定。

（4）空腹梁端部应进行封堵以免热气从梁端部散出。试件的安装不应使梁端部位于受火区，还应避免膨胀约束条件与实际使用不符而可能造成垮塌。

（5）在实际使用中，梁在长度范围内有机械接头时，接头位置应与实际情况相同或在跨中位置。当接头位于耐火保护层处时，试件保护层还应对接头进行保护。

2. 试件尺寸

梁支撑在受约束部位上，受火长度（$L_{exp}$）不应小于 4m。试件支撑点之间的中间跨度（$L_{sup}$）应在受火长度（$L_{exp}$）的每端最多加上 100mm；试件长度（$L_{spec}$）应在受火长度（$L_{exp}$）的每端最多加上 200mm。简支梁安装的一般原则见图 3-9。

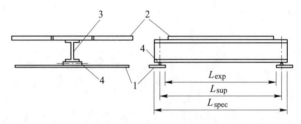

图 3-9　简支梁示例
1—支撑；2—盖板；3—梁；4—滚轴

对于代表实际应用情况的梁，当梁实际长度大于试验炉的允许长度时，试件的受火长度（$L_{exp}$）不应小于 4m。当梁的设计受火长度小于 4m 时，可按实际长度受火。加载长度不应超过实际受火长度。试件的长度（$L_{spec}$）应在受火长度（$L_{exp}$）每端最多加上 200mm。

对于约束梁，4m 的跨度是不够的，因为此时只有部分梁处于受弯状态，其余的部分都在受到支撑部件的约束。因此要使至少 4m 的梁受到正弯矩的作用，就需要选择更长的试件。如果希望梁的 X% 受到正弯矩作用，那么试件总长应为 $L = 4 \times 100 / X (m)$。

3. 试件养护

试验时的试件，包括任何内填充材料和接缝材料，其强度和含水量条件应养护至与实际使用情况相近。

4. 试件安装和约束

一般简支梁在炉内的布置见图 3-9，试件的布置应保证侧向稳定。对梁进行耐火试验时，可以安装在受约束（简支）部位上，也可以模拟实际中的边界条件。当支撑和约束代表实际使用情况时，这些条件应在试验报告中详细记录，并且试验结果记录时应标明是"限制"在约束条件下。

试验梁安装在受约束部位上时，当边界条件已知，试验结构应和实际应用一样，安装在平滑的混凝土板或钢板上。如果梁端部有因支撑原因延伸超出炉体的部分，应使用自身的防火材料保护，或用一层厚度为（100±10）mm、密度为（120±30）kg/m³的矿棉或硅酸铝棉毡包裹。

试件为连续梁时，应对其中的1个或2个支点施加约束，未受热部分支点的转角应该与实际使用情况一致。当梁四面受火，梁顶部到炉盖板的距离应大于等于梁的宽度。

（二）热电偶布置

1. 炉内热电偶

用来测量炉内温度的热电偶，应均布在试件区域内并能够提供可靠的温度信息。梁的受火部分每1m至少布置2个热电偶，这些热电偶的结构和布置情况应符合GB/T 9978.1的相关规定。

热电偶间距不超过1.5m，并应布置在梁底面以下（100±50）mm，距梁的每侧面（100±50）mm的位置。梁每侧的热电偶数量应相同。

当梁的高度大于等于500mm时，应按照上述规定在梁高度的中部设置附加热电偶。

在试验炉内，与试件相对的位置至少安置6支热电偶，两两相对分别位于试件受火长度的1/4、1/2和3/4处。

2. 试件热电偶

当梁由钢或其他已知耐火性能的材料制作时，试件温度测量有助于对其丧失隔热性、完整性的判定，并且试验结果可用于评估技术。使用拧、焊接或镶嵌等适当方式使热电偶与钢连接，并保证热电偶引出端至少有50mm长度和热电偶接头在同一等温区内。

热电偶分别布置在梁跨中间处、两端距试验炉边缘500mm处与跨中之间的中间截面位置见图3-10。每个截面上典型的热电偶位置见图3-11。

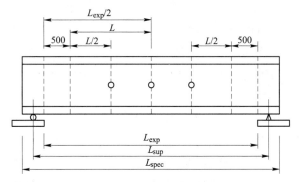

图3-10　试件热电偶布置的截面位置

（图中钢梁上圆圈位置表示热电偶所在截面）

为获得混凝土的温度梯度而布置的热电偶将有利于预测丧失时间，试验结果可以用于评估技术。热电偶应布置在每个加强抗拉筋（件）上。当多于8个时，热电偶将以同样的方式布置在8个点上以获得所有抗拉筋（件）中代表性的温度，如图3-11（c）所示。

3. 变形测量

试验前15min对试件进行加载，稳定后所测的变形值为本次试验的变形零点。

在试件的跨中位置测量梁纵轴方向的垂直变形挠度值。

变形位移的测量应在不同的位置进行多点测量，以确定最大位移。

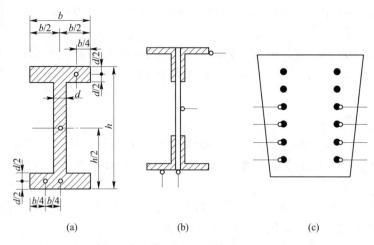

图 3-11　试件截面上热电偶的典型位置

（a）钢梁；（b）托梁；（c）混凝土梁

**（三）荷载使用**

（1）构成试件材料的实际测试性能和国家认可的建筑规范规定的设计方法。

（2）构成试件材料的理论性能和国家认可的建筑规范规定的设计方法。

（3）建筑结构规范依据实际应用确定的或由试验委托者为某一特定用途提供的实际构件荷载。

**（四）试验炉控制**

**1. 炉内热电偶**

用于测量炉内温度的热电偶，应均布在试件附近以获得可靠的平均温度。每类构件应按试验方法规定布置热电偶的数量和位置。

热电偶的位置不应受燃烧器火焰的直接冲击，并且距离炉内所有侧墙、底面和顶部不应小于 450mm。

固定的方式要确保在耐火试验期间热电偶不移动。

试验开始时，炉内热电偶的数量（$n$）应不少于试验方法中规定的最少数量。如果热电偶损坏，炉内剩 $n-1$ 个热电偶时，试验室不需采取任何措施。如果试验时炉内热电偶的数量少于 $n-1$，试验室应更换热电偶，确保至少有 $n-1$ 个热电偶在使用。

热电偶由于遭受跌落的碎片冲击及在连续使用中的损耗，仪器的敏感度会随着时间的推移有轻微的降低。因此每次试验前应进行运行检查，确保仪器正常使用。如果仪器存在任何损坏、损耗或不正常运行的迹象，则不应再使用而应进行更换。

热电偶的固定不应嵌入或接触试件，除非测温端对位置有特殊要求。如果测温端的固定已嵌入或接触试件，应通过建立相应的失效判定准则或是添加明确的附加信息将影响的结果降到最低。

**2. 背火面热电偶**

测量背火面平均温升的热电偶应布置在试件表面的中心位置和平均每 1/4 区域的中心位置。有波纹或筋状物的结构，可以在最厚和最薄的位置适当增加热电偶数量。热电偶的布置应距离热气流、结合点、交叉点和贯通连接紧固件（如螺钉、销钉等）以及会被穿过试件的热烟气直接冲击的位置不小于50mm。

附加热电偶应贴在背火面可能出现高温的位置，用于测量最高温升。如果在任意直径150mm圆的区域内紧固件所占的总面积小于1%，热电偶不应贴在会产生较高温度类似螺钉、钉子或夹子等紧固件上。热电偶不应贴在表面直径小于12mm非贯通紧固件上，对于表面直径小于12mm贯通紧固件，可使用特殊的测量仪器测温。对于特定构件，其背火面热电偶位置有更多其他要求，将在相应构件的试验方法中规定。

热电偶的隔热垫周围与试件表面应用耐高温胶完全黏结，并且在圆铜片与试件之间及圆铜片与隔热垫之间不应有任何胶，也不应存在空隙，即使有，也十分细小。在无法使用胶黏结时，也可以使用别针、螺钉或回形针，但是它们只能与隔热垫接触，而不能与铜片接触。

3. 移动热电偶

如果在使用移动热电偶20s内，温度没有达到150℃，则停止使用移动热电偶测温。若达到或超过150℃，则继续测温作为判定依据。使用移动热电偶测量时，应避开如螺钉、钉子或夹子等紧固件所在的位置，因为这些位置可能出现明显的温差；作为额外增加的热电偶，还应避开背火面热电偶的安装位置。

4. 环境温度热电偶

测量环境温度的热电偶（或铂电阻）应安装在距离试件背火面（1.0±0.5）m处，但不应受到来自试件和（或）试验炉热辐射的影响。

### 四、实验数据记录及处理

表3-4为组合结构的耐火极限试验记录表。

#### 表3-4　试验记录表

| 试验项目 | 试验内容 |
| --- | --- |
| 试验室名称和地址 | |
| 试验日期 | |
| 委托方名称和定制 | |
| 试件名称和制造厂 | |
| 试件结构尺寸 | |
| 试件的含水率及养护信息 | |
| 试件的加载量 | |
| 支承和约束条件 | |
| 热电偶、变形测量和压力测量仪器安装信息 | |
| 热电偶曲线 | |
| 变形曲线 | |
| 压力曲线 | |
| 试验现象描述 | |
| 耐火极限 | |

### 五、注意事项

（1）实验过程中应做好个人防护措施，防止烫伤、砸伤。

（2）实验应远离可燃物质，防止发生火灾。

### 六、思考题

（1）火灾条件下，单一构件的破坏对结构整体的性能有什么影响？

（2）组合结构整体损伤机理的影响因素有哪些？

# 第四章  建筑防火实验

近两年，全国火灾数据统计表明，居住场所亡人数占比达到 70%~80%，电气火灾数量占比超过 50%，高层建筑火灾多发且数量占比在逐年增大。提高建筑火灾本质安全水平的首要是严格管控建筑及装饰材料，确保其具有较好的防火性能。本章讲述氧指数、水平垂直燃烧、45°燃烧法、小室法、大板法、不燃性、难燃性、可燃性、烟密度、锥形量热仪等燃烧试验方法，通过这些试验可以测定建筑及装饰材料在高温、火焰冲击、热辐射等条件下的着火特性、燃烧特性、温度场、生烟量、热释放速率等参数，据此分析材料的燃烧性能并判定其等级，对建筑防火设计、消防监管、消防评估等工程实践、管理及科学研究具有重要意义。

## 第一节  可燃固体材料氧指数测试

### 一、实验目的

（1）明确氧指数的定义。
（2）了解氧指数测试仪的结构和工作原理。
（3）掌握材料氧指数测试的基本操作。
（4）运用氧指数评价材料燃烧性能。

### 二、实验原理

（一）氧指数的定义

氧指数亦称极限氧指数（limiting oxygen index，LOI），是指在规定的试验条件下，试样在氧气和氮气混合气体中刚好维持燃烧（有焰燃烧）所需的最低氧气浓度。试验判定中以氧所占的体积分数表示，即在材料样品引燃后，能保持燃烧 50mm 长或燃烧时间 3min 时所需要的氧、氮混合气体中氧的体积分数。

$$LOI = \frac{[O_2]}{[N_2] + [O_2]} \times 100\% \tag{4-1}$$

式中，$[O_2]$ 和 $[N_2]$ 分别为氧气和氮气的体积流量。

（二）氧指数的测试

氧指数测试是用试样夹从底端夹持住一定尺寸的试样并置于透明燃烧筒内，筒中有向上流动的按一定比例混合的氧氮气流。点燃试样的顶端，观察试样的燃烧现象，记录持续燃烧时间或火蔓延距离，若试样的燃烧时间不足 3min 或火焰前沿不到 50mm 标线时，就增加氧浓度，若试样的燃烧时间超过 3min 或火焰前沿超过 50mm 标线时，就降低氧浓度，如此反复操作，直到两次氧浓度的差值小于 0.1%。

### （三）氧指数评价材料的燃烧性能

自然环境中的氧气是燃烧三要素之一，大多数材料需要在一定浓度的氧气存在下才能发生燃烧。FDS火灾模拟模型中默认氧气体积分数低于15%时不能维持气相燃烧。自1966年C. P. Fenimore和J. J. Martin提出评价塑料和纺织材料燃烧性能的氧指数法以来，该方法测试结果定量化且重现性较好，已成为多国的测试标准，如国家标准化组织的ISO 4589、美国的ASTM D 2863、英国的BS 2782 Part1-141、日本的JIS K 7201、我国的GB/T 2406（塑料）、GB/T 5454（纺织品）、GB/T 10707（橡胶）、GB/T 8924（纤维增强塑料）和GB/T 16581（绝缘液体）。氧指数法简便、经济，实践中被广泛用于控制产品质量和评价材料在空气中与火焰接触时燃烧的难易程度。一般认为，氧指数越高，材料阻燃性越好，经验上可根据 $LOI$ 对材料进行分级，如 $LOI<21$ 的属易燃材料、$21{\leqslant}LOI{\leqslant}27$ 的属缓燃材料、$LOI{\geqslant}28$ 的属阻燃材料、$LOI{\geqslant}32$ 的属难燃材料。一些聚合物材料的氧指数见表4-1，纯聚合物的氧指数一般都比较低，属于易燃材料，含阻燃元素的聚合物氧指数普遍较高。但氧指数方法主要反映材料燃烧过程对氧浓度的敏感程度，不能全面表征材料燃烧特性，它与真实火灾也没有相关性。氧指数测试结果也可能造成误导，比如，在聚合物中加入可降低其熔融黏度的添加剂可导致其 $LOI$ 提高，因为样品顶部表面处熔融流滴，带走了大量点火火源施加的热量，结果提高了材料被点燃的临界氧浓度，但现实中熔体流滴往往会增大火灾危害。

**表4-1 聚合物材料的氧指数**

| 聚合物 | 英文 | 缩写 | $LOI$/% |
|---|---|---|---|
| 聚甲醛 | polyoxymethylene | POM | 15 |
| 聚甲基丙烯酸甲酯 | polymethylmethacrylate | PMMA | 17 |
| 聚乙烯 | polyethylene | PE | 17 |
| 聚丙烯 | polypropylene | PP | 17 |
| 聚苯乙烯 | polystyrene | PS | 18 |
| 高抗冲聚苯乙烯 | poly（styrene-butadiene） | HIPS | 18 |
| 丙烯腈-丁二烯-苯乙烯共聚物 | Acrylonitrile-butadiene-styrene | ABS | 18 |
| 环氧树脂 | epoxy | EP | 19 |
| 聚对苯二甲酸乙二醇酯 | polyethyleneterephthlate | PET | 20 |
| 不饱和聚酯 | unsaturated Polyester | UPT | 20 |
| 氯化聚乙烯 | polyethylene（chlorinated） | PE（chlorinated） | 21 |
| 聚对苯二甲酸丁二醇酯 | polybutyleneterephthlate | PBT | 23 |
| 尼龙6 | polyamide 6 | PA6 | 24 |
| 尼龙66 | polyamide 66 | PA66 | 24 |
| 聚碳酸酯 | polycarbonate | PC | 25 |
| 聚间苯二甲酰间苯二胺（芳纶1313） | polyisophthaloylmetaphenylenediamine | PMIA（NOMEX） | 28 |
| 聚（乙烯-四氟乙烯） | poly（ethylene-tetrafluoroethylene） | ETFE | 30 |
| 硅橡胶（填充） | silicone rubber（filled） | SIR（filled） | 32 |
| 聚萘二甲酸乙二醇酯 | polyethylenenaphthalate | PEN | 32 |

续表 4-1

| 聚合物 | 英文 | 缩写 | LOI/% |
| --- | --- | --- | --- |
| 聚对苯二甲酰对苯二胺（芳纶 1414） | poly（p-phenyleneterephthalamide） | PPTA（KEVLAR） | 32 |
| 聚醚醚酮 | polyetheretherketone | PEEK | 35 |
| 聚醚砜 | polyethersulfone | PESU | 36 |
| 聚苯并咪唑 | polybenzimidazole | PBI | 36 |
| 聚苯砜 | polyphenylsulfone | PPSU | 38 |
| 氯丁橡胶 | polychloroprene rubber | CR | 40 |
| 聚苯硫醚 | polyphenylenesulfide | PPS | 44 |
| 刚性聚氯乙烯 | polyvinylchloride（rigid） | PVC（rigid） | 45 |
| 聚酰胺酰亚胺 | polyamideimide | PAI | 45 |
| 聚醚酰亚胺 | polyetherimide | PEI | 47 |
| 氯化聚氯乙烯 | polyvinylchloride（chlorinated） | CPVC | 52 |
| 阻燃聚碳酸酯 | polycarbonate（flame retarded） | PC-FR | 56 |
| 聚乙烯三氟氯乙烯 | poly（ethylene-chlorotrifluoroethylene） | ECTFE | 60 |
| 聚四氟乙烯 | polytetrafluoroethylene | PTFE | 95 |
| 聚全氟乙丙烯 | fluorinated ethylene propylene | FEP | 95 |

### 三、实验器材

#### （一）氧指数测试仪

如图 4-1 所示，氧指数测试仪一般由燃烧筒、试样夹、气源、气体测量和控制装置、点火器、计时器及排烟系统等组成。

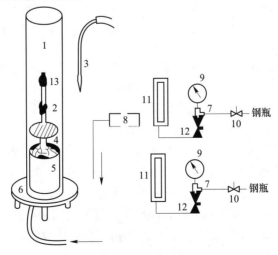

图 4-1　氧指数测试仪结构示意图

1—燃烧筒；2—试样夹；3—点火器；4—金属网；5—放玻璃珠的筒；6—底座；7—三通阀；8—气体混合器；
9—压力表；10—稳压阀；11—气体流量计；12—调节阀；13—燃烧着的试样

（1）燃烧筒为高（500±50）mm、内径 75~100mm 的耐热玻璃管，顶部设有直径为 40mm 的限流孔，玻璃管到限流孔的收缩部分至少高出玻璃管 10mm，从限流孔排出气体的流速至少为 90mm/s。筒的下端放在底座上，套在填充一定高度玻璃珠（用于使进入的混合气体分布均匀）的筒外，玻璃珠上放置一金属网，用于遮挡燃烧滴落物。燃烧筒的支座安有调平装置或水平指示器，以使燃烧筒和试样垂直对中，方便对燃烧筒中的火焰进行观察。

（2）对于塑料棒等自支撑材料，试样夹为金属弹簧片，试样的顶端距离燃烧筒的顶部 100mm，试样的底部距离填充的玻璃珠也为 100mm，夹持处离判断试样可能燃烧到的最近点至少 15mm。

（3）气源为纯度（质量分数）不低于 98% 的氧气和氮气或含氧气 20.9% 的清洁空气，气瓶压力不低于 0.3MPa。氧气浓度一般通过气体流量计算得到，也可以通过氧气浓度传感器测定氧气浓度（见图4-2），气体供应管路的连接应使混合气体在进入燃烧筒基座的配气装置前充分混合，以使燃烧筒内处于试样水平面以下的上升混合气的氧浓度的变化小于 0.2%（体积分数）。

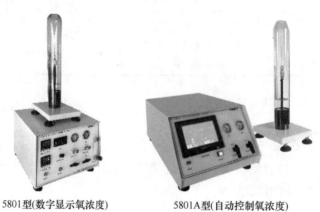

5801型(数字显示氧浓度)　　　　5801A型(自动控制氧浓度)

图 4-2　新型氧指数测试仪

（4）测量系统或控制系统包括在各个供气管道和混合气管路上的针型阀、流量计、接口、气体压力调节器和压力表。设备若带有氧分析仪如顺磁氧分析仪，测量进入燃烧筒内混合气体的氧浓度（体积分数）应准确至 ±0.5%。当在（23±2）℃通过燃烧筒的气流为（40±2）mm/s 时，调节浓度的精度为 ±0.1%。

（5）点火器是一根带弯的金属管，其末端具有内径为（2±1）mm 的喷嘴，能深入燃烧筒内点燃样品。点火器火焰长度可调，试验时火焰长度为（16±4）mm。点火器用的标准燃料气体为未混有空气的丙烷气，一般也可采用丁烷气、石油液化气、天然气。

（6）排烟系统包括通风和排风设施，能排除燃烧筒内的烟尘或灰粒，但不能干扰燃烧筒内气体流速和温度。如果试验发烟材料，必须清洁玻璃燃烧筒，以保持良好的可视性。

（二）氧指数实验试样

氧指数测试中，能够自支撑的样品尺寸一般为长 80~150mm、宽（10±0.5）mm、厚 4~10mm，标准试样长宽高为 120mm×(6.5±0.5)mm×(3.0±0.5)mm。

本实验以自支撑的棒状或板状的聚乙烯、聚氯乙烯等聚合物为样品，通过裁切制备 15

个试样，为了观察试样燃烧距离，在距离点燃端50mm处划一条标线。试样表面要求清洁、平整光滑，无影响燃烧行为的缺陷，如气泡、裂纹、飞边、毛刺等。若为标准测试，每个试样试验前应在温度（23±2）℃和湿度50%±5%条件下至少调节88h。

### 四、实验步骤

（1）实验准备：检查氧指数测试仪的气路，确定各部分连接无误，无漏气现象。若为标准测试，实验装置应放置在温度（23±2）℃的环境中。

（2）确定初始设置氧浓度：根据经验或试样在空气中点燃的情况，估计实验初始氧浓度。如试样在空气中迅速燃烧，则初始设置氧浓度为18%（体积分数）左右；如在空气中缓慢燃烧或不稳定燃烧，则为21%左右；在空气中不连续燃烧（离开火源后自己熄灭），则至少为25%。

（3）安装试样：将试样夹在试样夹上，垂直地安装在燃烧筒的中心位置上，核查试样顶端距离标线为50mm、试样顶端低于燃烧筒顶端至少100mm，罩上燃烧筒。

（4）通气并调节流量和氧浓度：开启氮气、氧气气瓶阀门，调节减压阀压力为0.2～0.3MPa，然后开启氮气和氧气管道阀门（注意：先开氮气，后开氧气，且阀门不宜开得过大）；然后调节稳压阀，仪器压力表指示压力为（0.1±0.01）MPa，并保持该压力（禁止使用过高气压）。调节流量调节阀，通过转子流量计读取数据（应读取浮子上沿所对应的刻度），得到稳定流速的氧氮气流。在混合气体的总流量为10L/min的条件下，根据拟设置的氧浓度，通过调节氧气、氮气的流量来控制氧气浓度。例如，若要将氧浓度控制到25%，则氧气、氮气的流量分别调节为2.5L/min和7.5L/min。应注意：在调节氧气、氮气浓度后，必须用调节好流量的混合气流冲洗燃烧筒至少30s，以排出燃烧筒内的空气。点燃及试样燃烧期间应保持各路气体流量不变。

（5）采用顶面点燃法点燃试样：用点火器对试样的顶端中心施加火焰或使火焰覆盖整个顶面，但勿使火焰接触试样的棱和垂直面。每隔5s移开一下点火器，观察试样是否整个顶面处于燃烧状态，否则再次施加火焰。施加火焰的时间最长为30s，若在30s内不能点燃，则应增大氧浓度，直至30s内点燃为止。在确认试样顶端全部着火后，认为试样被点燃，记录总点燃时间，观察燃烧长度。

（6）确定临界氧浓度的大致范围：点燃试样后，立即移去点火器，开始计时并观察试样燃烧的情况。若燃烧终止，但在1s内又自发再燃，则继续观察和记时。如果试样的燃烧时间超过3min或燃烧长度超过试样顶端以下50mm（满足其中之一），说明氧的浓度太高，必须降低，此时记录实验现象为"X"，如试样燃烧在3min和50mm之前熄灭，说明氧的浓度太低，需提高氧浓度，此时记录实验现象为"O"。如此在氧的体积浓度的整数位上（相邻氧浓度之差不大于1.0%）寻找相邻的四个点，要求这四个点处的燃烧现象为"OOXX"。例如氧浓度为26%时，烧过50mm的刻度线，则氧过量，记为"X"，下一步调低氧浓度为25%，通过测试判断是否为氧过量，直到找到相邻的四个点为氧不足、氧不足、氧过量、氧过量，此范围即为所确定的临界氧浓度的大致范围。

（7）在上述测试范围内，缩小步长，从低到高，氧浓度每升高0.2%重复一次测试，观察现象并记录。

（8）根据上述测试结果确定氧指数 *LOI*。

## 五、实验记录及数据处理

### （一）实验记录

实验数据记录在表 4-2 中。

**表 4-2　塑料燃烧性能试验方法氧指数法实验记录**

| 测试依据 | 《塑料燃烧性能试验方法氧指数法》（GB/T 2406） | | | | | | | |
|---|---|---|---|---|---|---|---|---|
| 温度 | | | | 湿度 | | 点燃气体种类 | | |
| 氧气纯度 | | | | 氮气纯度 | | | | |
| 试样编号 | 氧气流量 /L·min⁻¹ | 氮气流量 /L·min⁻¹ | 氧浓度（体积分数）/% | 点燃时间 /s | 燃烧长度 /mm | 燃烧时间 /s | 反应 （O 或 X） | 燃烧现象 |
| 1 | | | | | | | | |
| 2 | | | | | | | | |
| 3 | | | | | | | | |
| 4 | | | | | | | | |

注：若氧过量，燃烧长度超过 50mm 标线，则记录烧到 50mm 所用的时间；若氧不足，记录实际燃烧时间和燃烧长度。氧过量记"X"，氧不足记"O"。

### （二）数据处理

取氧不足的最大氧浓度和氧过量的最小氧浓度，计算二者的平均值，作为试样的氧指数 $LOI$，并据此评价材料的燃烧或阻燃性能。

## 六、注意事项

（1）试样制作要精细、准确，试样表面要平整、光滑。

（2）氧气、氮气流量调节要缓慢，先通氮气再通氧气。混合气体的总流量保持在 10L/min，氧气、氮气的输出压力保持为表压 0.1MPa，禁止使用过高气压。

（3）流量计、燃烧筒为易碎品，实验中谨防打碎，燃烧筒要轻拿轻放。

（4）试样燃烧熔体均计入试样的燃烧长度。

（5）如果样品为窗帘布料等非自支撑材料，应参照相关标准制备试样，使用 U 型试样夹，采用扩散点燃法。

（6）本实验操作重在学习氧指数测试原理和基本操作，标准操作请参考 GB/T 2406.2。

## 七、思考题

（1）实验过程中哪些因素会导致误差？如何提高测试精度？

（2）环境温度对氧指数测试有什么影响？

（3）GB/T 2406 中点燃试样的方法有顶面点燃法和扩散点燃法，两种方法的区别和应用范围是什么？

（4）如果试样出现灼热燃烧等无焰燃烧情况，应如何确定测试结果？

# 第二节　可燃固体材料水平燃烧测试

### 一、实验目的

（1）明确水平燃烧测试的原理。

（2）了解水平燃烧测试仪的结构并熟悉其操作。

（3）掌握根据水平燃烧测试结果评价材料燃烧性能并分级的方法。

### 二、实验原理

（一）水平燃烧测试原理

水平燃烧测试是将长方形条状试样一端固定在水平夹具上，另一端暴露于规定的试验火焰中，通过测量线性燃烧速率，评价试样在规定条件下的水平燃烧性能。

（二）UL94 水平燃烧测试评级标准

UL94 水平燃烧测试通过线性燃烧速率的大小来评价材料是否达到 HB 级。对厚度为 3.05~12.7mm 的试样，燃烧速率小于 38.1mm/min；对试样厚度小于 3.05mm，燃烧速率不大于 76.2mm/min；或火焰在 100mm 标线之前熄灭，可将其定为 HB 级材料。

一些实验数据表明 *LOI* 大于 27 时，材料一般不会低于 HB 级。但是该关联关系只能涵盖部分聚合物及阻燃体系。

（三）GB/T 2408 水平燃烧测试评级标准

将材料分为 HB 或未达到 HB 级，也可以分为 HB40 或 HB75 级。

HB 级材料应该符合下列要求之一：

（1）移去试验火焰后，材料没有可见的有焰燃烧。

（2）在试验火焰移去后，试样出现连续的有焰燃烧，但火焰前端未超过 100mm 标线。

（3）若火焰前端超过 100mm 标线，对于厚度为 3.0~13.0mm 的试样，其线性燃烧速率不超过 40mm/min；对于厚度低于 3.0mm 的试样，其线性燃烧速率不超过 75mm/min。

若厚度为 1.5~3.2mm 的试样的线性燃烧速率不超过 40mm/min，则降至 1.5mm 最小厚度时，就应自动地接受为 HB 级。

HB40 级的材料应该符合以下要求之一：

（1）移去试验火焰后，材料没有可见的有焰燃烧。

（2）在试验火焰移去后，试样出现连续的有焰燃烧，但火焰前端未超过 100mm 标线。

（3）若火焰前端超过 100mm 标线，其线性燃烧速率不超过 40mm/min。

HB75 级的材料应该符合以下要求之一：

（1）移去试验火焰后，材料没有可见的有焰燃烧。

（2）在试验火焰移去后，试样出现连续的有焰燃烧，但火焰前端未超过 100mm 标线。

（3）若火焰前端超过 100mm 标线，其线性燃烧速率不超过 75mm/min。

### 三、实验器材

水平燃烧测试仪有一个容积大于 $0.5m^3$ 且在测试时保持无通风环境的燃烧室。燃烧室内置支架、样品夹具和燃烧器，如图4-3所示。燃烧器的标准测试燃料应为甲烷气，条件不具备时也可用液化石油气。试验火焰标准功率为50W，可根据GB/T 5169.22对火焰进行标定。一般可通过火焰高度来确定试验火焰，若产生20mm高蓝色预混火焰，则认为符合试验火焰要求。

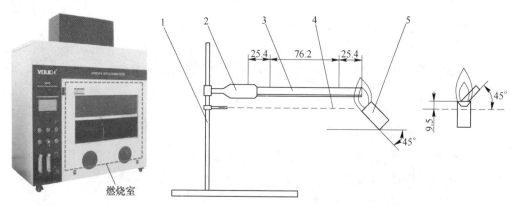

图4-3　水平燃烧测试仪及内部示意图（单位：mm）
1—支架；2—夹具；3—试样；4—金属丝网；5—点火器

水平燃烧测试的试样尺寸为长（125±5）mm、宽（13.0±0.3）mm，厚度至少提供材料的最小和最大厚度，但不超过13mm，并应在试验报告中注明。本实验采用聚碳酸酯等聚合物材料，厚（3.0±0.2）mm，准备3~6个标准试样，以评定材料是否达到GB/T 2408的HB级。试样外观要求表面清洁、平整光滑，无影响燃烧行为的缺陷，如气泡、裂纹、飞边、毛刺等。

**四、实验步骤**

（一）水平燃烧测试的主要过程

1. 试样准备与安装

（1）试样准备：从试样的点燃端沿试样长度的25mm和100mm处，与试样长轴垂直，各划一条标线。

（2）试样安装：用夹具夹紧试样远离25mm标线的一端，使其长轴呈水平，横截面轴线与水平方向呈45°角。在试样下部约300mm处放一个水盘。

（3）安装试样时，如果其自由端下垂，则将支承架支撑在试样下面，试样自由端应伸出支承架20mm。支承架的夹持端应有足够间隙，使支承架能沿试样长轴方向朝两边自由移动。随着火焰沿试样向夹持端方向蔓延，支承架应以同样速度后撤。

2. 点燃UL94燃烧器

在离试样约150mm的地方点燃UL94燃烧器，经调节确保燃烧器产生（20±2）mm高的蓝色火焰。

3. 点燃试样

（1）将火焰移到试样自由端较低的边上，使燃烧管中心轴线与试样长轴方向底边处于同一垂直平面内，并向试样端部倾斜，与水平方向约呈45°角，调整UL94燃烧器位置，使试样自由端（6±1）mm 长度承受火焰，并开始记录施加火焰时间。

（2）保持 UL94 燃烧器位置不变，对试样施加火焰 30s，撤去 UL94 燃烧器。如果施加火焰时间不足 30s，火焰前沿已达到 25mm 标线时，应立即移开 UL94 燃烧器，停止施加火焰。

（3）停止施加火焰后，若试样继续燃烧（包括有焰燃烧或无焰燃烧），则应记录燃烧前沿从 25mm 标线到燃烧终止时的燃烧时间 $t$（单位 s），并记录从 25mm 标线到燃烧终止端的烧损长度 $L$（单位 mm）。如果燃烧前沿越过 100mm 标线，则记录火焰从 25mm 标线至 100mm 标线所用燃烧时间 $t$，此时烧损长度 $L$ 为 75mm；如果移开点火源后，火焰即灭或燃烧前沿未达到 25mm 标线，则不计燃烧时间、烧损长度和线性燃烧速度。

4. 重复测试

重复上述步骤，测试三根试样，每次试验后对试验箱进行抽风。以燃烧速率最快的试样评定材料分级。若在第一组三个试样里仅有一个试样未达到 HB 级，则试验另一组三个试样，并且第二组中三个试样都应符合 HB 级，才确定该材料为 HB 级。

（二）水平燃烧测试的具体操作

水平燃烧测试的具体操作（以 5402 型燃烧测试仪为例）如下。

1. 准备工作

（1）把减压阀与气瓶相连，另一端与燃烧室入气口相连，并打开气体阀门，检查可燃气体流通管道的气密性。不能有泄漏现象，若使用甲烷气体应将气体输出压力调至 0.04MPa 左右。

（2）检查面板的压差计是否有正常的液体，若没有或太少应作补充，否则，可燃气体会经此处泄漏。

（3）接通电源，合上电源开关（POWER 按钮）。

2. 火焰调节

（1）点火：移动点火器至燃烧器口上方约 5mm 高处（注意不要太近或太远，否则影响点火）；打开压力阀，顺时针慢慢旋转压力阀，至压差计压差达 40mm 水柱以上（注意一定要缓慢调节，否则压差计绿油容易溢出）；关闭燃烧器空气进气口螺母（否则不能点火）；按下点火按钮（此时点火器发出连续脉冲火花）直至点燃火焰。

（2）调节 20mm 火焰：点燃火焰后，逆时针旋转压力阀，将流量调至 105mL/min 左右，此时压差计压差应在 10mm 水柱以下，如果高于 10mm 水柱应逆时针调节针阀，直至压差降至 10mm 水柱以下（仪器调好后一般不需调节）；用火焰调度尺测量火焰高度，如果火焰高于（20±1）mm，将空气入口螺母打开（空气的进入可调节火焰的高度及内焰高度），直至火焰高度为 20mm。

3. 试样安装

按要求选取样品长度和数量，对样品做好标记，用夹具将其固定，调整样品的高度和燃烧座位置，并做好其他的相关工作（如 UL94 燃烧器燃烧管的角度定位和前后移动定位等）。

4. 参数设定

在仪器显示窗口选择"水平燃烧测试"，查看相关参数，如图 4-4 所示。

 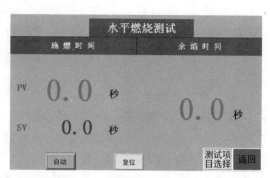

图 4-4　5402 型燃烧测试仪水平燃烧测试显示窗口

5. 试验操作

（1）关闭观察窗口、照明灯、排风扇。

（2）按下"开始"按钮，拉动水平测试操作杆，到位开关闭合，此时施燃（施加火焰）定时器开始计时。

（3）到达设定的施加火焰时间后蜂鸣器响，移开火焰。

（4）按下绿色"计时"按钮记录样品的燃烧时间。

**五、实验记录及数据处理**

（一）实验记录

实验数据记录在表 4-3 中。

表 4-3　水平燃烧测试记录表

| 水平燃烧测试：材料名称_____ 试样厚度_____ | | | | |
|---|---|---|---|---|
| 实 验 次 数 | | 1 | 2 | 3 |
| 施加火焰时间等于 30s | 火焰前沿是否燃到第一标线 | | | |
| | 火焰前沿是否燃到第二标线 | | | |
| | 实际燃烧长度/mm | | | |
| | 燃烧时间/s | | | |
| | 线性燃烧速率/mm·min$^{-1}$ | | | |
| 施加火焰时间小于 30s，已经燃到第一标线 | | | | |
| 施加火焰后是否有连续有焰燃烧 | | | | |
| 其他实验记录 | （□是 □否）使用支撑架 | | | |

注：是否达到标线，未达到的记"×"，达到的记"〇"。

（二）数据处理

每根试样的线性燃烧速率 $v$（单位 mm/min）按如下公式计算：

$$v = \frac{60L}{t} \tag{4-2}$$

式中，$v$ 为线性燃烧速率，mm/min；$L$ 为烧损长度，mm；$t$ 为烧损 $L$ 长度所用的时间，s。

根据上述实验数据评定材料是否达到 HB 级，并注明试样厚度。

### 六、注意事项

（1）实验中 UL94 燃烧器火焰应为蓝色。点燃 UL94 燃烧器时 UL94 燃烧器的空气气孔为关闭状态，此时形成黄色火焰，可通过打开 UL94 燃烧器的空气气孔得到蓝色火焰。

（2）试样制备应大小均一，尺寸不可误差太大，试样上的标线应提前标记上。

（3）试样进行任何一种切割操作后，要仔细地从表面上去除灰尘和颗粒。切割边缘应精细地砂磨，使其具有平滑的光洁度。

（4）实验中应仔细观察有焰、无焰、熔融滴落等燃烧现象。

（5）若试样被引燃前发生收缩或产生形变，且相同厚度试样重复出现该现象，则该材料不适用本试验方法的评定。

### 七、思考题

（1）对于水平燃烧测试，UL94 和 GB/T 2408 有何异同？

（2）移开点火源后若试样处于无焰燃烧状态，应如何记录实验结果？

（3）对于具有纹理的木材等各向异性材料，应如何进行水平燃烧测试？

# 第三节　可燃固体材料垂直燃烧测试

### 一、实验目的

（1）明确垂直燃烧测试的原理。

（2）了解垂直燃烧测试仪的结构并熟悉其操作。

（3）掌握根据垂直燃烧测试结果评价材料燃烧性能并分级的方法。

### 二、实验原理

（一）垂直燃烧测试原理

垂直燃烧测试是国际上常用的评价材料燃烧性能的方法，国际国内制定了 UL-94V、ISO 1202 和 GB/T 2408 等标准。在阻燃产品的国际贸易中，一般要求达到垂直燃烧测试相关评价标准。

垂直燃烧测试是将长方形条状试样上端固定在夹具上，下端暴露于规定的试验火焰中，通过测量余焰和余辉时间（观察材料是否自熄）、燃烧程度和燃烧颗粒的滴落情况，评价试样在规定条件下的垂直燃烧性能。

（二）垂直燃烧测试评级标准

根据表 4-4，将材料燃烧性能划分为 V0、V1、V2 三个级别。

已有研究表明，材料的垂直燃烧测试级别与氧指数 $LOI$ 测试值、锥形量热仪测试零辐射照度作用下的平均热释放速率 $AHRR_0$ 存在一定的关联，如 $AHRR_0 < 100 kW/m^2$ 时，材料为 V0 级。但是垂直燃烧测试是一种小型传统火灾试验方法，与锥形量热仪等性能化对火反应试验无直接对应关系，因此垂直燃烧测试结果与热释放速率等锥形量热仪测试结果的关联性不强。

**表 4-4 垂直燃烧分级**

| 评定项目 | 级别 | | |
|---|---|---|---|
| | V0 | V1 | V2 |
| 单个试样的余焰时间（$t_1$，$t_2$） | ≤10s | ≤30s | ≤30s |
| 任一状态调节的一组试样的总余焰时间 $t_f$ | ≤50s | ≤250s | ≤250s |
| 第二次施加火焰后单个试样余焰时间加余辉时间（$t_2+t_3$） | ≤30s | ≤60s | ≤60s |
| 余焰或余辉是否燃至夹持夹具 | 否 | 否 | 否 |
| 燃烧颗粒或滴落物是否引燃棉花垫 | 否 | 否 | 是 |

### 三、实验器材

垂直燃烧测试仪由燃烧室、样品支架、夹具、点火器、脱脂棉棉花垫等组成。燃烧室与水平燃烧测试仪的相同，其他部件的示意图如图4-5所示。

垂直燃烧测试试样的尺寸与水平燃烧测试相同，一般为长（125±5）mm、宽（13.0±0.3）mm、厚（3.0±0.2）mm。最大厚度不应超过13mm，并应在实验报告中注明。本实验测试聚合物压延片、地板革等材料，每组制备5个标准试样，要求试样表面清洁、平整光滑，无影响燃烧行为的缺陷，如气泡、裂纹、飞边、毛刺等。

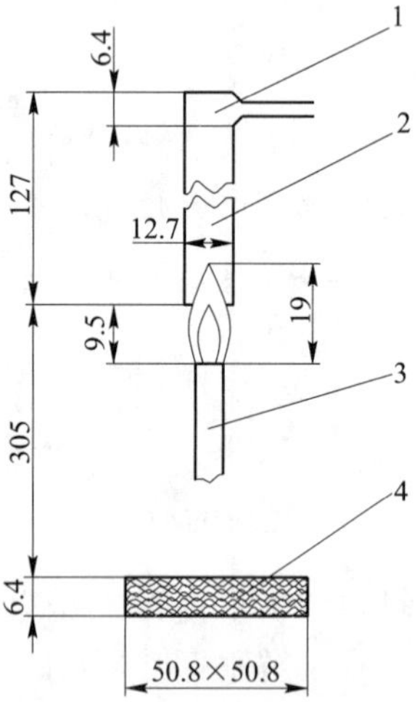

图 4-5 垂直燃烧试验的仪器示意图（单位：mm）
1—夹具；2—试样；
3—UL94 燃烧器；4—棉花垫

### 四、实验步骤

**（一）垂直燃烧测试的主要过程**

1. 试样安装

用夹具夹住试样上端6mm，使试样长轴保持铅直，并使试样下端距水平铺置的棉花垫（300±10）mm。棉花垫为干燥脱脂棉撕薄得到，尺寸为50mm×50mm，最大未压缩厚度为6mm，最大质量为0.08g。

2. 点燃 UL94 燃烧器

点燃 UL94 燃烧器，经调节产生（20±2）mm 高的蓝色火焰。

3. 点燃试样

（1）将燃烧器火焰对准试样下端面中心，并使燃烧管顶面中心与试样下端面距离 $H$ 保持为10mm，点燃试样10s。必要时，可随试样长度或位置的变化来移动本生灯，以使 $H$ 保持为10mm（使用固定在本生灯上的指示标尺可有助于保持本生灯顶部与试样下端部距离为10mm）。

（2）如果在施加火焰过程中，试样有熔融物或燃烧物滴落，则将本生灯在试样宽度方向一侧倾斜45°角，并从试样下方后退足够距离，以防滴落物进入燃烧管中，同时保持试样残留部分与燃烧管顶面中心距离仍为10mm。呈线状的熔融物可忽略不计。

（3）对试样施加火焰 10s 后，立即把本生灯撤到离试样至少 150mm 处，同时用计时装置测定试样的有焰燃烧时间 $t_1$（精确到 1s）。

（4）试样有焰燃烧停止后，立即按上述方法再次施加火焰 10s，并需保持试样余下部分与本生灯口相距 10mm。施加火焰完毕，立即撤离本生灯，同时启动计时装置测定试样的有焰燃烧时间 $t_2$ 和无焰燃烧时间 $t_3$。此外还要记录是否有滴落物及滴落物是否引燃了棉花垫。

4. 重复测试

重复上述步骤测试一组 5 个试样。如一组 5 个试样中有 1 个试样不符合分级的判据，则应对另一组 5 个同样状态的试样进行测试。作为余焰时间 $t_f$ 的总秒数，对于 V0 级，如果余焰总时间在 51~55s，或对于 V1 和 V2 级，余焰总时间为 251~255s 时，要外加一组 5 个试样进行试验。第二组所有的试样应符合该级所有规定的判据。

（二）垂直燃烧测试的具体操作

垂直燃烧测试的具体操作（以 5402 型燃烧测试仪为例）如下：

（1）同水平燃烧测试，进行准备工作、调节火焰的操作。

（2）试样安装：对样品做好标记，用夹具将其固定，调整样品的高度和燃烧座位置，并铺好棉花垫，调整好 UL94 燃烧管的角度定位、前后移动定位等。

（3）参数设定：选择"垂直燃烧测试"项目，查看相关参数（见图 4-6）。

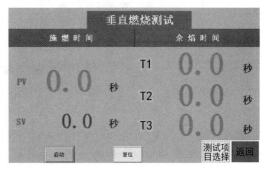

图 4-6　5402 型燃烧测试仪垂直燃烧测试显示窗口

（4）试验操作：

1）关闭观察窗口、照明灯、排风扇。

2）按下开始按钮，拉动水平操作杆（也可直接按操作入口旁"计时"按钮），到位开关闭合，此时施燃定时器（BURNNING TIME）开始计时。

3）到达设定的施燃时间后蜂鸣器响，移开火焰。

4）火焰离开后余焰时间 T1 自动计时，余焰熄灭后按下绿色"计时"按钮，同时拉动测试杆（也可再按一下"测试"按钮），继续进行第二次测试。

5）第二次到达设定的施燃时间后蜂鸣器响，移开火焰。

6）火焰离开后余焰时间 T2 自动计时，余焰熄灭后按下绿色"计时"按钮，此时余灼（无焰）时间自动计时。

7）余灼熄灭后按下绿色"计时"按钮，余灼计时停止。

## 五、实验记录及数据处理

### （一）实验记录

实验数据记录在表4-5中。

**表 4-5　垂直燃烧测试记录表**

垂直实验测试：材料名称_____　　试样厚度_____

| 实验次数 | | 1 | 2 | 3 | 4 | 5 |
|---|---|---|---|---|---|---|
| 第一次施加火焰 | 有焰燃烧时间 $t_1/s$ | | | | | |
| 第二次施加火焰 | 有焰燃烧时间 $t_2/s$ | | | | | |
| | 无焰燃烧时间 $t_3/s$ | | | | | |
| 总有焰燃烧时间 $t_f/s$ | | | | | | |
| 是否燃烧至夹持夹具？ | | | | | | |
| 是否有燃烧颗粒或滴落物落下？ | | | | | | |
| 是否引燃棉花垫？ | | | | | | |
| 其他实验记录 | | | | | | |

表 4-5 中，

$$t_f = \sum_{i=1}^{5} \left( t_{1,i} + t_{2,i} \right) \tag{4-3}$$

### （二）材料燃烧性能评级

根据测试数据，对照表4-4确定材料垂直燃烧测试的级别。

## 六、注意事项

（1）棉花垫应在干燥器中干燥至少24h，从干燥器中取出后应在30min内使用。

（2）防止熔融滴落物掉入UL94燃烧器燃烧管，若燃烧管内掉入滴落物，应予以清理。

（3）为对样品施加火焰，UL94燃烧器的高度应提前确定好，以确保UL94燃烧器向样品移动的过程为水平运动，且火焰不要经过样品的薄侧边。

（4）垂直燃烧测试施加火焰过程中，如样品有受热弯曲变形情况，为让火焰跟随样品以增加测试结果准确性，可用手持燃烧器方式进行测试，或通过5402型燃烧测试仪左侧手动操作入口转动手轮上下移动试验火焰。

## 七、思考题

（1）对试样施加火焰时如果试样发生翘曲、收缩等变形，应如何继续点燃试样的操作？

（2）如何判断"燃烧至夹持夹具"？

# 第四节 单根电线电缆垂直燃烧测试

## 一、实验目的

（1）明确单根电线电缆垂直燃烧测试的原理。
（2）掌握单根电线电缆垂直燃烧试验装置的结构和操作。
（3）熟悉单根电线电缆垂直燃烧测试参数及燃烧性能评定。

## 二、实验原理

电气是引发火灾的首要原因。从引发火灾的直接原因看，2021年我国因电气引发的火灾占28.4%，而较大以上火灾则有1/3系电气原因引起，且以电气线路故障居多，占电气火灾总数的近八成。

在诸多建筑内部尤其是电缆井中的电线电缆，常常呈现为垂直铺设的形式。因此，在建筑火灾中，电线电缆的垂直燃烧是一个重要的研究方向及领域，掌握电线电缆的垂直燃烧特性有助于高效预防和及时扑救火灾。GB/T 18380、JB/T 4278等标准规定了单根及成束电线电缆的垂直燃烧试验方法。

单根电线电缆垂直燃烧测试，是把一定尺寸的试样用试样夹垂直夹持于金属罩内，利用燃烧器向电线或电缆持续供火，供火时间根据试样直径确定（见表4-6），记录延燃时间、炭化长度，观察滴落物点燃底部滤纸等燃烧现象，据此评定电线电缆的燃烧性能（见表4-7）。

**表4-6 供火时间与试样外径的关系**

| 试样外径 $D$/mm | 供火时间/s |
| --- | --- |
| $D \leqslant 25$ | 60±2 |
| $25 < D \leqslant 50$ | 120±2 |
| $50 < D \leqslant 75$ | 240±2 |
| $D > 76$ | 480±2 |

注：对非圆形电缆（例如扁形结构）进行试验，应测量电缆周长并换算成有效直径，像电缆是圆的那样。

**表4-7 电线电缆燃烧性能的评定依据**

| 测 试 结 果 | 燃烧性能 |
| --- | --- |
| 上支架下缘和炭化部分起始点之间的距离大于50mm，滤纸没有被点燃 | 通过本试验 |
| 燃烧向下延伸至距离上支架的下缘大于540mm | 不合格 |

## 三、实验器材

单根电线电缆垂直燃烧试验装置包括金属罩、燃烧器、样品支架，必要时配以控制箱、标尺。金属罩的尺寸为高（1200±25）mm、宽（300±25）mm、深（450±25）mm，正面敞开，顶端和底部封闭（见图4-7）。燃烧器采用纯度超过95%的技术级丙烷气为燃料，可以产生符合GB/T 5169.14规定的1kW预混火焰，火焰总高度为148~208mm，其中蓝色焰心高度为 46~78mm。样品支架包括水平放置的上、下两个支架，上支架下缘与下支架上缘之间距离为（550±5）mm。试验装置置于一个合适的试验箱或通风柜内，试验期间不通风。

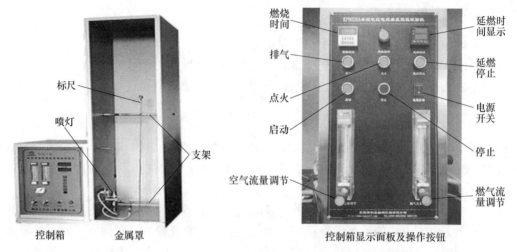

图 4-7　单根电线电缆垂直燃烧试验装置

为方便操作，控制箱可设置如下显示和操作按钮：

（1）燃烧时间：显示以及控制燃烧器供火时间，从 0~99.99 时、分、秒，可以任意设置。

（2）延燃时间：记录并显示样品在燃烧过程中滴落物点燃底部滤纸并燃烧的时间，通过观察并按"延燃停止"按钮操作启动或停止。

（3）启动：按下此键，系统启动，点火开始，燃烧时间计时，实验开始。

（4）停止：在任何时间按下此键，将强制中断所有操作，回到初始状态。

（5）延燃停止：用于启动和停止延燃时间计时器，带自锁，在试验过程中观察燃烧滴落物引燃底部滤纸，并按下此键，在火焰熄灭后再次按下终止计时。

（6）点火：在调节火焰时使用，用于自动打火点燃燃烧器火焰。

（7）排气：控制试验箱中排气扇，在实验结束后，排空试验箱中废气。

实验还需准备直尺、钳子、小刀、铜丝、火柴或打火机等工具，并准备未染色的纤维滤纸 2 张，滤纸尺寸为（300±10）mm×（300±10）mm，规格为定量（80±15）g/m²，灰含量小于 0.1%，滤纸需按 GB/T 10739 进行预处理。

试样为（600±25）mm 长的电线或电缆。

**四、实验步骤**

**（一）准备试样**

用直尺量取一段长度满足要求的 1mm² 铜线，通过钳子、小刀将其截取为试样。电线电缆若有弯曲，应提前将弯曲部分调整为笔直状态。

**（二）安装试样**

用合适的铜丝将试样绑扎在两个水平的支架上，垂直放置在金属罩的中间。试样垂直轴线应处在金属罩的中间位置（也就是距两侧面 150mm，距背面 225mm）。固定试样时应使试样下端距离金属罩底面约 50mm（见图 4-8）。

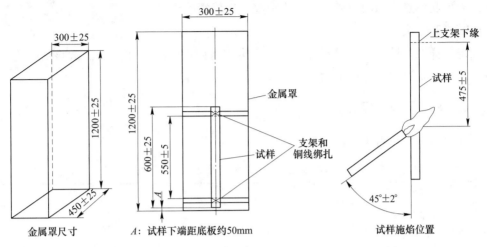

图 4-8　金属罩尺寸、试样在金属罩内的位置及施加火焰位置（单位：mm）

将两张规定尺寸的滤纸重叠，试验开始前 3min 内平放在金属罩的底部、试样下方正中的位置。

（三）调节火焰

用火柴燃烧火焰作为引火源，调节燃气阀门及流量（参考：23℃、0.1MPa 条件下丙烷气流量为 (650±30)mL/min、空气流量为 (10±0.5)L/min，使得燃烧器燃烧产生规定长度的预混试验火焰。

（四）施加火焰

使用燃烧器对试样施加火焰 60s。燃烧器的位置应使火焰蓝色内锥的尖端正好触及试样表面，接触点距离水平的上支架下缘 (475±5)mm，同时燃烧器与试样的垂直轴线呈 45°±2° 的夹角。

（五）延燃计时

施加火焰时间达到 60s 时移开燃烧器并熄灭燃烧器火焰，开始计时，观察到试样火焰熄灭时停止计时，得到延燃时间。对于 5704 型自动试验装置，在打开电源后，先可选择"手动"或"自动"按钮，进行测试前的火焰调节，调好火焰后按"自动"按钮进行测试。按下"启动"按钮，燃烧器就会打火，"燃烧时间"开始计时，当达到设定时间后，"延燃时间"开始计时，这时测试人员要把燃烧器移开，燃烧器上的火焰会缓缓熄灭，并注意观察试样电缆上剩余火焰的燃烧，当试样电缆上火焰熄灭时，按下"延燃停止"按钮，则"延燃时间"按钮停止计时，至此完成一次测试，如果要重新开始测试，按"复位"按钮即可。

试验过程中观察是否有滴落物或微粒掉落，观察并记录滤纸是否被点燃，若滤纸被点燃，记录从滤纸被点燃到燃烧熄灭的时间。

（六）炭化长度

所有的燃烧停止后，打开排气扇，擦净试样，用锋利的物体如小刀的刀刃按压电缆表面，如果弹性表面在某点变为脆性（粉化）表面，将该点作为炭化部分的起始点。

测量上支架下缘与炭化部分上起始点之间的距离，记录为距离一；测量上支架下缘与炭化部分下起始点之间的距离，记录为距离二，均精确至 mm。

（七）重复试验

评定试样燃烧性能，如果不合格，则应再进行两次试验。如果两次试验结果均通过，则应认为该电线电缆通过本试验。

### 五、实验记录及数据处理

实验数据记录在表4-8中。

**表4-8 单根电线电缆垂直燃烧实验记录及燃烧性能评定**

| 组次 | 1 | 2 | 3 |
|---|---|---|---|
| 延燃时间/s | | | |
| 距离一/mm | | | |
| 距离二/mm | | | |
| 炭化长度/mm | | | |
| 是否有滴落物 | | | |
| 是否引燃滤纸 | | | |
| 滤纸引燃到熄灭时间/s | | | |
| 燃烧性能 | | | |

### 六、注意事项

（1）所有试样应提前经过前处理，即试样应在（23±5）℃，相对湿度为50%±20%的条件下处理至少16h。如果绝缘电线或电缆表面有涂料或者清漆涂层时，试样应在（60±2）℃下放置4h，然后再进行前处理。

（2）实验前，检查连接管线是否正确无误，有无漏气；调节火焰时先打开气瓶总阀，旋开调压阀开关，应注意气压变化，注意是否出气稳定。

（3）试样安装与试验前可断开电源。

（4）实验时应采取保护措施，避免受到火灾或爆炸危险，或吸入烟雾或有毒产物。如果使用通风柜在不通风的情况下做试验，建议：1）关闭排气风扇，封闭出口；2）拉下通风柜的前门，留下足以操作燃烧器到位的一条缝隙；3）确保操作人员安全；4）试验期间不要移动通风柜的门；5）试验结束时，通风柜打开之前应充分排空烟气。

（5）对于扁电缆，火焰接触点应在电缆扁平部分的中部。

（6）应按期对试验火焰进行标定，1kW标准预混试验火焰应在（46±6）s时间范围内将铜块的温度从（100±5）℃加热到（700±3）℃。

（7）1kW预混合型火焰不适用于测试总截面小于0.5mm$^2$的小规格单根电线电缆，因为其导体在试验结束之前会被熔化，也不适用于细光缆，因为在试验结束前光缆会断裂。

## 七、思考题

（1）阀门出气量、室温、试样表面绝缘层脱落等因素对实验结果有什么影响？

（2）该试验是否可以用于多根电缆、电缆束、光缆等，应注意什么？

# 第五节　纺织品45°燃烧法测试

## 一、实验目的

（1）明确45°燃烧法的原理和测试仪的结构特征。

（2）了解45°燃烧法对材料的燃烧性能的分级依据。

（3）掌握45°燃烧法测试纺织品损毁面积和接焰次数的步骤。

## 二、实验原理

45°燃烧法广泛用于纺织品、机车车辆阻燃材料、建筑材料等的燃烧性能的判定，并形成了一系列测试标准。对于纺织品，相关测试标准见表4-9，用于测定纺织品及其他材料在45°状态下燃烧时其损毁面积和损毁长度、燃烧速率，也可用于测定热熔融至规定长度时接触火焰的次数。针对最高运行速度不大于200km/h的铁路机车及客车的阻燃材料，我国《机车车辆用材料阻燃技术要求》（TB/T 3138—2018）规定了窗帘材料、通用橡胶材料等的45°燃烧测试要求，欧盟和英国也有类似标准EN 45545—2和BS 6853。建筑材料方面，我国台湾地区标准CNS 11668规定了胶合板的45°燃烧测试防焰要求，美国海军军用标准NAVY QPL—19140—QPD也对阻燃木材和胶合板的45°燃烧测试做了相关规定。

表 4-9　纺织品45°燃烧法相关测试标准

| 国别 | 标准编号 | 标准名称 | 适用范围 |
|---|---|---|---|
| 美国 | 16CRF part1610 | 《Standard for the flammability of clothing textiles》 | 适用于服装制品 |
| 日本 | JIS L1091 | 《Testing methods for flammability of textiles》 | A1法适用于质地轻薄的纺织品；A2法适用于质地厚重的织物 |
| 中国 | GB/T 14644 | 《纺织品　燃烧性能45°方向燃烧速率测定》 | 适用于服装用纺织品（测试方法与16CRF part1610一致） |
| | GB/T 14645 | 《纺织品 燃烧性能45°方向损毁面积和接焰次数测定》 | A法适用于各类纺织织物；B法适用于熔融燃烧的织物 |

45°燃烧法是将试样45°倾斜放置（试样的长度方向与水平线呈45°角），用规定的试验火焰在试样下端的下表面或底边引燃试样，测量续燃时间、阴燃时间、损毁面积（或炭化面积）、损毁长度（或炭化长度）（A法），或测量接焰次数（B法）。其中，续燃时间是移开点火源后材料持续有焰燃烧的时间；阴燃时间是当有焰燃烧终止后，或本为无焰燃烧，移开火源后，材料持续无焰燃烧的时间；损毁面积是材料因受热而造成的不可复原的损伤总面积，包括材料损失、收缩、软化、熔融、炭化、燃烧及热解等；损毁长度是在规定方向上材

料损毁部分的最大长度。接焰次数是试样燃烧 90mm 的距离需要接触火焰的次数。根据测量参数可评定样品的燃烧性能级别或是否合格。相关评定依据可参考表 4-10、表 4-11。

表 4-10　难燃性分级

| 级别 | 损毁长度 | 续燃时间 | 阴燃 |
|---|---|---|---|
| 1 级防焰 | 50mm 以下 | 1s 以下 | 施加火焰结束 1min 时无阴燃 |
| 2 级防焰 | 100mm 以下 | 5s 以下 | 施加火焰结束 1min 时无阴燃 |
| 3 级防焰 | 150mm 以下 | 5s 以下 | 施加火焰结束 1min 时无阴燃 |

表 4-11　胶合板、地毯等织物的阻燃试验条件及合格标准

| 物品类型 | | 胶合板 | 地毯等织物 |
|---|---|---|---|
| 经向数量及燃烧接触面 | | 2 片（正面、反面各一） | 3 片（均为表面） |
| 纬向数量及燃烧接触面 | | 1 片（正面） | 3 片（均为表面） |
| 燃烧方法 | 燃烧器 | 默克尔燃烧器 | 标准燃烧器 |
| | 点火时间 | 120s | 30s |
| 合格基准 | 续燃时间 | 10s 以下 | 20s 以下 |
| | 阴燃时间 | 30s 以下 | — |
| | 损毁面积 | 50cm² 以下 | — |
| | 损毁长度 | — | 10cm 以下 |
| | 接焰次数 | — | — |

### 三、实验器材

45°燃烧测试仪的结构及尺寸如图 4-9 和图 4-10 所示。试验箱前部为透明观察门，箱内固定放置试样夹持器、燃烧器。试样夹持器与水平面呈 45°角。A 法试样夹持器由两块厚 2.0mm、长 490mm、宽 230mm 的不锈钢框架组成，其内框尺寸为 250mm×150mm。B 法试样夹持器实为试样支承线圈，是由直径为 0.5mm 硬质不锈钢丝绕制成的内径为 10mm、线与线间距为 2mm、长 150mm 的线圈。无空气孔的接焰燃烧器以工业丙烷或丁烷为燃料，形成高度稳定在（45±2）mm 的试验火焰。

本实验还需要准备精度为 0.1s 的计时器、直尺（最小刻度不大于 1mm）、剪刀、干燥器、求积仪（分辨率不低于 0.1cm²）等器材。

实验试样通过剪刀从织物上裁剪下来，试样距离布料边缘至少 100mm，长度方向与织物的经（纵）向或纬（横）向平行。A 法试样尺寸为 330mm×230mm，经纬（纵横）向各取 3 块，若织物正反面不同，需另取一组试样，分别对两面试验。B 法试样长度为 100mm，质量约为 1g，经纬（纵横）向各取 5 块；样品若为纱线，取一束长度为 100mm、质量约为 1g 的纱线为一个试样，取 5 束纱线为一组试样。

### 四、实验步骤

#### （一）A 法

（1）调试火焰：关闭试验箱前门，打开气体供给阀，点着燃烧器，调节火焰高度，使

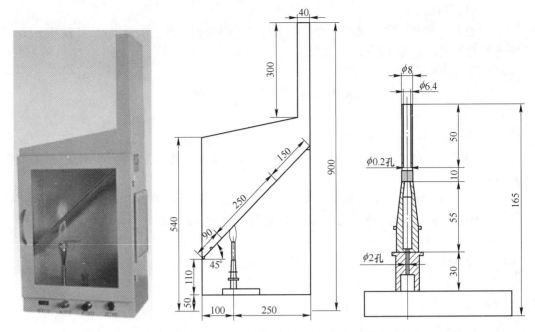

图4-9 45°燃烧测试仪（A法）的外观、尺寸及燃烧器尺寸（单位：mm）

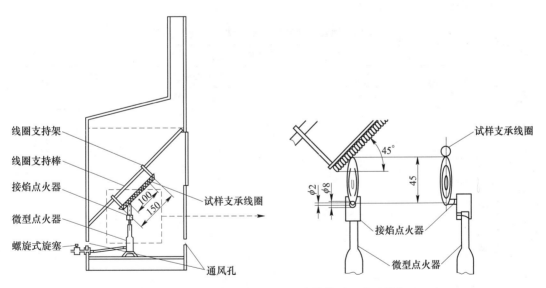

图4-10 45°燃烧测试仪（B法）的基本结构及尺寸（单位：mm）

其稳定在（45±2）mm 达到2min 以上，熄灭火焰。

（2）将试样装入试样夹中，待测试的一面朝向试样夹下部，用固定针固定试样，使试样平整不松弛。

（3）将试样夹呈45°角放置在燃烧试验箱中，燃烧器顶端与试样表面距离为45mm。

（4）点着燃烧器，使试样表面与火焰接触，施加火焰30s后熄灭试验火焰。

（5）观察和测定试样的续燃时间和阴燃时间，精确至0.1s。

（6）打开风扇，将试验中产生的烟气排出。

（7）打开试验箱，取出试样，测量损毁长度，用求积仪测定损毁面积。当燃烧引起布面不平整时，先用复写纸将损毁面积复写在纸上，再用求积仪测量。对于脆损边界不清晰的试样，撕剥边界后测量。

（8）清除试验箱中碎片，关闭风扇，测试下一个试样。

（二）B 法

（1）调试火焰：同 A 法。

（2）将装载了试样的支承线圈以 45°角方向放在线圈支持架上，并调节试样最下端与火焰顶端接触。

（3）对试样点火，当试样熔融、燃烧停止时，重新调节试样架，使残存的试样最下端与火焰接触，反复进行这一操作，直到试样熔融燃烧 90mm 的距离为止。

（4）记录试样熔融燃烧 90mm 距离所需接触火焰的次数。当试样在接近 90mm 处再次点火时，若继续燃烧超过 90mm，此次的燃烧不记录到接焰次数中。

（5）打开风扇，将试验中产生的烟气排出。

（6）打开试验箱，去除残留物，测试下一个试样。

## 五、实验记录及数据处理

实验数据记录于表 4-12 中。

**表 4-12    损毁面积和接焰次数实验记录与结果**

| 45°燃烧测试损毁面积和接焰次数 | | | | | | |
|---|---|---|---|---|---|---|
| 样品名称 | | | 样品厚度 | | | |
| 燃烧器燃料 | | | 环境温度、湿度 | | | |
| A 法 | | | | | | |
| 试样 | 经向 1 | 经向 2 | 经向 3 | 纬向 1 | 纬向 2 | 纬向 3 | 平均值 |
| 续燃时间/s | | | | | | | |
| 阴燃时间/s | | | | | | | |
| 损毁长度/mm | | | | | | | |
| 损毁面积/cm² | | | | | | | |
| 难燃级别 | | | | | | | |
| B 法 | | | | | | | |
| 试样 | 经向 1 | 经向 2 | 经向 3 | 经向 4 | 经向 5 | 平均值 | |
| 接焰次数 | | | | | | | |
| 试样 | 纬向 1 | 纬向 2 | 纬向 3 | 纬向 4 | 纬向 5 | | |
| 接焰次数 | | | | | | | |
| 燃烧特征 | □炭化    □熔融    □滴落    □收缩    □卷曲 | | | | | | |

## 六、注意事项

（1）实验中燃烧器打不着火时，不要反复点火，注意查找原因，保持通风，应关闭燃气阀，避免可燃气泄漏量达到爆炸极限而导致闪火事故。

（2）可燃气瓶应配备可燃气体报警器，且在实验中注意观察，如出现可燃气体报警器报警或发现异响等情况，立即停止燃烧测试，查找原因，以防燃气泄漏。

（3）要事先对试样进行调湿或干燥。如将试样置于（105±3）℃的烘箱内干燥至少（60±2）min，取出后放置在干燥器中至少冷却 30min。对于 B 法，先将试样卷成圆筒状塞入试样支承线圈后，再调湿或干燥。试样从干燥器中取出至点火，应在 1min 以内完成。

（4）对于 A 法点不着的试样，如地毯等厚型纺织品、胶合板，改用大喷嘴的默克尔燃烧器，形成高度为（65±2）mm 的火焰，燃烧器顶端与试样表面距离为 65mm，点火时间为 120s。

（5）如果从表面不能观察内部阴燃状态的材料，待施加火焰结束后 1min 内用小刀在试样原火焰燃烧处刮约 10mm 宽的刀痕，从中进行观察。

### 七、思考题

（1）A 法和 B 法存在什么关联性？损毁长度与接焰次数有何联系？

（2）45°燃烧测试中胶合板和纺织品的实验现象可能存在哪些异同？

# 第六节　饰面型防火涂料小室法测试

### 一、实验目的

（1）了解防火涂料的类型和防火机理。

（2）明确小室法燃烧测试的原理。

（3）掌握小室法测试仪的结构和操作。

（4）熟悉饰面型防火涂料的防火性能技术指标要求。

### 二、实验原理

（一）防火涂料的分类与防火机理

防火涂料是施用于基材表面，用以降低材料表面燃烧特性，阻滞火灾迅速蔓延，或是用于建筑构件上，用以提高构件的耐火极限的特种涂料。防火涂料是防火建筑材料中的重要组成部分。作为一种功能性建筑涂料，防火涂料涂覆在基材表面，除具有阻燃作用以外，还具有防锈、防水、防腐、耐磨、耐热以及涂层坚韧性、着色性、黏附性、易干性和一定的光泽等性能。

防火涂料按照使用对象等可分为饰面型防火涂料、隧道防火涂料和钢结构防火涂料。其中，饰面型防火涂料是涂覆于可燃基材（如木材、纤维板、纸板及制品）表面，具有一定装饰作用，受火后能膨胀发泡形成隔热保护层的涂料。防火涂料由基料、颜料、填料和助剂等组成。按分散介质可将饰面型防火涂料划分为：（1）以水作为分散介质的水基性饰面型防火涂料；（2）以有机溶剂作为分散介质的溶剂性饰面型防火涂料。

非膨胀型防火涂料（也称普通防火涂料）和膨胀型（也称发泡型）防火涂料的防火助剂和防火机理是不同的。防火涂料的防火机理主要包括 5 个方面：

（1）防火涂料本身具有难燃性或不燃性，使被保护基材不直接与空气接触，延迟物体着火和减慢燃烧的速度。

（2）防火涂料除本身具有难燃性或不燃性外，它还具有较低的导热系数，可以延迟火焰温度向被保护基材的传递。

（3）防火涂料受热分解出不燃惰性气体，稀释被保护物体受热分解出的可燃性气体，使之不易燃烧或燃烧速度减慢。

（4）含氮的防火涂料受热分解出 NO、$NH_3$ 等基团，与有机游离基化合，中断连锁反应，降低温度。

（5）膨胀型防火涂料受热膨胀发泡，形成碳质泡沫隔热层封闭被保护的物体，延迟热量与基材的传递，阻止物体着火燃烧或因温度升高而造成的强度下降。

（二）小室法测试的原理

为评价防火涂料的防火性能，GB 12441（饰面型）、GB 14907（钢结构）等标准规定了相关试验方法，如小室法、大板法等。其中，小室法还适用于复合夹芯板建筑体燃烧性能的测试（GB/T 25206.1）。

小室法是适用于饰面型防火涂料防火性能的燃烧测试方法，该方法是在规定的实验条件下将乙醇燃烧火焰施加到涂覆于可燃基材表面的防火涂料，测试燃烧前后的质量损失、炭化体积。饰面型防火涂料应满足防火性能技术指标：质量损失不大于 5.0g，炭化体积不大于 $25cm^3$。

### 三、实验器材

（一）实验器具

小室法燃烧试验箱结构及尺寸如图 4-11 所示。箱体由金属板制成，镶有玻璃门窗以便观察实验现象，内部长宽高尺寸为 337mm×229mm×794mm。箱体底部有进气孔，顶部有伸出的烟囱和回风罩，回风罩与烟囱之间的距离可调节，以便排走燃烧产生的烟气。箱体内放置与水平线呈 45°角的试件支撑架，试件支撑架由间隔 130mm 的两块平行扁铁构成，扁铁尺寸为 480mm×25mm×3mm。扁铁两端由搭接件固定。支撑架上有可调节横条，用以固定试件位置。支撑架底部固定一平行于箱底的金属基座，基座上放置燃料杯。燃料杯由黄铜制成，外径为 24mm，壁厚 1mm，高 17mm，容积约为 6mL，加入 5mL 分析纯无水乙醇作为燃料。整个试验箱可置于通风柜内或排烟罩下方。

实验还需准备木工锯、砂纸、毛刷、天平（感量为 0.1g）、直尺或游标卡尺（分度值为 1mm）、滴定管或移液管（分度值为 0.1mL）等器材，还需准备水基性饰面型防火涂料、无水乙醇、火柴等物品。

（二）实验试样

1. 基材准备

选用一级三层胶合板作为试验基材，厚度为（5±0.2）mm，尺寸为 300mm×150mm，试板表面应平整光滑、无节疤拼缝或其他缺陷。

2. 涂料涂覆

先将防火涂料涂覆于试板四周封边，放置 24h 后将防火涂料均匀地涂覆于试板的一个

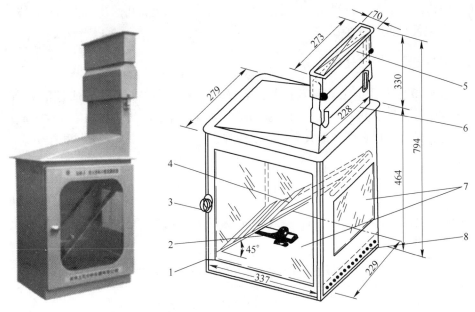

图 4-11　小室法燃烧试验箱外观及尺寸（单位：mm）
1—箱体；2—燃料杯；3—门销；4—试件支架；5—回风罩；6—烟囱；7—玻璃窗；8—进气孔

表面。涂覆应均匀，湿涂覆比值为 $250g/m^2$（不包括封边），涂覆误差为规定值的 ±2%。若需分次涂覆，则两次涂覆的时间间隔不得小于 24h。

3. 状态调节

将涂覆好的 5 个试件，在温度 $(23\pm2)℃$ 、相对湿度 $50\%\pm5\%$ 的环境条件下状态调节至质量恒定（相隔 24h 两次称量，其质量变化不大于 0.5%）。

4. 恒温静置

将状态调节后的试件置于 $(50\pm2)℃$ 的烘箱中静置 40h。

#### 四、实验步骤

（1）将厚度约为 5mm 的胶合板切割成长宽 300mm×150mm 的试板，用粗砂纸打磨表层后，刷去木屑，称量试板质量 $W_0$。

（2）在试板上按要求涂覆防火涂料，达到所需的湿涂覆比值后，状态调节后冷却至室温，称量试件质量 $W_1$。将试件置于烘箱中恒温静置以备测试。

（3）打开仪器箱门，将试件从恒温烘箱中取出冷却至室温，放置在倾斜的试件支撑架上，涂覆面向下。

（4）用移液管或滴定管取 5mL 分析纯无水乙醇注入燃料杯中，将燃料杯放在基座上，使杯沿到试件受火面的最近垂直距离为 25mm。

（5）点火、关门，试验持续到火焰自熄为止。试验过程中应无强制通风，全部火焰熄灭后开启通风排烟系统。

（6）开门，取下燃烧后的试件，称量其燃烧后的质量 $W_2$。

（7）用锯子将烧过的试件沿着火焰延燃的最大长度线、最大宽度线锯成 4 块，量出纵向、横向切口涂膜下面基材炭化（明显变黑）的长度、宽度，再量出最大的炭化深度。

（8）重复测试其他 4 个试件。

### 五、实验记录及数据处理

参照表 4-13 的形式记录实验数据并计算平均值和标准差。其中，质量精确到 0.1g，并据此计算质量损失及其平均值，均保留到小数点后一位数。炭化体积（单位 cm$^3$）为最大炭化长度、最大炭化宽度和最大炭化深度的乘积，取整数。平均炭化体积按下式计算：

$$V = \frac{\sum_{i-1}^{n}(a_i b_i h_i)}{n} \tag{4-4}$$

式中，$V$ 为炭化体积，cm$^3$；$n$ 为试件个数；$a_i$ 为最大炭化长度，cm；$b_i$ 为最大炭化宽度，cm；$h_i$ 为最大炭化深度，cm。

表 4-13　小室法燃烧实验数据记录及结果

涂料名称：_____　涂料固含量：_____

| 试件 | 1 | 2 | 3 | 4 | 5 | 平均值 | 标准差 |
|---|---|---|---|---|---|---|---|
| $W_0$/g | | | | | | | |
| $W_1$/g | | | | | | | |
| $W_2$/g | | | | | | | |
| 湿涂覆比值/g·m$^{-2}$ | | | | | | | |
| 质量损失（$W_1 - W_2$）/g | | | | | | | |
| 膨胀高度/mm | | | | | | | |
| 最大炭化长度/cm | | | | | | | |
| 最大炭化宽度 cm | | | | | | | |
| 最大炭化深度 cm | | | | | | | |
| 炭化体积/cm$^3$ | | | | | | | |
| 测试结果 | （□是　□否）满足防火性能技术指标 | | | | | | |

标准差按下式计算：

$$S = \sqrt{\sum_{i=1}^{n}\frac{x_i - \overline{x}^2}{n-1}} \tag{4-5}$$

式中，$S$ 为标准偏差；$x_i$ 为每个试件的质量损失（或炭化体积）；$\overline{x}$ 为一组试件的质量损失（或炭化体积）平均值；$n$ 为试件个数。

### 六、注意事项

（1）试板上涂覆涂料时要厚度均匀。

（2）乙醇使用时要特别注意安全，谨防溅出导致着火。

（3）基材不应选用受潮变形的板材，打磨要光滑，试件应规整。

（4）对燃烧后试件，应注意其炭化程度的判定。

（5）若试件标准偏差大于其平均质量损失（或平均炭化体积）的 10%，则需加做 5 个试件，其质量损失应以 10 个试件的平均值计算。

### 七、思考题

（1）涂料涂覆多少遍及涂覆比值对实验过程和结果有什么影响？
（2）若实验过程中开启了通风，会对实验产生什么影响？

# 第七节　饰面型防火涂料大板法测试

### 一、实验目的

（1）掌握大板法实验用于测试材料燃烧性能的原理。
（2）掌握大板法实验方法的基本步骤。

### 二、实验原理

根据 GB 12441，饰面型防火涂料除了要满足无结块、细度、干燥时间、附着力、柔韧性、耐冲击性、耐水性、耐湿热性等理化性能技术指标外，还需要达到防火性能技术指标，包括耐燃时间、难燃性、质量损失、炭化体积。其中，耐燃时间通过大板法防火性能测试得到。

大板法防火性能测试，是将饰面型防火涂料涂覆于可燃基材表面，在规定条件下测定试件背火面温度，据此得到防火涂料的耐燃时间。饰面型防火涂料应满足防火性能技术指标：耐燃时间不小于 15min。

### 三、实验器材

（一）试验装置

大板法试验装置由实验架、燃烧器、喷射吸气器等组成，其结构及尺寸见图 4-12。试验装置置于实验室大排烟罩下或设置了排烟装置的燃烧室内，燃烧室的长、宽、高限定为 3~4.5m，试验装置到墙的任何部位不得小于 900mm，实验时燃烧室应无外界气流干扰。

主要部件的规格如下：

（1）实验架：为 30mm×30mm 角钢构成的框架，其内部尺寸为 760mm×760mm×1400mm。框架下端脚高 100mm，上端用于放置试件。

（2）石棉压板：由 900mm×900mm×20mm 石棉板制成，中心有一直径为 500mm 的圆孔。

（3）燃烧器：由内径为 42mm、壁厚 3mm、高 42mm 以及内径为 28mm、壁厚 7mm、高 25mm 的两个铜套管组合而成，两个铜套管的外端面平行，同时在内铜套管的端面均匀分布 4 个内径为 2mm 的小孔；燃烧器安装在公称直径为 40mm×32mm 变径直通管接头上。燃烧器口到试件的距离为（730±6）mm。燃烧器所提供试验火焰应满足时间-温度标准曲线（见图 4-13），曲线对应的函数关系为：

$$T - T_0 = 345\lg(8t + 1) \tag{4-6}$$

式中，$T$ 为 $t$ 时刻的火焰温度，℃；$T_0$ 为环境温度，℃；$t$ 为从施加火焰开始计时的时间，min。

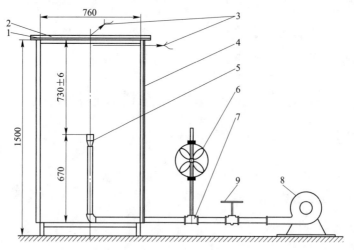

图 4-12　大板法燃烧试验装置结构及尺寸（单位：mm）
1—试件；2—石棉压板；3—热电偶；4—试验架；5—燃烧器；
6—燃料气调节阀；7—喷射吸气器；8—风机；9—空气调节阀

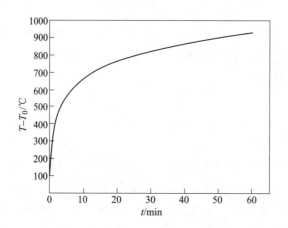

图 4-13　距离试件受火面中心 50mm 热电偶的时间-温度标准曲线

（4）喷射吸气器：由公称直径为 32mm×32mm×15mm 变径三通管接头以及旋入三通管接头一端的喷嘴所组成，喷嘴长 54mm，中心孔径为 14mm。

（5）鼓风机：风量为 1~5m³/min。

（6）热电偶：温度监控均采用精度不低于 Ⅱ 级、K 分度的热电偶。其中，火焰温度监控应采用外径不大于 3mm 的铠装热电偶；试件背火面温度测试应采用丝径不大于 0.5mm 的热电偶，其热接点应焊接在直径为 12mm、厚度为 0.2mm 的铜片中心位置。

（7）温度记录装置：将热电偶产生的毫伏信号送至信号调理板，通过数据采集卡将模拟信号转换为数字信号，然后由计算机进行编程处理转换成相应的温度。温度读数分辨率为 1℃。

（8）计时器：采用计算机或电子秒表，其计时误差不大于 1s/h，读数分辨率为 1s。

（9）燃料：采用液化石油气或丙烷气气瓶提供燃料。

**（二）实验试样**

1. 基材准备

选用厚度为（5±0.2）mm 的一级三层胶合板作为试验基材，试板尺寸为 900mm×900mm，试板表面应平整光滑，试板的一面距中心 250mm 平面内不应有拼缝和节疤。

2. 涂料涂覆

在试板单面均匀涂覆防火涂料，湿涂覆比值为 500g/m²，涂覆误差为规定值的±2%。若需分次涂覆，则两次涂覆的间隔时间不得小于 24h。

3. 状态调节

将涂覆好的 3 个试件，在温度（23±2）℃、相对湿度 50%±5% 的环境条件下状态调节至质量恒定（相隔 24h 两次称量，其质量变化不大于 0.5%）。

**四、实验步骤**

（1）检查热电偶及计算机系统工作是否正常。

（2）将状态调节后的试件水平放置于试验架上，涂有防火涂料的一面向下，试件中心正对燃烧器，背面压上石棉压板。

（3）将测量火焰温度的铠装热电偶水平放置于试件下方，其热接点距试件受火面中心 50mm（实验中若涂料发泡膨胀厚度大于 50mm，可将热电偶垂直向下移动直至热接点露出发泡层，并记录该操作）。再将测背火面温度的 5 支铜片表面热电偶放置于试件背火面，其中 1 支铜片表面热电偶放置于试件背火面对角线交叉点，另外 4 支铜片表面热电偶分别放置于试件背火面离交叉点 100mm 的对角线上（见图 4-14）。每个铜片上应覆盖 30mm×30mm×2mm 石棉板一块，石棉板应与试件紧贴，并以适当方式固定，不应压其他物体。

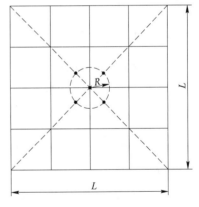

图 4-14　背火面热电偶布置图
（L=900mm，R=100mm）

（4）开启计算机系统，开启空气调节阀和燃气调节阀，在点燃燃气的同时启动温度测试及数据记录软件。观察实验现象，测试软件每分钟采集一次火焰温度和试件背火面温度。实验采用的燃气如果为液化石油气，当实验进行至 5min 时，燃气供给量应为（16±0.4）L/min。通过调节空气供给量来控制火焰温度，试验中的时间-温度实测曲线下的面积与时间-温度标准曲线下的面积之间的可允许偏差为：1）在试验的开始 10min 范围内为±10%；2）在试验的10min 以后为±5%。

（5）当试件背火面任何 1 支铜片表面热电偶温度达到 220℃ 或试件背火面出现穿火时，记录此时间为耐燃时间，关闭空气调节阀和燃气调节阀。

（6）等待室温降至 40℃ 以下时，重复试验其他试件。

### 五、实验记录及数据处理

（1）导出测试软件记录的数据，将 3 个试件的温度数据汇总编制成 1 个数据表，并绘制温度随试验时间的变化曲线图，在图中标记 3 个试件的耐燃时间。

（2）对 3 个试件燃烧时间的平均值取整数（舍去小数部分），即得到平均耐燃时间，单位为 min。据此判断该样品是否满足 GB 12441 所规定的耐燃时间技术指标要求。

### 六、注意事项

（1）可提前对燃烧器火焰进行标定，确定达到时间-温度标准曲线要求的燃料气调节阀、风机、空气调节阀等的操作要点。

（2）涂覆前应观察涂料的状态，如有无结块，涂覆前搅拌均匀或按涂料使用说明进行操作。

### 七、思考题

（1）防火涂料的耐燃时间与其膨胀高度有何联系？
（2）基材是否会影响耐燃时间？
（3）为何将表面热电偶温度达到 220℃作为耐燃时间的判据之一？

# 第八节　建筑材料不燃性测试

### 一、实验目的

（1）明确不燃性测试的原理。
（2）掌握不燃性试验装置的结构和基本操作。
（3）熟悉温度记录数据的处理方法。

### 二、实验原理

根据 GB/T 5464，建筑材料不燃性测试是将建筑材料样品置于高温炉体内，通过试样在高温状态下的质量损失、燃烧火焰及其引起的炉内温升，判定其是否为不燃材料及其不燃性等级。

根据 GB 8624，建筑材料不燃性测试结果是建筑材料及制品燃烧性能 A 级（不燃材料）的必要条件，具体要求如表 4-14 所示。

表 4-14　不燃材料的必要条件

| 燃烧性能等级 | | 分　级　判　据 |
|---|---|---|
| A | A1 | 炉内温升 $\Delta T \leqslant 30℃$；质量损失率 $\Delta m \leqslant 50\%$；持续燃烧时间 $t_f = 0$ |
| | A2 | 炉内温升 $\Delta T \leqslant 50℃$；质量损失率 $\Delta m \leqslant 50\%$；持续燃烧时间 $t_f \leqslant 20s$ |

### 三、实验器材

#### （一）试验装置

建筑材料不燃性试验装置为一加热炉系统，如图 4-15 所示。加热炉系统有电热线圈的耐火管，其外部覆盖有隔热层，锥形空气稳流器固定在加热炉底部，气流罩固定在加热炉顶部。加热炉安装在支架上，并配有试样架和试样架插入装置。通过热电偶测量炉内温度、炉壁温度，必要时还可测量试样表面温度和试样中心温度。

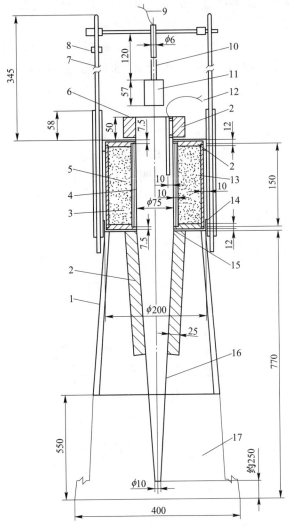

图 4-15　建筑材料不燃性试验装置的主要部件及尺寸（单位：mm）

1—支架；2—矿棉隔热层；3—氧化镁粉；4—耐火管；5—加热电阻带；6—气流罩；7—插入装置；

8—定位块；9—试样热电偶；10—支撑件钢管；11—试样架；12—炉内热电偶；13—外部隔热管；

14—矿棉；15—密封件；16—空气稳流器；17—气流屏（钢板）

1．加热炉、空气稳流器和气流罩

加热炉管由密度为（2800±300）kg/m³ 的铝矾土耐火材料制成，高（150±1）mm，内径为（75±1）mm，壁厚（10±1）mm。加热炉管安置在一个由隔热材料制成的高 150mm、壁厚 10mm 的圆柱管的中心部位，并配以带有内凹缘的顶板和底板，以便将加热炉管定位。加热炉管与圆柱管之间的环状空间内填充适当的保温材料。

加热炉底面连接一个两端开口的倒锥形空气稳流器，其长 500mm，并从内径为（75±

1）mm 的顶部均匀缩减至内径为（10±0.5）mm 的底部。空气稳流器采用 1mm 厚的钢板制作，其内表面应光滑，与加热炉之间的接口处应紧密、不漏气。

气流罩采用与空气稳流器相同的材料制成，安装在加热炉顶部。气流罩高 50mm、内径为（75±1）mm，与加热炉的接口处的内表面光滑。气流罩外部采用适当的材料进行外部隔热保温。

加热炉、空气稳流器和气流罩三者的组合体安装在稳固的水平支架上。该支架具有底座和气流屏，气流屏用以减少稳流器底部的气流抽力。气流屏高 550mm，稳流器底部高于支架底面 250mm。

2. 试样架

试样架见图 4-16，采用镍铬或耐热钢丝制成，试样架底部安有一层耐热金属丝网盘，试样架质量为（15±2）g。试样架悬挂在一根外径为 6mm、内径为 4mm 的不锈钢管制成的支承件底端。配以适当的插入装置，试样架能平稳地沿加热炉轴线下降，以保证试样在试验期间准确地位于加热炉的几何中心。插入装置为一根金属滑动杆，滑动杆能在加热炉侧面的垂直导槽内自由滑动。

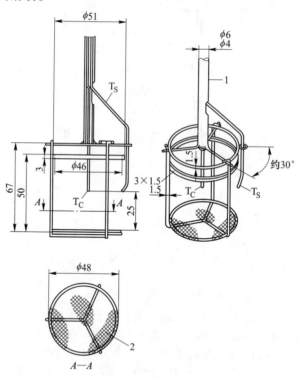

图 4-16　试样架结构及尺寸（单位：mm）

1—支承件钢管；2—网盘（网孔 0.9mm、丝径为 0.4mm）；$T_C$—试样中心热电偶；$T_S$—试样表面热电偶

3. 热电偶

热电偶采用丝径为 0.3mm、外径为 1.5mm 的 K 型热电偶或 N 型热电偶，其热接点绝缘且不能接地，符合 GB/T 16839.2 规定的一级精度要求，铠装保护材料为不锈钢或镍合金。

炉内热电偶的热接点应距加热炉管壁（10±0.5）mm，并处于加热炉管高度的中点，其可借助一根固定于气流罩上的导杆以保持其准确定位。

**4. 观察镜**

为便于观察持续火焰和保护操作人员的安全，可在试验装置上方不影响试验的位置设置一面边长为300mm的正方形观察镜。观察镜与水平方向呈30°夹角，宜安放在加热炉上方1m处。

**5. 天平**

天平称量精度为0.01g。

**6. 功率控制器（或稳压器、调压变压器、电气仪表）**

功率控制器是相角导通控制，能输出1.5kW功率的可控硅器件。其最大电压不超过100V，而电流的限度能调节至"100%功率"，即等于电阻带的最大额定值。功率控制器的稳定性约1%，设定点的重复性为±1%，在设定点范围内，输出功率应呈线性变化。

相关功能也可用稳压器、调压变压器、电气仪表实现。额定功率不小于1.5kW的单相自动稳压器，其电压在从零至满负荷的输出过程中精度应在额定值的±1%以内。调压变压器控制最大功率达1.5kW，输出电压应能在0至输入电压的范围内进行线性调节。配备电流表、电压表或功率表，以便对加热炉工作温度进行快速设定。

**7. 温度记录仪**

温度显示记录仪用于测量热电偶的输出信号，其精度约为1℃或相应的毫伏值，并能生成间隔时间不超过1s的持续记录。记录仪工作量程为10mV，在大约+700℃测量范围内的测量误差小于±1℃。

**8. 计时器**

计时器用来记录试验持续时间，精度为1s/h。

**（二）试样准备**

**1. 切割样品**

以珍珠岩、石膏纤维、聚苯乙烯、水泥等材质的防火板为样品，以手工锯等工具裁制5个体积为（76±8）cm³、直径为45mm、高度为（50±3）mm的圆柱形试样。若材料厚度不满足（50±3）mm，可通过叠加该材料的层数和（或）调整材料厚度来达到（50±3）mm的试样高度。每层材料均应在试样架中水平放置，并用两根直径不超过0.5mm的铁丝将各层捆扎在一起，以排除各层间的气隙，但不应施加显著的压力。

**2. 状态调节**

将试样按照EN 13238的有关规定进行状态调节。然后将试样放入（60±5）℃的通风干燥箱内调节20~24h，再置于干燥皿中冷却至室温。

**四、实验步骤**

（1）将试样架及其支承件从炉内移开。检查试验装置的状态，如空气稳流器整洁畅通、插入装置能平稳滑动、试样架能准确定位于炉内规定位置。

（2）检查热电偶的布置、补偿导线连接是否正确，确保温度记录仪可正常输出温度数据。检查加热炉管的电热线圈、稳压器、调压变压器、电气仪表或功率控制器之间连接是否正常。

（3）调节加热炉的输入功率，使炉内热电偶测试的炉内温度平均值平衡在（750±5）℃至少 10min，温度漂移（线性回归）在 10min 内不超过 2℃，相对平均温度的最大偏差（线性回归）在 10min 内不超过 10℃，并对温度作连续记录。

（4）从干燥皿中取出试样，称量其质量，精确至 0.01g。

（5）将试样放入试样架内，试样架悬挂在支承件上，在 5s 内将试样架插入炉内规定位置。

（6）启动计时器，记录试验过程中热电偶测量的温度，观察试样的燃烧行为，记录燃烧火焰出现的时间及持续时间，精确到秒。

（7）如果炉内温度在 30min 时达到了最终温度平衡，即由热电偶测量的温度在 10min 内漂移（线性回归）不超过 2℃，则可停止试验。如果 30min 内未能达到温度平衡，应继续进行试验，同时每隔 5min 检查是否达到最终温度平衡，当炉内温度达到最终温度平衡或试验时间达 60min 时应结束试验。记录试验的持续时间，然后从加热炉内取出试样架，试验的结束时间为最后一个 5min 的结束时刻或 60min。

（8）收集试验时和试验后试样碎裂或掉落的所有碳化物、灰和其他残屑，同试样一起放入干燥皿中冷却至环境温度后，称量试样的残留质量。

（9）重复测试其他试样，导出温度记录数据。

### 五、实验记录及数据处理

（1）根据导出的温度记录数据作图，横、纵坐标分别为时间、温度，并在图中标记实验结束的时间、特征温度及温升等数据。

（2）将实验观察现象、温度数据的特征值和其他实验数据记录到表 4-15，并计算一些数据的平均值。

表 4-15　建筑材料不燃性实验记录

| 样品名称：_____ | | | | | 样品规格：_____ | |
| --- | --- | --- | --- | --- | --- | --- |
| 试样 | 1 | 2 | 3 | 4 | 5 | 平均值 |
| 初始质量/g | | | | | | |
| 残留质量/g | | | | | | |
| 质量损失率 $\Delta m$/% | | | | | | |
| 火焰出现时间、持续时间/s | | | | | | |
| 持续火焰（≥5s）持续时间的总和 $t_f$/s | | | | | | |
| 试验结束时间/s | | | | | | |
| 炉内初始温度 $T_i$/℃ | | | | | | |
| 炉内最高温度 $T_m$/℃ | | | | | | |
| 炉内最终温度 $T_f$/℃ | | | | | | |
| 温升 $\Delta T = T_m - T_f$/℃ | | | | | | |

| 燃烧性能等级 | □A1 级 | □A2 级 | □其他 |
|---|---|---|---|
| □是 □否 记录了试样温度 | | | |
| 试样中心最高温度 $T_{Cmax}$/℃ | | | |
| 试样中心最终温度 $T_{Cfinal}$/℃ | | | |
| 试样中心温升 $\Delta T_C = T_{Cmax} - T_{Cfinal}$/℃ | | | |
| 试样表面最高温度 $T_{Smax}$/℃ | | | |
| 试样表面最终温度 $T_{Sfinal}$/℃ | | | |
| 试样表面温升 $\Delta T_S = T_{Smax} - T_{Sfinal}$/℃ | | | |

注：$T_i$ 为炉内温度平衡期的最后 10min 的温度平均值；$T_m$ 为整个试验期间最高温度的离散值；$T_f$ 为试验过程最后 1min 的温度平均值。

### 六、注意事项

（1）如果试样是由多层材料叠加组成，则试样密度宜尽可能与制品密度一致。

（2）对于松散填充材料，采用圆柱体试样架，试样架顶部应开口，且质量不应超过 30g。

（3）新热电偶在使用前应进行人工老化，以减少其反射性。

（4）试验装置不应设在风口，也不应受到任何形式的强烈日照或人工光照，以利于对炉内火焰的观察。试验过程中室温变化不应超过 5℃。

（5）试验前应按照 GB/T 5464 对加热炉试验装置的炉壁温度和炉内温度等进行校准。

（6）在稳态条件下，加热炉电压约 100V 时，加热线圈通过 9~10A 的电流。为避免加热线圈过载，建议最大电流不超过 11A。

### 七、思考题

（1）石膏纤维板中纸纤维的含量和石膏含量分别对测试结果有什么影响？

（2）聚苯乙烯水泥板中的聚苯乙烯含量对材料燃烧性能分级有什么影响？

（3）建筑材料不燃性测试与对火反应性测试有哪些异同点？

# 第九节 建筑材料难燃性测试

### 一、实验目的

（1）明确难燃性测试的原理。

（2）了解燃烧竖炉的结构及操作。

（3）掌握难燃性测试的基本操作及合格判据。

### 二、实验原理

根据 GB/T 8625，建筑材料难燃性测试是将样品围成垂直方形烟道试件，经受燃烧竖炉的燃气火焰作用一段时间，根据烟道气温度、试件燃烧后的剩余长度等判定材料的燃烧性能。

根据 GB/T 8625，同时符合下列条件可认定燃烧竖炉试验合格：

（1）试件燃烧的剩余长度平均值应不小于 150mm，其中没有一个试件的燃烧剩余长度为 0。

（2）每组实验的 5 支热电偶所测得的平均烟气温度不超过 200℃。

若燃烧竖炉试验合格，且符合 GB 8624 对可燃性试验（GB/T 8626）和烟密度试验（GB/T 8627）的相关要求，则建筑材料可判定为难燃性建筑材料。

### 三、实验器材

（一）实验器具

建筑材料难燃性试验装置主要包括燃烧竖炉和测试设备。

1. 燃烧竖炉

燃烧竖炉主要由燃烧室、燃烧器、试件支架、空气稳流层及烟道等部分组成，如图 4-17 所示，其外形尺寸为 1020mm×1020mm×3930mm。

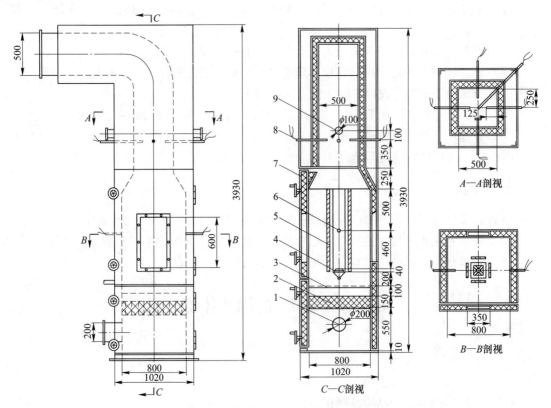

图 4-17　燃烧竖炉结构及尺寸（单位：mm）

1—空气进口管；2—空气稳流器；3—铁丝网；4—燃烧器；5—试件；
6—壁温热电偶；7—炉壁；8—烟道热电偶；9—T 型测压管

燃烧室由炉壁和炉门构成，其内部空间尺寸为 800mm×800mm×2000mm。炉壁为保温夹层结构，由钢板、石棉板、岩棉纤维隔热材料、石棉水泥板构成。炉门分为上、下两门，分别用铰链与炉体连接，其结构与炉壁相似。两门借助手轮和固定螺杆与炉体闭合。在上炉门和燃烧室后壁设有观察窗。为在燃烧室内形成均匀气流，在炉体下部通过 200mm 管道以恒定的速率及温度输入空气。

燃烧器（见图 4-18）由 4 组倾斜喷嘴构成，围成一个边长为 200mm 的方框，所产生的火焰喷射向四周的试件。燃烧器水平置于燃烧室中心，距炉底 1000mm 处，所用的燃气为甲烷和空气的混合气：标准状态下，甲烷流量为（35±0.5）L/min，其纯度大于 95%；空气流量为（17.5±0.2）L/min。

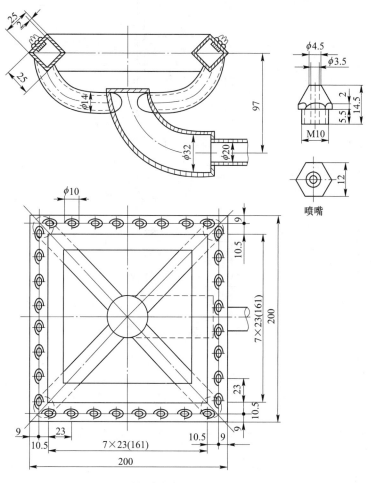

图 4-18　燃烧器结构及尺寸（单位：mm）

试件支架（见图 4-19）为高 1000mm 的长方体框架，框架四个侧面设有调节试件安装距离的螺杆，框架由角钢制成。

空气稳流层为一角钢制成的方框，设置于燃烧器下方。方框底部铺设铁丝网，其上铺设多层玻璃纤维毡。

烟道为方形的通道，其截面积为 500mm×500mm，并位于炉子顶部，下部与燃烧室相通，上部与外部烟囱相接。

T 型测压管位于距炉底 2700mm 的烟道部位，距烟道壁 100mm，T 型管内径为 10mm，

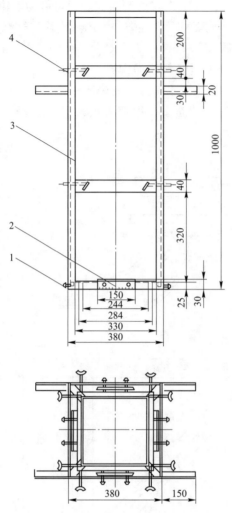

图 4-19　试件支架结构及尺寸（单位：mm）

1—固定螺杆；2—底座；3—角钢框架；4—调节螺杆

头宽 100mm，通过一台精度 0.5 级的差压变送器与微机或其他记录仪相连，以连续监测炉压。

2. 测试设备

测试设备包括流量计、热电偶、温度记录仪及显示仪表。流量计用于甲烷气和压缩空气流量的测定，精度 2.5 级，量程范围为 $0.25 \sim 2.5 m^3 / h$。热电偶用于烟道气温度和炉壁温度的测定，精度均为 Ⅱ 级，采用丝径为 0.5mm、外径不大于 3mm 的镍铬-镍硅铠装热电偶。温度测定采用微机显示和记录，其测试精度为 1℃；也可采用与热电偶配套的精度为 0.5 级的可连续记录的电子电位差计或其他合适的可连续记录仪表。

（二）实验试样

1. 样品切割

选取阻燃聚苯乙烯泡沫、聚氨酯泡沫等材料为实验样品，制备 4 个试样。试样表面规格为（995~1000mm）×（185~190mm），以实际使用厚度制作试样，材料实际使用厚度超过 80mm 时，试样制作厚度应取（80±5）mm。

2. 状态调节

4 个试件构成一组试件，将三组试件在温度（23±2）℃、相对湿度 50%±5% 的条件下调节至质量恒定，即间隔 24h 前后两次称量的质量变化率不大于 0.1%。

### 四、实验步骤

（1）检查燃烧竖炉各部件是否完好，试验装置是否状态正常。检查热电偶及温度数据是否输出正常，热电偶表面若有烟垢则应除去，热电偶若发生位移或变形则应校正到规定位置。

（2）将一组试件的 4 个试样垂直固定在试件支架上，组成垂直方形烟道，试样相对距离为（250±2）mm。

（3）保持炉内压力为（-15±10）Pa，将竖炉内炉壁温度预热至 50℃。

（4）将试件放入燃烧室内规定位置，关闭炉门。

（5）当炉壁温度降至（40±5）℃时，在点燃燃烧器的同时，按下计时器按钮。

（6）维持竖炉内温度为（23±2）℃的空气流量为（10±1）mm$^3$/min。观察实验现象并记录。对于滴落或脱落物，记录其出现时间、在筛底继续燃烧时间。

（7）10min 时停止实验。若试件上的可见燃烧确已结束或 5 支热电偶所测得的平均烟气温度最大值超过 200℃ 时，实验用火焰可提前中断。

（8）测量试件燃烧后的剩余长度，即试件既不在表面燃烧也不在内部燃烧形成的炭化部分（明显变黑色）的长度。导出 5 支烟道气热电偶的温度记录数据。

（9）重复测试其他试件。

### 五、实验记录及数据处理

（1）根据导出的烟气温度记录数据，绘制温度随时间变化的曲线。

（2）填写如表 4-16 所示的实验记录及数据。

表 4-16　建筑材料难燃性测试主要实验记录及数据

材料名称：_____　型号规格：_____

| 试件编号 | 1 | 2 | 3 |
|---|---|---|---|
| 试件明火起止时间/s | | | |
| 试件阴燃起止时间/s | | | |
| 滴落或脱落物出现时间/s | | | |
| 滴落或脱落物在筛网上的燃烧时间/s | | | |
| 剩余长度/mm | | | |
| 平均烟气温度/℃ | | | |

最小剩余长度：_____mm；平均剩余长度：_____mm；

平均烟气温度最大值：_____℃

（□是　□否）合格

**六、注意事项**

（1）燃烧竖炉在使用前应按照 GB/T 8625 的要求对各组件进行校正，包括热荷载均匀性试验、空气均匀性试验、烟气温度热电偶的检查。

（2）对于非对称性材料，应从试样正、反两面各制两组试件。若只需从一侧划分燃烧性能等级，可对该侧面取取三组试件。对薄膜、织物及非均向性材料制作四组试件，其中每两组试件应分别从材料的纵向和横向取样制作。

（3）试件在实验中产生变色、被烟熏黑及外观结构发生弯曲、起皱、鼓泡、熔化、烧结、滴落、脱落等变化均不作为燃烧判断依据。采用防火涂层保护的试件，如木材及木制品，其表面涂层的炭化可不考虑。在确定被保护材料燃烧后的剩余长度时，其保护层应除去。

（4）若采用涂刷阻燃剂的木材或织物为实验样品，应记录涂刷阻燃剂后的试件外观，所用防火剂干、湿涂刷量。

**七、思考题**

（1）如果试样本身是黑色的，应如何判断炭化长度？

（2）难燃性测试的剩余长度与不燃性测试的质量损失率有何异同？

（3）难燃性测试和不燃性测试都测定了烟气温度，二者在烟气温度参数的利用方面有何异同？

# 第十节　建筑材料可燃性测试

**一、实验目的**

（1）明确建筑材料可燃性测试的原理。

（2）了解建筑材料可燃性试验装置的结构及操作。

（3）掌握可燃性测试的基本步骤。

**二、实验原理**

根据 GB/T 8626，建筑材料可燃性测试是用规定的小火焰直接冲击垂直放置的试样一定时间，记录试样焰尖高度、观察滴落物引燃滤纸的现象，其测试结果可作为建筑材料及制品燃烧性能分级的必要条件之一。根据 GB 8624，难燃材料（$B_1$）和可燃材料（$B_2$）必须满足如表 4-17 所示的要求。

表 4-17　建筑材料燃烧性能分级对可燃性测试结果的要求

| 燃烧性能等级 | | 对可燃性测试结果的要求 |
|---|---|---|
| $B_1$ | B | 点火时间 30s，60s 内焰尖高度 Fs≤150mm、无燃烧滴落物引燃滤纸现象 |
| | C | 点火时间 30s，60s 内焰尖高度 Fs≤150mm、无燃烧滴落物引燃滤纸现象 |
| $B_2$ | D | 点火时间 30s，60s 内焰尖高度 Fs≤150mm、无燃烧滴落物引燃滤纸现象 |
| | E | 点火时间 15s，20s 内焰尖高度 Fs≤150mm、无燃烧滴落物引燃滤纸现象 |

### 三、实验器材

#### （一）实验器具

**1. 燃烧箱**

如图 4-20 所示，燃烧箱由不锈钢钢板制作，并安装有耐热玻璃门，以便于至少从箱体的正面和一个侧面进行实验操作和观察。燃烧箱通过箱体底部的方形盒体进行自然通风，方形盒体由厚度为 1.5mm 的不锈钢制作，盒体高度为 50mm，开敞面积为 25mm×25mm。为达到自然通风目的，箱体应放置在高 40mm 的支座上，以使箱体底部存在一个通风的空气隙。箱体正面两支座之间的空气隙封闭。在只点燃燃烧器和打开抽风罩的条件下，箱体烟道内的空气流速为（0.7±0.1）m/s。燃烧箱放置在合适的抽风罩下方。

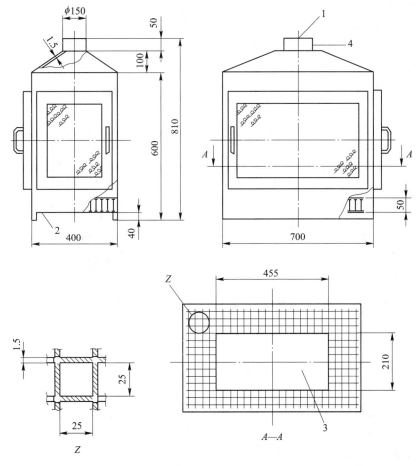

图 4-20　燃烧箱结构及尺寸（单位：mm）
1—空气流速测量点；2—金属丝网格；3—水平钢板；4—烟道

**2. 燃烧器**

燃烧器安装在水平钢板上，可沿燃烧箱中心线方向前后平稳移动，能在垂直方向使用或与垂直轴线呈 45°角。燃烧器安装有一个微调阀，以调节火焰高度。燃气采用纯度不小于95%的商用丙烷。为使燃烧器在45°角方向上保持火焰稳定，燃气压力应在10~50kPa范围内。

3. 试样夹及挂杆

试样夹（见图4-21）由两个U型不锈钢框架构成，宽15mm、厚（5±1）mm。对于未着火就熔化收缩的材料样品，采用能相对燃烧器方向水平移动的试样夹，其框架宽（20±1）mm、厚（5±1）mm。为避免试样歪斜，用螺钉或夹具将两个试样框架卡紧。框架垂直悬挂在挂杆上，挂杆固定在垂直立柱（支座）上，以使试样的底面中心线和底面边缘可以直接受火。对于边缘点火方式和表面点火方式，试样底面与金属网上方水平钢板的上表面之间的距离应分别为（125±10）mm和（85±10）mm。

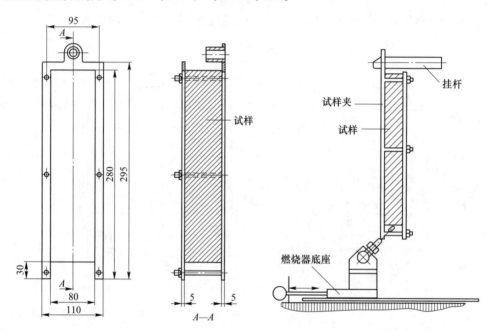

图4-21　典型试样夹结构、尺寸（单位：mm）及与燃烧器的相对位置

4. 计时器

利用计时器持续记录时间，显示到秒，精度小于等于1s/h。

5. 试样模板

试样模板为金属板，长250mm、宽90mm。对于未着火就熔化收缩的材料样品，模板长250mm、宽180mm。

6. 火焰高度测量工具和点火定位工具

火焰高度测量工具以燃烧器上某一固定点为起点测量火焰高度，适用于高度为20mm的火焰，测量偏差为±0.1mm。点火定位工具能插入燃烧器喷嘴并取出。用于边缘点火的点火定位器长16mm，用以确定同预先设定火焰在试样上的接触点的距离。用于表面点火的点火定位器为锥形定位器，用以确定燃烧器前端边缘与试样表面的距离为5mm。

7. 风速仪

风速仪用于测量燃烧箱顶部出口的空气流速，精度为±0.1m/s。

8. 滤纸和收集盘

未经染色的崭新滤纸，面密度为 $60kg/m^2$，灰含量小于 0.1%。采用铝箔制作的收集盘，100mm（长）×50mm（宽），深 10mm。收集盘放在试样正下方，每次实验后应更换收集盘。

（二）实验试样

1. 样品切割

以刨花板、聚苯乙烯泡沫板等为样品，比照试样模板切割 6 块长 250mm、宽 90mm 的试样（对于未着火就熔化收缩的样品，试样宽 180mm），其中沿样品的纵向和横向分别切割 3 块。厚度不超过 60mm 的样品按其实际厚度制样，厚度大于 60mm 的样品，从其背火面将厚度削减至 60mm，切削面不应作为受火面。对于尺寸小于试样尺寸的制品，应制作适当尺寸的样品。

2. 状态调节

将试样按照 EN 13238 的有关规定进行状态调节。

**四、实验步骤**

（1）检查实验器材确保状态良好，确认燃烧箱烟道内的空气流速符合要求。

（2）将试样置于试样夹中，试样的两个边缘和上端边缘被试样夹封闭，受火端距离试样夹底端 30mm（必要时在试样框架上做标记，以确保试样底部边缘处于正确位置）。对于未着火就熔融收缩样品，受火的试样底边与试样夹底边处于同一水平线上。在距试样底部边线 150mm 的试样受火面上画一条水平线。

（3）确定点火方式。对平整制品，将火焰施加在试样表面的中心线位置，底部边缘上方 40mm 处。对总厚度不超过 3mm 的单层或多层的平整制品，火焰施加在试样底面中心位置处。对于未着火就熔融收缩样品，火焰施加到试样底部边缘，且距试样框架的内边缘 10mm。

（4）将燃烧器置于预设位置，角度调整至 45°角，使用定位器确认燃烧器与试样的距离。

（5）点火前 3min 内，在试样下方的铝箔收集盘内放两张滤纸。

（6）将燃烧器远离预设位置并处于垂直方向，点燃燃烧器，待火焰稳定。调节燃烧器微调阀，并测量火焰高度，确保火焰高度为（20±1）mm。

（7）沿燃烧器的垂直轴线将燃烧器倾斜 45°角，水平向前推进，直至火焰抵达预设的试样接触点。

（8）当火焰接触到试样时开始计时。点火时间为 15s 或 30s，然后平稳地撤回燃烧器。如果在对第一块试样施加火焰期间，试样未着火就熔化或收缩，则制备宽 180mm 的试样重新进行测试。对于未着火就熔融收缩样品，对试样点火 5s，然后平稳地移开燃烧器。若试样火焰熄灭，则在熄灭后的 3~4s 重新调整试样位置，使新的火焰接触点位于上次点火形成的试样燃烧孔洞的边缘，重新对试样点火 5s。重复该操作。

（9）观察试样着火、火焰前沿发展、滤纸被引燃等现象并记录其发生时间，结束试验。若点火时间为 15s，则总试验时间为 20s；若点火时间为 30s，则总试验时间为 60s。

对于未着火就熔融收缩样品，对试样重复点火，直至火焰接触点抵达试样的顶部边缘结束试验，或从点火开始计时的 20s 内火焰传播至 150mm 刻度线时结束试验。

（10）重复测试其他试样。

### 五、实验记录及数据处理

参照表 4-18，记录实验现象及数据。

**表 4-18　建筑材料可燃性测试实验记录表**

样品名称：_____　　　样品规格：_____

（□是　□否）未着火就熔化收缩

点火时间：_____　　　点火位置：_____

| 试样编号 | 纵向 1 | 纵向 2 | 纵向 3 | 横向 1 | 横向 2 | 横向 3 |
|---|---|---|---|---|---|---|
| 是否被引燃 | | | | | | |
| 焰尖高度是否达到 150mm | | | | | | |
| 焰尖高度达到 150mm 的时间/s | | | | | | |
| 滤纸是否被引燃 | | | | | | |
| 滤纸被引燃的时间/s | | | | | | |

### 六、注意事项

（1）试样的固定方式应能保证试样在整个实验过程中不会移位，可在与试样贴紧的框架内表面上嵌入一些长度约为 1mm 的小销钉。

（2）对于非平整样品，试样可按其最终应用条件进行试验（如隔热导管）。应提供完整制品或长 250mm 的试样。

（3）若样品厚度不对称，在实际应用中两个表面均可能受火，则应对试样的两个表面分别进行试验。

（4）如果样品四周封边，但也可以在未加边缘保护的情况下使用，应对封边的试样和未封边的试样分别试验。

（5）若样品安装在基材上应用，则试样应能代表最终应用状况。

（6）试样和滤纸从状态调节室中取出后应在 30min 内完成测试。

（7）在每次对试样点火前应测量火焰高度。

（8）要注意燃气和燃烧烟气的危险性，实验前应识别危害并建立安全保障措施，如检查是否有良好的通风排烟设备、灭火器等防护设施可供使用，并掌握其使用方法。

（9）应配备足够的灭火工具以扑灭试样火焰，某些试样在试验中可能会产生猛烈火焰，应有可直接对准燃烧区域的手动水喷头或加压氮气以及其他灭火工具，如灭火器等。对于某些很难被完全扑灭的闷燃试样，可将试样浸入水中。

### 七、思考题

（1）若建筑制品是多层材料复合而成，应如何取样？

（2）滤纸的平整程度和叠放方式对滤纸被引燃有何影响？

（3）表面点火方式与边缘点火方式的本质区别是什么？哪种点火方式更容易点燃试样？

# 第十一节　塑料燃烧烟密度测试

## 一、实验目的

（1）了解火灾烟气的危害及测量方法。

（2）明确消光法测烟的原理。

（3）了解烟密度测试仪器的结构及基本操作。

（4）熟悉烟密度测试及数据分析的步骤。

## 二、实验原理

（一）火灾烟气的危害

火灾危害主要来自热量、烟气和缺氧三个因素。统计结果表明，火灾中约85%的死亡者受到烟气的影响，其中大部分是吸入了烟尘及有毒气体昏迷后致死。

烟气是物质在燃烧或分解时散发出的固态或液态悬浮微粒和高温气体（物质燃烧后释放出的高温蒸汽和有毒气体）。火灾烟气的成分十分复杂，一般包括 $CO$、$CO_2$、$HCN$、$HCl$、$HBr$、$H_2S$ 等有毒有害和腐蚀性成分。从烟气的组成可知，火灾烟气的危害主要包含3个方面：

（1）烟尘危害：当火场中充斥着烟气时，能见度往往只有几十厘米，甚至"伸手不见五指"，引起疏散人群的恐慌，使人极易迷失方向。能见度 $V$ 与烟气的消光系数有关：

$$V = R/C_s \tag{4-7}$$

式中，$R$ 为比例系数，无量纲；$C_s$ 为消光系数，$m^{-1}$。

（2）热危害：高温烟气会通过对流和辐射损伤人体皮肤，被吸入后会灼伤人的呼吸道。人体对不同温度烟气的耐受性：温度为60℃时，可暂时忍受（约10min）；温度为120℃时，人体将在15min内受到不可恢复的伤害；温度达到170℃时，人已经无法生存。人体耐热极限时间与气体温度存在如下关系：

$$t = 3.28 \times 10^8/T^{3.61} \tag{4-8}$$

式中，$t$ 为人员耐热极限时间，min；$T$ 为烟气温度，℃。

（3）毒性危害：毒气主要为材料高温热分解产物和燃烧产物，聚合物烟气中的主要毒气见表4-19。毒气除了造成人缺氧，引起人恐慌和窒息，$HCl$、$NH_3$、$HF$、$SO_2$ 等气体会刺激人眼，$CO$、氰化物等很容易造成人体中毒。相较于烟尘危害和热危害，毒性危害最为致命。

表4-19　聚合物材料的主要热分解产物和燃烧毒性气体

| 材料名称 | 热分解产物 | 毒性气体 |
| --- | --- | --- |
| 聚烯烃 | 烯烃、链烷烃、环状烃 | $CO$、$CO_2$ |
| 聚苯乙烯 | 苯乙烯单体及其二聚物、三聚物 | $CO$、$CO_2$ |

续表 4-19

| 材料名称 | 热分解产物 | 毒性气体 |
| --- | --- | --- |
| 聚氯乙烯 | 氯化氢、芳香族化合物、多环状碳氢化合物 | HCl、光气、CO、$CO_2$ |
| 含氟聚合物 | 四氟乙烯、八氟异丁烯 | HF |
| 聚丙烯腈 | 丙烯腈单体、氰化氢 | HCN、CO、$CO_2$ |
| 聚甲基丙烯酸甲酯 | 丙烯酸甲酯单体 | CO、$CO_2$ |
| 聚乙烯醇 | 乙醛、醋酸 | CO、$CO_2$ |
| 尼龙 6 | 己内酰胺 | HCN、CO、$CO_2$ |
| 尼龙 66 | 胺、CO、$CO_2$ | HCN、CO、$CO_2$ |
| 酚醛树脂 | 苯酚、甲醛 | 苯酚、CO、$CO_2$ |
| 脲醛树脂 | 甲胺、$NH_3$ | CO、$CO_2$、$NH_3$ |
| 环氧树脂 | 苯酚、甲醛 | 苯酚、CO、$CO_2$ |
| 聚对苯二甲酸乙二酯 | 烯烃、安息香酸 | CO、$CO_2$ |
| 聚硅氧烷 | $SiO_2$、CO、甲酸 | CO、$CO_2$ |
| 乙酸纤维素 | CO、$CO_2$、醋酸 | CO、$CO_2$ |
| 硝酸纤维素 | CO、氧化氮 | HCN、CO、$CO_2$ |
| 天然橡胶 | 双戊烯、异戊二烯 | CO、$CO_2$ |
| 氯丁橡胶 | 氯丁二烯 | HCl、光气、CO、$CO_2$ |
| 丁腈橡胶 | 丙烯腈、丁二烯 | HCN、CO、$CO_2$ |
| 丁二烯橡胶 | 丁二烯 | CO、$CO_2$ |
| 氯磺化聚乙烯 | 乙烯、丙烯 | CO、$CO_2$ |
| 乙丙橡胶 | 乙烯、丙烯 | CO、$CO_2$ |
| 丁基橡胶 | 异丁烯、异戊二烯 | CO、$CO_2$ |
| 丁苯橡胶 | 苯乙烯、丁二烯 | CO、$CO_2$ |

## （二）影响烟生成的重要因素

烟气的特点主要体现在烟气内所含固、液颗粒的粒径分布，烟气的颜色、浓度、能见度以及光密度等。其主要影响因素包括：材料的结构、分解方式、通风和燃烧环境、时间和温度、烟雾粒子的消除。

### 1. 材料的结构

聚合物燃烧时的发烟性与聚合物材料的分子结构有关。一般来说，链烃为主链的聚合物，以及大部分为链烃主链或被氧化的聚合物，燃烧时往往形成较少的烟，而主链上垂挂芳香基团的聚合物一般生成较多的烟。脂肪族聚合物的发烟性比含有芳香族环的聚合物的发烟性小：在通气良好的情况下，聚乙烯燃烧几乎不生黑烟，而聚苯乙烯燃烧则冒黑烟。软质聚氯乙烯比硬质聚氯乙烯的发烟性高很多，也是由于前者含有很多增塑剂，例如邻苯二甲酸二辛酯（DOP）的燃烧。含有氮、氧、卤素、磷、硫元素的聚合物燃烧时可能形成相应的毒性气体，如氰化氢、氧化氮、卤化氢、硫化氢等。

设燃烧反应产物中碳的系数为 $\alpha$，水蒸气与二氧化碳的系数为 $\beta$，根据 $\alpha/\beta$ 的大小，可以判别产生黑烟的难易，因此 $\alpha/\beta$ 也被称为发烟指数。例如，在敞开的空间里苯按下式燃烧：

$$C_6H_6 \longrightarrow 3(CO_2 + H_2O) + 3C \qquad (4-9)$$

该反应中有碳析出，$\alpha/\beta = 1.0$，所以苯燃烧时有黑烟产生。

聚乙烯、聚丙烯等聚烯烃的 $\alpha/\beta$ 为 0，充分燃烧时不生黑烟；天然橡胶（未硫化）的 $\alpha/\beta$ 为 0.25，燃烧时产生黑烟较少；丁腈橡胶（未硫化）的 $\alpha/\beta$ 为 0.538，产生黑烟较多；聚苯乙烯的 $\alpha/\beta$ 为 1.0，冒黑烟。木材的 $\alpha/\beta$ 相当小，为 0.20，燃烧时黑烟较少。

2. 分解方式

烟基本上是不完全燃烧的产物。有焰燃烧或发烟燃烧（无焰燃烧）时，可以生成完全不同类型的烟雾。无焰燃烧时，高温下挥发物被释放，当它们与冷空气混合时，冷凝形成球形的浅色悬浮烟粒。有焰燃烧产生富含炭黑的烟雾，且烟雾粒子的形状非常不规则。有焰燃烧时，烟雾粒子在气相中形成，在这一区域内的氧浓度非常低，引起不完全燃烧。在火焰中，富含炭黑的烟雾是黄色的。无焰燃烧产生的球形烟粒尺寸通常在 $1\mu m$ 之内，有焰燃烧形成的无规则的烟粒尺寸通常难以测定，且测定取决于测试的水平。

木材燃烧时，有焰燃烧产生的烟雾量通常比无焰燃烧时少。但对塑料来讲，很难说有焰燃烧时产生的烟雾量大，还是无焰燃烧时产生的烟雾量大。因此，在测试烟雾时，应记录点燃的情况，同时还应记录点燃的时间以及火焰熄灭的时间。另外，组合试样的背后可能产生冷烟，其颜色和组成与试样暴露面产生的烟雾不同。

暴露试样受到的热流强度可能会影响材料的燃烧模式（有焰或无焰）。因此，应同时测试试样在低辐照水平（$15\sim25kW/m^2$）和高辐照水平（$40\sim50kW/m^2$）下的发烟量，这样才能评价不同的燃烧阶段对发烟量的影响。

3. 通风和燃烧环境

烟雾的产生不仅取决于材料点燃时的情况，还取决于燃烧的情况。对于某些材料，随着对通风的限制，其发烟量增加，这是由热分解不充分而生成碳原子数较多的大分子所致。当聚合物的分解产物中，含碳原子数在 6 及以上的化合物较多时，就会生成黑烟。除芳香基团易生黑烟外，碳原子数为 8 的烃基产物也是易于导致不完全燃烧而冒黑烟的原因。聚丙烯在空气中充分燃烧时不冒黑烟，就是因为热分解产物中大多是含碳原子数少的化合物；而在供氧不足的情况下，热分解出来的气体多数是碳原子数在 $6\sim9$ 的化合物，在不完全燃烧的情况下，它们将释放出大量的碳粒子而冒黑烟。

在实际燃烧时，测定发烟量应考虑燃烧的速率和面积。某单位燃烧面积发烟量少的材料在实际燃烧时，由于火焰的快速蔓延并覆盖了较大的面积，实际上可能产生大量的烟雾。

4. 时间和温度

烟雾中悬浮粒子的粒径分布随时间而变化；随着时间的增加，烟雾粒子产生凝聚。烟雾的某些特性也随温度而变化，例如长时间冷却后烟雾的性能不同于燃烧初期热烟的性能。在考虑大型建筑燃烧过程中烟雾发生的潜在行为时，这些因素十分重要。在设计燃烧试验时也应考虑上述因素。

加热聚合物至开始发烟的温度，称为发烟起始温度。若以透光率降低至 95% 时的温度作为聚合物材料的发烟起始温度，通过发烟性试验装置斋藤炉测定的结果如表4-20所示。

**表 4-20　斋藤炉测得的发烟起始温度**

| 温度范围 | | | | | | | | |
|---|---|---|---|---|---|---|---|---|
| 0~299℃ | | | 300~399℃ | | | 400℃及以上 | | |
| 材料 | 形态 | 温度/℃ | 材料 | 形态 | 温度/℃ | 材料 | 形态 | 温度/℃ |
| 软聚氨酯泡沫塑料 | 泡沫 | 185 | 半硬质聚氨酯 | 片 | 308 | 聚邻苯二甲酸二烯丙酯 | 片 | 400 |
| 聚乙烯 | 泡沫 | 220 | 软聚氨酯 | 片 | 327 | 丁苯橡胶 | 片 | 400 |
| 氯丁橡胶 | 泡沫 | 233 | 聚苯乙烯 | 泡沫 | 331 | 聚酰胺 | 片 | 414 |
| 软聚氯乙烯 | 薄膜 | 242 | 聚苯乙烯 | 片 | 340 | 丁二烯橡胶 | 片 | 432 |
| 软聚氯乙烯 | 泡沫 | 245 | 聚氨酯橡胶 | 片 | 350 | 氯化聚乙烯 | 片 | 439 |
| 乙酸纤维素 | 薄膜 | 258 | 环氧树脂 | 片 | 364 | 硬聚氯乙烯 | 片 | 440 |
| 硬质聚氨酯 | 泡沫 | 280 | 高抗冲聚苯乙烯 | 片 | 372 | 聚碳酸酯挤出片 | 片 | 470 |
| 软聚氯乙烯 | 片 | 280 | AS | 片 | 374 | 聚碳酸酯注塑片 | 片 | 480 |
| 乙丙热塑弹性体 | 片 | 284 | AAS | 片 | 377 | 聚偏二氟乙烯 | 薄膜 | >500 |
| 硬质聚氨酯 | 片 | 293 | ABS | 片 | 390 | 酚醛泡沫塑料 | 泡沫 | >500 |
| 聚丙烯 | 片 | 297 | 酚醛塑料 | 片 | 392 | 聚缩醛 | 片 | >500 |
| 聚苯乙烯 | 纸 | 298 | 硅树脂 | 带 | 392 | 聚甲基丙烯酸甲酯 | 片 | >500 |
| | | | 聚乙烯 | 薄膜 | 392 | 聚四氟乙烯 | 片 | >500 |

**5. 烟雾粒子的消除**

大烟雾粒子消除的机理有很多。在静态积累的试验中，辐射锥浸入在燃烧气氛中，烟雾在燃烧室内循环，因此烟雾粒子可能再次发生热分解。大烟雾粒子消除的其他机理还包括大烟雾粒子在燃烧室内表面的沉积和风扇的影响。在实际燃烧中，烟雾在燃烧室内循环时，上述情况也可能发生。在静态积累烟雾试验中，大烟雾粒子可能由于上述原因而损失，因此应在试样暴露的初始阶段（例如试样点燃后 10min 内）对烟雾产生的速率进行测试。

**（三）消光法测量发烟量**

目前采用的测烟试验方法在原理上大体分为两类，即质量法和消光法。质量法主要通过测量烟尘的质量来评价发烟量。消光法主要是通过测量烟雾的透光率，计算烟的光密度而评价烟产生的量。由于光学方法原理同真实火灾中的能见度有关联，因此消光法测烟的结果在火灾安全逃生通道设计中有一定的实用性。在光学浓度中，消光系数 $C_s$ 极为有用，它表示烟对透过光的衰减程度。$C_s$ 不仅本身可以表示一定的生烟程度，还是静态测烟和动态测烟方法中的关键换算参数。按照朗伯-比尔（Lambert-Beer）定律，光学强度可由下式计算：

$$I = I_0 e^{-C_s L} \tag{4-10}$$

式中，$I$ 为有烟时的光强度；$I_0$ 为无烟时的光强度；$L$ 为光源到受光面之间的距离；$C_s$ 为消光系数。

由式（4-10）可知，消光系数 $C_s$ 为：

$$C_s = \frac{1}{L}\ln\left(\frac{I_0}{I}\right) \tag{4-11}$$

式中，$L$ 的单位为 m，所以 $C_s$ 实际上是每米的消光系数。

此外，用光学系统测烟时，往往不是测光的强度而是测其透过率 $T$。光的透过率是光强度的比值，即：

$$T = \frac{I}{I_0} \times 100\% \tag{4-12}$$

所以，消光系数还可表示为：

$$C_s = \frac{1}{L}\ln\left(\frac{T_0}{T}\right) = \frac{2.303}{L}\lg\left(\frac{T_0}{T}\right) = \frac{2.303}{L}D \tag{4-13}$$

式中，$D = \lg\left(\frac{T_0}{T}\right)$，$D$ 为光密度。

通过光密度 $D$，可以由下式计算比光密度 $D_s$：

$$D_s = \frac{V}{AL}D = \frac{V}{AL}\lg\left(\frac{I_0}{I}\right) \tag{4-14}$$

式中，$V$ 为密闭容器的体积；$A$ 为暴露在火焰中的试样表面面积。

还可计算发烟系数 $SOI$：

$$SOI = \frac{D_m R}{100 t_c} \tag{4-15}$$

式中，$D_m$ 为比光密度的最大值；$R$ 为 $D_s$-$t$ 曲线的平均增加速度；$t_c$ 为 $D_s$ 达到 16 的时间。

一般认为 $D_s$ 等于 16 是可以透视的临界比光密度，相当于 75% 的透光率。

消光法在实际应用中使用的比较普遍，在测试样品的尺度上也有较大的变化范围，如美国的 Steiner Tunnel Test（ASTM E 84），样品尺寸为 7.6m 长、49.5cm 宽。无论是静态还是动态方法都可采用，NBS 烟箱法是最常用的静态测烟方法，而锥形量热仪是典型的动态测烟方法。

根据斋藤炉测得的最大消光系数（测试条件：试样质量为 1g，升温速率为 5℃/min，送风量为 1L/min），可将聚合物发烟性分为如表 4-21 所示的四个等级。聚四氟乙烯、聚甲基丙烯酸甲酯、缩醛共聚物、聚偏二氯乙烯等聚合物，其发烟性属于极小的等级。酚醛树脂发烟性较大，但若制成泡沫状，其发烟性也极小。而聚苯乙烯及苯乙烯的共聚物、聚丙烯、环氧树脂等，都属发烟性很大之列。

**表 4-21 聚合物发烟性等级**

| 发烟程度 | 消光系数范围 | 光强度范围 | 材料名称 | 形态 | 最大消光系数 |
|---|---|---|---|---|---|
| 极少 | $0 \leqslant C_s < 0.10$ | $90.5 < I \leqslant 100.0$ | 聚四氟乙烯 | 片 | 0 |
| | | | 聚甲基丙烯酸甲酯 | 片 | 0.01 |
| | | | 聚缩醛 | 片 | 0.02 |
| | | | 酚醛泡沫塑料 | 泡沫 | 0.02 |
| | | | 聚偏二氯乙烯 | 薄膜 | 0.03 |

| 发烟程度 | 消光系数范围 | 光强度范围 | 材料名称 | 形态 | 最大消光系数 |
|---|---|---|---|---|---|
| 少 | $0.01 \leqslant C_s < 0.5$ | $60.7 < I \leqslant 90.5$ | 聚邻苯二甲酸二烯丙酯 | 片 | 0.10 |
| | | | 氯丁橡胶泡沫塑料 | 泡沫 | 0.18 |
| | | | 硬聚氨酯泡沫塑料 | 泡沫 | 0.22 |
| | | | 有机硅塑料 | 片 | 0.24 |
| | | | 乙丙热塑弹性体 | 片 | 0.25 |
| | | | 聚乙烯 | 泡沫 | 0.27 |
| | | | 氯化聚乙烯 | 片 | 0.30 |
| | | | 硬聚氯乙烯 | 片 | 0.34 |
| | | | 聚乙烯 | 薄膜 | 0.38 |
| 较多 | $0.50 \leqslant C_s < 1.00$ | $36.3 < I \leqslant 60.7$ | 氯丁橡胶 | 薄膜 | 0.55 |
| | | | 硬质聚氨酯 | 片 | 0.59 |
| | | | 版硬质聚氨酯 | 片 | 0.59 |
| | | | 软质聚氨酯 | 片 | 0.60 |
| | | | 软质聚氨酯泡沫塑料 | 泡沫 | 0.63 |
| | | | 酚醛塑料 | 片 | 0.70 |
| | | | 丁二烯橡胶 | 片 | 0.76 |
| | | | 软质聚氯乙烯薄膜 | 薄膜 | 0.77 |
| | | | 软质聚氯乙烯泡沫塑料 | 片 | 0.82 |
| | | | 聚酰胺 | 片 | 0.88 |
| | | | 聚苯二甲酸酯薄膜 | 薄膜 | 0.89 |
| | | | 丁苯橡胶 | 片 | 0.94 |
| | | | 注塑聚碳酸酯片材 | 片 | 0.94 |
| | | | 不饱和聚酯 | 片 | 0.94 |
| | | | 挤出聚碳酸酯片材 | 片 | 0.97 |
| 多 | $C_s \geqslant 1.00$ | $I \leqslant 36.3$ | 环氧树脂 | 片 | 1.07 |
| | | | ABS | 片 | 1.19 |
| | | | 聚丙烯 | 片 | 1.30 |
| | | | 聚苯乙烯 | 片 | 1.51 |
| | | | 酚醛塑料 | 片 | 2.02 |

塑料烟密度测试基于消光法测量静态发烟量，其原理是将试样水平放置于测试箱内，并将试样的上表面暴露于恒定辐射照度设定在 50kW/m² 以内的热辐射源下，生成的烟被收集在装配有光度计的测试箱内，测量光束通过烟后的衰减结果用比光密度表示。通过发烟量和发烟速率，可以判定材料的燃烧性能。例如，按 GB/T 8323.2 得到的烟密度数据作为材料燃烧性能的判定标准，已被国际海事组织 MSC.41(64) 指定采用。

### 三、实验器材

（一）塑料烟密度试验机

塑料烟密度试验机符合 GB/T 8323-2、ISO 5659.2、ASTM E662 等标准，适用于所有塑料，也可适用于橡胶、纺织品覆盖物、涂漆面、木材和其他材料，被塑料行业、固体材料行业的生产工厂以及科研试验单位广泛使用。其工作原理是在材料热解和（或）燃烧产生烟雾的过程中，测定穿过烟雾的平行光束的透过率变化，计算出在规定面积、光程长度下的光密度。

塑料烟密度试验机主要包括测试箱、箱体温度平衡组件、压力调节水箱、抽风机、供气系统、数据采集系统、电脑及测试软件，并配备试样盒。以 VOUCH5920 塑料烟密度试验机为例（见图 4-22），下面介绍各组件的情况。

图 4-22 VOUCH5920 塑料烟密度试验机外观

1. 测试箱

测试箱是关键单元，内部尺寸为 $(914\pm3)\,mm\times(914\pm3)\,mm\times(610\pm3)\,mm$。箱体内外壁均采用特殊防锈处理（如特氟龙涂层），可以抵御强腐蚀气体的侵蚀，确保长期使用无生锈现象产生，箱体采用全开门敞开式设计方式。箱体具有防泄漏功能，箱体压力从 0.76kPa 降到 0.5kPa 大于 8min。箱体内安装了不小于 $80600\,mm^2$ 的防爆铝箔装置，当发生意外时，可降低测试人员人身风险。

测试箱内设置辐射锥、辐射热流计、燃烧器、称重单元、光源、上下光窗、光学暗盒等部件。辐射锥符合 ISO 5659-2、GB/T 8323、ASTM E662 等标准要求，额定功率为 2600W，长 2210mm，直径为 6.5mm，可提供 $10\sim60\,kW/m^2$ 的热辐射输出，温度控制范围为 $0\sim1000℃$，辐射锥下方 25mm 处达到 $50\,kW/m^2$ 辐射照度时对应辐射锥加热温度为 $700\sim750℃$，温度稳定度为 $\pm2℃$。辐射锥配有直径不小于 130mm 的屏蔽罩（防护板），在规定暴露之前和暴露以后阻止样品受到辐射。辐射热流计设计量程为 $0\sim50\,kW/m^2$，辐射接收靶为水冷式，直径为 10mm，表面覆有耐久的无光泽黑色涂层。热流计的准确度为 ±3%，重复性为 ±0.5%。热流计校准采用箱内放置方式，校准时测试箱门完全关闭。燃烧器符合 ISO 5659-2、GB/T 8323 标准，产生长度为（30±5）mm 的水平蓝色火焰（顶端带有黄色），配合辐射锥进行明火燃烧测试。称重单元用于测试材料的热失重数据，称重传感器量程为 0~3000g，解析度为 0.01g，测量精度为 0.1g，30min 内漂移小于 0.1g。箱体下部安装白炽灯光源，提供均匀的光斑输出，光束为直径 51mm 的平行光，上下光窗位置光束直径误差小于 1mm，20min 内光强稳定度小于 1%，30min 内噪声小于 0.5%，30min 内漂移小于 0.5%，可通过测试软件自动进行光强稳定度、噪声、漂移校准功能，校准完成可生成 EXCEL 测试报告，提供每秒测试原始数据。上下光窗直径为 75mm，下光窗配有 9W 环形加热器，加热温度为 50~55℃。箱体顶部安装光学暗盒、光电倍增管接收器，透光率解析度可达到 0.00000001%；$D_s$ 最大值至少测到 1000 以上。暗盒中安装 ND2 中性滤光片，滤光片经过 500~650nm 的校准检测，可用于透光率的校准。暗盒中还安装有滤光切换器，用于测试中在 Clear、Filter 以及 Dark 三个档位自动切换。

2. 箱体温度平衡组件

通过设置在测试箱外壁的辅助加热和冷却部件，设定箱体内温度后确保箱体温度平衡，在 30~80℃ 范围内可调。

3. 压力调节水箱

压力调节水箱可以用 304 不锈钢材料制造，长期使用时可保证耐腐蚀，配置水位指示标志、进水口、补水阀、放水阀等。压力调节水箱与测试箱泄压口相连，自动调节平衡箱体内的压力。

4. 抽风机

抽风机与测试箱排气口相连，用于快速排出测试废气，排气压力大于 0.5kPa。测试箱顶部的排气口可通过自由运动的气缸打开或关闭。

5. 供气系统

供气系统将纯度至少为 95%、最小压力为（3.5±1）kPa 的丙烷和空气混合气体在压力为（170±30）kPa 下提供给燃烧器。每一种气体都要经过针形阀和校准流量计才能到达混合点，然后提供给燃烧器。用于测量丙烷的流量计量程为 100cm³/min，用于测量空气的流量计量程为 500cm³/min。约为 50cm³/min 的丙烷流量和 300cm³/min 的空气流量，可得到规定长度为（30±5）mm 的试验火焰。

6. 数据采集系统及测试软件

数据采集系统为 16 通道，通过 USB 或网口方式与电脑直接相连。温度数据通过耐高温热电偶测定。测试软件具有各种校准功能、烟密度测试功能、称重分析功能，可以保存测试数据并以电子表格形式导出。

7. 试样盒

试样盒边长为 78mm，上面配有方形护圈（盒盖），用于遮挡热辐射，以降低材料样品边缘燃烧，护圈内边长为 65mm。护圈上有 2 个螺钉，拧紧后可将护圈与试样盒固定住，防止燃烧时样品膨胀或变形顶开护圈。为防止试样分层，还可以配以线栅。线栅是边长为 75mm 的正方形，带有边长为 20mm 的正方形孔。当测试膨胀性样品时，不应使用线栅。

试样盒底部设有边长为 59mm 的卡槽，以便将试样盒安放在支撑架上（见图 4-23）。

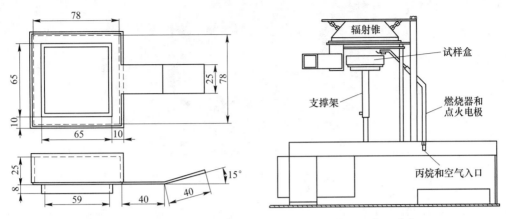

图 4-23　试样盒的尺寸（单位：mm）及其与辐射锥的位置分布

（二）实验试样

1. 试样制备

以聚碳酸酯、聚苯乙烯、木材及涂覆防火涂料的五合板等材料为样品，切割得到实验试样。试样尺寸：长宽为 75mm×(75±1) mm，厚度为 (25±1) mm；材料厚度大于 25mm 时，应将试样厚度加工至 (25±1) mm。针对每种燃烧模式准备一组 3 个试样，即辐射照度为 25kW/m² 时，无引燃火焰测试 3 个、有引燃火焰测试 3 个；辐射照度为 50kW/m² 时，无引燃火焰测试 3 个、有引燃火焰测试 3 个。

2. 状态调节

将试样置于 (23±2)℃、相对湿度 50%±10% 的环境中进行状态调节直至恒重，即在时间间隔为 24h 的两次相继称重中，样品的质量差不大于样品质量的 0.1% 或不大于 0.1g。

**四、实验步骤**

（一）准备阶段

（1）接通塑料烟密度试验机的电源，合上电源开关（POWER）。接通外部空气源，接通外部丙烷气源。打开箱体加热开关，对箱体进行加热。

（2）箱体密封性测试（若一个月内做过该测试且未发现异常，可省略该步骤）：关闭测试箱门，打开空气进入阀，慢慢调节针阀使空气进入测试箱，同时观察箱体压力到达 750Pa 时关闭阀门（见图 4-24），如 5min 内箱体压力未降到 500Pa 以下，则认为箱体是合格的，如果降到 500Pa 以下，则需检查箱体密封性，以免影响测试数据。

（3）检查测试箱壁面温度。若刚刚完成上一次试验，则关闭测试箱门、打开排气口和进气口，用空气冲洗测试箱直至完全扫清余烟，之后让仪器稳定，直到测试箱壁面温度稳定在 (40±5)℃（测试条件为 25kW/m²）或 (55±5)℃（测试条件为 50kW/m²）。关闭进气阀。对于膨胀性材料，测试箱壁面温度应稳定在 (50±10)℃（测试条件为 25kW/m²）或 (60±10)℃（测试条件为 50kW/m²）。若温度太高，则可使用排气扇抽取较冷的空气。

（4）确定测试条件。从（辐射照度 25kW/m²+有引燃火焰）（辐射照度 25kW/m²+无

图 4-24   箱体密封性测试主要部件和仪表

引燃火焰）（辐射照度 $50kW/m^2$+有引燃火焰）（辐射照度 $50kW/m^2$+无引燃火焰）四种模式中选择一种。

（5）根据所选择的辐射照度，设置辐射锥的温度（见图 4-25，参考近期测试时辐射照度对应的辐射锥温度），必要时使用辐射热流计测定，确保辐射照度达到要求。

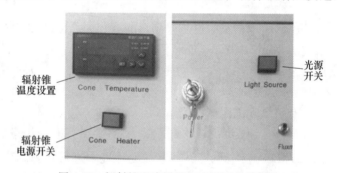

图 4-25   辐射锥温度设置和光源开关等部件

（6）清洁光窗。每次测试前，检查测试箱内部，使用纸巾或软布擦拭干净光窗表面，若有必要还应清洁箱壁和支撑架。

（7）透光率校验。打开测试光源，让光源充分预热至少 15min。启动测试软件，在塑料烟密度数据分析系统输入材料名称等测试信息后，从菜单中打开透光率校验窗口。调节零点，然后打开挡板，使得透光率读数为 100%。再次关闭挡板，若有需要使用最灵敏的范围（0.1%）重新检查和调整零点。重新检查 100%设定。重复上述操作，直到在打开或关闭挡板时能在透光率校验界面得到零点和 100%读数。

（8）包裹试样：用一张完整的铝箔（厚度约为 0.04mm）包裹住试样的整个背面，并沿着边缘包裹试样正面的外围，仅留出 65mm×65mm 大小的中心测试区域，铝箔的较暗面与试样接触。操作时避免刺穿铝箔或使铝箔有过多的褶皱。铝箔的折叠应使在试样盒底部试样的熔融损失最少。

（9）将试样放入试样盒。包裹后的试样若厚度不大于 12.5mm，则用厚度为 12.5mm、烘干密度为（850±100）$kg/m^3$ 的不燃隔热板和低密度耐火纤维毡（密度为 $65kg/m^3$）一起作为衬垫，耐火纤维毡放在不燃隔热板的下面；若厚度大于 12.5mm 且小于 25mm，则用低密度耐火纤维毡作为衬垫；若厚度达到 25mm，则只放置试样。试样放入试样盒后，应将沿着前边缘的多余铝箔修剪掉，且样品不应提升护圈结构。

（10）检查并调节试样上表面与辐射锥底面的距离。试样上表面到辐射锥底面的距离应为 25mm，对于膨胀性材料（测试期间样品上表面膨胀隆起高度超过 10mm），该距离应为 50mm。

（11）若测试条件为有引燃火焰，检查并调节燃烧器与辐射锥底部边缘的距离应为 15mm，打开丙烷阀门和空气阀门，点燃辐射锥下方燃烧器，检查气体流速，并调节气体流速（见图 4-26），将火焰调节到长度为（30±5）mm。

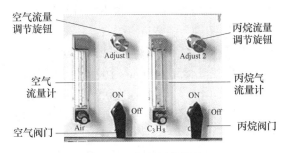

图 4-26 火焰调节部件

（二）测试阶段

（1）打开测试软件的测试界面。

（2）关闭观察窗口、排风扇。关闭下气门（进气口），打开上气门（排气口）。将盛放试样的试样盒放置于辐射锥下面的支撑架上。

（3）关闭上气门，打开屏蔽罩。立即关闭测试箱门和进气口，同时开启数据记录系统。对于有引燃火焰的测试条件，若引燃火焰在移除屏蔽罩前就熄灭了，则应立即重新点燃引燃火焰，同时移除屏蔽罩。

（4）立即点击测试界面中的"数据采集"，再点击"开始"，记录连续的透光率和时间数据。

（5）观察并记录样品的任何特殊燃烧特征，如分层、膨胀、收缩、熔融和塌陷，并记录从试验开始后发生特殊行为的时间，包括点火时间和燃烧持续时间。记录颜色、沉积颗粒性质等烟特征（有焰燃烧或无焰燃烧时，可以生成完全不同类型的烟雾）。观察燃烧器的火焰状态，若测试期间火焰熄灭并在 10s 内没有再次点燃，则应立即停止燃烧器的供气。

（6）10min 时检查透光率是否达到最低值，若是，则终止试验，按测试界面中"停止"按钮结束测试，系统自动分析测试结果并形成报告；若否，则可继续测试到 20min。

（7）如测试条件为有引燃火焰，关闭丙烷阀门和空气阀门，熄灭燃烧器火焰。关闭屏蔽罩，当水柱压力表显示为小的负压时，打开上、下气门，打开排气扇风机，并持续排气（一般 5min 以上）直到在合适量程内记录到透光率最大值，记为"清晰光束"读数 $T_c$，用于校正光窗上沉积物。

（8）重复测试其他试样。

（9）关机：先关闭丙烷气钢瓶，再关闭燃烧器供气阀门，熄灭燃烧器火焰；逐步调低辐射锥温度，关闭辐射锥电源；关闭光源和光加热器；保存测试结果，查看测试报告，导出测试数据和报告，关闭测试软件、电脑及烟密度试验机电源。

（10）打开箱门进行内部清理。箱体内部吸尘：用毛刷刷掉吸附在箱体内壁的灰尘，再用中等功率吸尘器完全吸尽。擦拭光窗：用干净擦拭布沾清洗剂擦拭，清除灰尘和冷凝物，直至完全干净。检查不锈钢水桶内的纯净水或自来水是否需要补充。

### 五、实验记录及数据处理

（1）将导出的测试数据绘制成曲线图，横坐标为时间，纵坐标为透光率。

（2）列表记录每个试样的最小透光率 $T_{min}$，按下式计算最大比光密度 $D_{smax}$：

$$D_{smax} = 132\lg(100/T_{min}) \tag{4-16}$$

式中，132 为（$V/AL$）即测试箱容积/（试样暴露面积×光路长度）的计算值。必要时，可用 10min 时的透光率 $T_{10}$ 替代 $T_{min}$，计算出 10min 时的比光密度 $D_{s10}$。

（3）分析测试误差，应保证单个试样的 $D_{smax}$ 与该组 3 个试样的平均值之差小于该平均值的 50%，否则应在相同测试条件下测试另外一组 3 个试样，并记录 6 个测试结果的平均值。

（4）用 $T_c$ 替换式（4-16）中 $T_{min}$ 计算出校正因子 $D_c$，若 $D_c$ 小于 $D_{smax}$ 的 5%，则不记录校正因子，否则应在测试结果中予以记录。若 $D_s$ 大于 792，也应在测试结果中予以记录。

（5）将主要实验现象和数据列入表 4-22，通过对测试结果的比较，分析测试条件对烟密度的影响。

**表 4-22　塑料烟密度测试记录表**

材料名称：_____　样品厚度：_____　（□是 □否）使用线栅

辐射功率：□25kW/m² □50kW/m²　（□有 □无）引燃火焰

| 序号 | 1 | 2 | 3 |
|---|---|---|---|
| 试样质量/g | | | |
| 测试持续时间/s | | | |
| $D_{smax}$ | | | |
| $D_{s10}$ | | | |
| $D_c$ | | | |
| 现象及发生时间 | | | |

误差分析：

### 六、注意事项

（1）压缩空气的气源容量宜大于 3L/min。

（2）烟密度试验机应置于大型排烟罩下方，或通过管道将其排气口连通到室外。

（3）操作人员开始测试前应熟悉仪器结构及操作，掌握易燃气体使用的安全知识，并做好相应安全防范措施；在确认没有燃气泄漏的情况下，方可进行本项试验。清洁测试箱和部分操作阶段应戴防尘面罩、手套等防护用品。

（4）若发现燃气泄漏，应立即停止试验，此时禁止点燃火源及开启电源开关，应打开试验设备及试验室的门窗，让燃气排到室外；在气体泄漏较少的情况下，可开启排风扇，加快排出易燃气体。故障排除后，方可重新进行试验。

（5）试验结束时，必须先关闭贮气瓶的阀门，让燃烧器继续燃烧，待管内燃气燃烧完毕，再将其余的阀门关闭。

（6）必须经常检查气体管道及连接口的密封性能，若管道老化，应及时更换，确保安全。

（7）热塑性塑料薄膜等薄样品，若测试中由于薄膜与衬垫之间存有空气而发生膨胀，其测试结果不可用，应重新准备试样并在薄膜上剪 2~3 个开口（20~40mm 长）以便排除空气。

### 七、思考题

（1）烟参数都有哪些？各有什么作用？

（2）如何正确获取烟参数并合理评价试样的生烟过程？

（3）聚合物的生烟过程有哪些特点？

（4）测试过程中，涂层和表面材料，包括层压片、瓷砖、纺织布和用黏接剂安全黏接到基材的其他材料，以及没有黏接基材的复合材料，可能产生分层、破裂、剥落或其他形式的分离，这些行为对烟的生成有何影响？

（5）有焰燃烧和无焰燃烧时，烟特征有何不同？

# 第十二节　锥形量热仪测试

### 一、实验目的

（1）明确测量热释放速率的方法和耗氧原理。

（2）熟悉锥形量热仪的测试原理、主要结构。

（3）掌握锥形量热仪的实验步骤。

（4）理解锥形量热仪测试数据的用途。

### 二、实验原理

（一）测量火灾热释放速率的耗氧原理

火灾情况下的燃烧一般处于开放体系，依据传统的测量绝热体系温度变化（如氧弹量热）的方法来获取热释放速率（heat release rate，HRR）是非常困难的。目前主要有两种方法测量材料燃烧释放的热能：一种方法是测定燃烧产物的成分及物质的量，得到物质确切的燃烧化学反应，根据反应物和产物的生成焓或完全燃烧热，经化学热力学衡算得到燃烧化学反应的热量。另一种方法是基于耗氧原理，只需测得燃烧过程中氧气的消耗量就可以计算出材料的热释放速率。后者在技术上比较容易实现，且非常适合于开放体系中燃烧热的测量。

耗氧原理发现于 20 世纪。1917 年 Thornton 对大量有机气体和液体物质的燃烧热进行了计算，结果发现这些化合物尽管燃烧热值各不相同，但耗氧燃烧热值却极为相近，因此提出有机物燃烧时其耗氧燃烧热值可以看成常数。1980 年 Huggett 基于这一原理进一步对一些常用的有机聚合物及天然有机高分子材料做了系统的计算，结果表明，绝大多数所测材料的耗氧燃烧热接近 13.1kJ/g 这一平均值（计算平均值时未包含乙炔（$E = 15.69$kJ/g）、聚甲醛（$E = 14.50$kJ/g）等偏差较大的材料），偏差大约为 5%，该误差对火灾测试是可以接受的。

因此，耗氧原理是指"燃烧过程中，每消耗单位质量的氧所释放的热近似是一个常数"，进而可以根据物质在燃烧实验中消耗的氧气的量来计算材料在燃烧过程中释放的热能。耗氧燃烧热定义为燃料与氧气完全燃烧时反应掉（消耗掉）每克氧所产生的热量，以 $E$ 表示，单位为 kJ/g。

$$E = \frac{\Delta H_c}{r^0} \tag{4-17}$$

式中，$r^0$ 为完全燃烧反应中氧的质量与完全燃烧反应中燃料的质量之比，即氧与燃料完全燃烧时的计量比。

耗氧燃烧热是根据完全燃烧反应过程计算的，而在实际火灾中空气的流通量常常受到限制，燃烧反应过程往往为不完全燃烧。因此，用耗氧燃烧热平均值 13.1kJ/g 计算的热量同实际可能产生的热量会有差别。特别是当空气不足时，如室内火灾处于通风控制阶段，材料的实际燃烧热与该耗氧燃烧热平均值存在较大偏差。但分析表明，对大多数材料来说，不完全燃烧对耗氧原理测热影响不大，对少数有影响的材料如聚丙烯腈（完全燃烧 $E = -13.61$kJ/g，不完全燃烧 $E = -20.41$kJ/g），必要时应进行校正计算。有的复合材料含有大量氢氧化镁等具有显著热效应的填料，其 $E$ 随填料量增大而减小。

（二）锥形量热仪的测试原理

1. 模拟火灾环境的高辐射热流特征

锥形量热仪以其锥形加热器（辐射锥）而得名，该加热器（结构尺寸见第二章第九节）的特点在于使样品表面均匀地受到强度最高达 100kW/m² 的热辐射作用，以模拟火场的高热辐射环境。当样品表面距离辐射锥底面 25mm 时，在暴露试样表面的中心部位 50mm×50mm 范围内，辐射照度与中心处的辐射照度偏差不超过 ±2%。

2. 测热原理

锥形量热仪基于耗氧原理测量热释放速率，最初也有人称之为耗氧量热仪（oxygen depletion calorimeter）。根据耗氧原理，热释放速率应为耗氧燃烧热与单位时间氧气消耗质量的乘积，即：

$$\dot{q} = E(\dot{m}_{O_2}^0 - \dot{m}_{O_2}) \tag{4-18}$$

式中，$\dot{q}$ 为热释放速率，kW；$E$ 为耗氧燃烧热（通常聚合物材料近似取 $-13.1$kJ/g）；$\dot{m}_{O_2}^0$、$\dot{m}_{O_2}$ 分别为初始空气中和燃烧过程中气体中氧的质量流速，kg/s，二者之差可以用下式计算：

$$\dot{m}_{O_2}^0 - \dot{m}_{O_2} = \frac{X_{O_2}^{A0} - X_{O_2}^A}{1 - X_{O_2}^A} \dot{m}_a \frac{M_{O_2}}{M_a} \tag{4-19}$$

式中，$X_{O_2}^{A0}$ 为实验前氧分析仪中测到的氧气的摩尔分数，即大气中氧气的含量（摩尔分数）；$X_{O_2}^A$ 为燃烧实验过程中氧分析仪中测到的氧气的摩尔分数；$\dot{m}_a$ 为初始空气的质量流速，kg/s；$M_{O_2}$ 为氧气的摩尔质量，kg/mol；$M_a$ 为空气的摩尔质量，kg/mol。

在开放体系中，流入系统的空气质量流速 $\dot{m}_a$ 不容易测定，但是流出系统的质量流速 $\dot{m}_e$ 可以通过孔板流量计测量：

$$\dot{m}_e = C\sqrt{\frac{\Delta p}{T_e}} \tag{4-20}$$

式中，$\dot{m}_e$ 为燃烧过程中气体的质量流速，kg/s；$C$ 为孔板系数，$kg^{\frac{1}{2}} \cdot m^{\frac{1}{2}} \cdot K^{\frac{1}{2}}$；$\Delta p$ 为气体流经孔板流量计产生的压力降，Pa；$T_e$ 为孔板流量计处的气体温度，K。

燃烧反应前后，气体会发生膨胀。假设聚合物燃烧反应的化学方程式为：

$$C_a H_b O_c N_d X_e + \left(a - \frac{g}{2} + \frac{b-e}{4} - \frac{c}{2}\right) O_2 \longrightarrow$$

$$(a-g)CO_2 + \frac{b-e}{2}H_2O + eHX + gCO + \frac{d}{2}N_2 \tag{4-21}$$

式中，C、H、O、N、X 分别代表碳、氢、氧、氮、卤素；$a$、$b$、$c$、$d$、$e$ 表示对应原子数。

用反应系数 $\beta$ 表示燃烧反应产物摩尔总数与所需耗氧摩尔总数之比，或反应前后气相的体积变化，其表达式为：

$$\beta = \frac{(a-g) + \dfrac{b-e}{2} + e + g + \dfrac{d}{2}}{a - \dfrac{g}{2} + \dfrac{b-e}{4} - \dfrac{c}{2}} = \frac{4a + 2b + 2e + 2d}{4a - 2g + b - e - 2c} \tag{4-22}$$

在流出体系中测到的流入体系的空气参与反应后的体积膨胀因子 $\alpha$ 可以表达为：

$$\alpha = X_{N_2}^0 + X_{H_2O}^0 + X_{CO_2}^0 + \beta X_{O_2}^{A0}$$
$$= 1 - X_{O_2}^{A0} + \beta X_{O_2}^{A0}$$
$$= 1 + (\beta - 1)X_{O_2}^{A0} \tag{4-23}$$

式中，$X_{N_2}^0$、$X_{H_2O}^0$、$X_{CO_2}^0$ 分别为初始空气中 $N_2$、$H_2O$、$CO_2$ 的摩尔分数。

以甲烷为例，假设甲烷的燃烧是完全燃烧，其反应式为：

$$CH_4 + 2O_2 \longrightarrow CO_2 + 2H_2O \tag{4-24}$$

由此可知：$a=1$，$b=4$，$c=0$，$d=0$，$e=0$，$g=0$。将其代入式（4-22）和式（4-23）可得：$\beta=1.5$，$\alpha=1.105$。

考虑到反应后的气体膨胀，$\dot{m}_a$ 和 $\dot{m}_e$ 存在如下关系：

$$\dot{m}_a = \frac{\dot{m}_e}{1 + \Phi(\alpha - 1)} \tag{4-25}$$

式中，$\Phi$ 为耗氧因子。

$\Phi$ 可由下式计算：

$$\Phi = \frac{\dot{m}_{O_2}^0 - \dot{m}_{O_2}}{\dot{m}_{O_2}^0} = \frac{X_{O_2}^{A0} - X_{O_2}^A}{X_{O_2}^{A0}(1 - X_{O_2}^A)} \tag{4-26}$$

于是，式（4-19）可以改写为：

$$\dot{m}_{O_2}^0 - \dot{m}_{O_2} = \frac{X_{O_2}^{A0} - X_{O_2}^A}{1 - X_{O_2}^A} \frac{\dot{m}_e}{1 + \Phi(\alpha - 1)} \frac{M_{O_2}}{M_a}$$

$$= \frac{X_{O_2}^{A0} - X_{O_2}^A}{1 - X_{O_2}^A} \left( \dot{m}_e \frac{M_{O_2}}{M_a} \right) \frac{1}{1 + \Phi(\alpha - 1)}$$

$$= \frac{X_{O_2}^{A0} - X_{O_2}^A}{1 - X_{O_2}^A} \left( \dot{m}_e \frac{M_{O_2}}{M_a} \right) \frac{X_{O_2}^{A0}(1 - X_{O_2}^A)}{X_{O_2}^{A0}(1 - X_{O_2}^A) + X_{O_2}^{A0}(\alpha - 1) - X_{O_2}^A(\alpha - 1)}$$

$$= \left( \dot{m}_e \frac{M_{O_2}}{M_a} \right) \frac{(X_{O_2}^{A0} - X_{O_2}^A)X_{O_2}^{A0}}{- X_{O_2}^{A0}X_{O_2}^A + X_{O_2}^{A0}(1 + X_{O_2}^{A0}\beta - X_{O_2}^{A0}) - X_{O_2}^A(1 + X_{O_2}^{A0}\beta - X_{O_2}^{A0}) + X_{O_2}^A}$$

$$= \left( \dot{m}_e \frac{M_{O_2}}{M_a} \right) \frac{X_{O_2}^{A0} - X_{O_2}^A}{1 + X_{O_2}^{A0}\beta - X_{O_2}^{A0} - X_{O_2}^A\beta}$$

$$= \left( \dot{m}_e \frac{M_{O_2}}{M_a} \right) \frac{X_{O_2}^{A0} - X_{O_2}^A}{\alpha - \beta X_{O_2}^A} \tag{4-27}$$

由此，热释放速率表达式为：

$$\dot{q} = E \left( \dot{m}_e \frac{M_{O_2}}{M_a} \right) \frac{X_{O_2}^{A0} - X_{O_2}^A}{\alpha - \beta X_{O_2}^A} \tag{4-28}$$

式中，$E$ 近似取 $-13.1 \times 10^3 kJ/kg$；$M_{O_2} \approx 0.032 kg/mol$；$M_a \approx 0.029 kg/mol$；$X_{O_2}^{A0} \approx 0.2095$。

由于一般聚合物的 $\alpha$、$\beta$ 与甲烷相差不大，因此锥形量热仪一般采用甲烷的 $\alpha$、$\beta$ 计算聚合物的热释放速率，即 $\alpha = 1.105$、$\beta = 1.5$。于是，热释放速率计算公式进一步转化为：

$$\dot{q} = E \left( \dot{m}_e \frac{M_{O_2}}{M_a} \right) \frac{X_{O_2}^{A0} - X_{O_2}^A}{\alpha - \beta X_{O_2}^A}$$

$$= 13.1 \times 10^3 \times 1.10 \times C \sqrt{\frac{\Delta p}{T_e}} \times \frac{0.2095 - X_{O_2}^A}{1.105 - 1.5 X_{O_2}^A} \tag{4-29}$$

式（4-29）就是常用的锥形量热仪测热的标准计算公式，其中，未知数 $C$ 的值可以用甲烷的燃烧实验来标定，$\Delta p$、$T_e$、$X_{O_2}^A$ 均由仪器测定。

因此，锥形量热仪测热的关键是要测定烟道中孔板流量计附近的压力降和温度，以及氧浓度。实际经验表明，一般聚合物材料在锥形量热仪燃烧实验过程中的氧浓度可由20.95%下降到17%左右，即氧浓度变化相对值并不大，这样对氧分析仪的灵敏度要求较高，否则影响热释放速率测量的精确程度。目前，氧浓度一般通过顺磁氧分析仪测得，其灵敏度可以达到 $50 \times 10^{-6}$ 甚至 $20 \times 10^{-6}$ 氧浓度，足以保证耗氧原理在实际中的应用。

3. 测试参数及用途

① 点燃时间（time to ignition，TTI）

在一定的热辐射照度下（$0 \sim 100 kW/m^2$），用一定的标准点燃火源（电弧火源），样品从暴露于热辐射源开始，到表面出现持续点燃现象为止的时间（单位为 s），就是样品在设定的辐射功率下的点燃时间。有时也称耐点燃时间。

② 热释放速率（heat release rate，HRR 或 rate of heat release，RHR）

在预设的加热器热辐射照度下，样品点燃后单位面积上释放热量的速率，单位为 $kW/m^2$。

（1）平均热释放速率（mean heat release rate，MHRR）：单位为 $kW/m^2$。平均热释放速率与截取的时间有关，因此有几种表示方法。从燃烧起始至熄灭期间的平均热释放速率表示总的平均热释放速率。在实际使用中，经常采用被测样品从燃烧开始至 60s、180s、300s 等初期的平均热释放速率，即 MHRR60、MHRR180、MHRR300 来表示。采用初期的平均值，主要是因为在实际火灾过程中，初期的热释放速率有重要作用。比如，设计阻燃材料就是着眼于早期火灾的防治，实际上当火灾进入充分发展的阶段时，大多数高分子阻燃材料的阻燃作用就发挥不了作用了；在消防设计中，初期火灾的发展直接同消防设计方案有关。有研究已表明，锥形量热仪测量的前 180s 的平均热释放速率同大型实验的室内火灾初期的热释放速率数据有很好的相关性。在实际使用时采取哪种平均值要根据实际研究的对象来决定，原则上是要能更好地反映真实火灾的情况。

（2）峰值热释放速率（peak heat release rate，PHRR）：峰值热释放速率是材料重要的火灾特性参数之一，单位为 $kW/m^2$。一般材料燃烧过程中有一处或两处峰值，其初始的最大峰值往往代表材料的典型燃烧特性。

（3）火灾性能指数（fire performance index，FPI）：该指数被定义为点燃时间同峰值热释放速率的比值。它同封闭空间（如室内）火灾发展到轰燃临界点的时间，即"轰燃时间"有一定的相关性。*FPI* 越大，轰燃时间越长。而轰燃时间是消防工程设计中的一个重要参数，它是设计消防逃生时间的重要依据。

③ 质量损失速率参数（mass loss rate，MLR）

锥形量热仪的试样支撑架下为称重单元的压力测重传感器，可以在加热和燃烧过程中动态测量、记录样品的热失重情况。记录的热失重曲线再通过五点差分法，可计算样品质量的损失速率。

④ 有效燃烧热（effective heat of combustion，EHC）

有效燃烧热表示燃烧过程中材料受热分解形成的挥发物中可燃烧成分燃烧释放的热，单位为 MJ/kg。由 *EHC＝HRR/MLR* 计算。反映材料在气相中有效燃烧成分的多少，能够帮助分析材料燃烧和阻燃机理。

⑤ 动态烟参数

通过激光器和光信号接收器基于消光法测得动态烟参数，如比消光面积（specific extinction area，SEA）、生烟速率（smoke production rate，SPR）、总生烟量（total smoke production，TSP）、烟释放速率（rate of smoke release，RSR）。

⑥ 烟气浓度

通过其他气体传感器测得 CO、$CO_2$ 等烟气的浓度。

锥形量热仪测得的参数，一般有以下用途：

（1）评价材料的燃烧性能或分级，根据 GB 8624，B1 级电器、家具制品用泡沫塑料在《建筑材料热释放速率试验方法》（GB/T 16172）标准测试中应符合单位面积热释放速率峰值不大于 $400kW/m^2$。

（2）分析材料燃烧行为及阻燃机理，如热厚型炭化阻燃材料具有前单峰型或双峰型 *HRR* 曲线（见图 4-27），气相阻燃材料具有较小的 *EHC*。

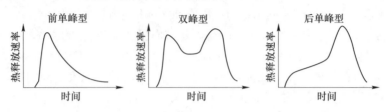

图 4-27　热厚型样品的 *HRR* 曲线类型

（3）作为火灾模型的输入参数、火灾评估的基础数据，为火灾模拟、评估和性能化设计提供依据。

### 三、实验器材

#### （一）锥形量热仪

锥形量热仪应符合 GB/T 16172、ISO 5660.1、ISO 5660.2、BS EN 45545-2 等标准。以 VOUCH6810 型锥形量热仪为例，其外观和结构如图 4-28、图 4-29 所示。

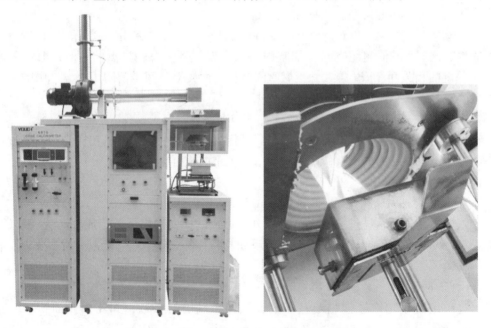

图 4-28　VOUCH6810 型锥形量热仪及辐射锥外观

（1）燃烧系统：包括辐射锥及辐射防护板、辐射热流计及水冷系统、电火花点火器、辐射锥热电偶、控制电路、试样盒、集烟罩、防护屏、排烟管道等。确定入射热流强度测试条件后，通过设定辐射锥温度得到所需辐射照度，以辐射热流计核定辐射热流值；盛放试样的试样盒安放在称重单元的试样支撑架上、辐射锥的下方，在辐射热作用下经电火花点火器点燃，燃烧烟气由排烟系统抽走。试样盒与烟密度测试试样盒具有相同的结构，其尺寸见第二章第九节。为标定 *C* 值，还配有以甲烷为燃料的标定燃烧器。

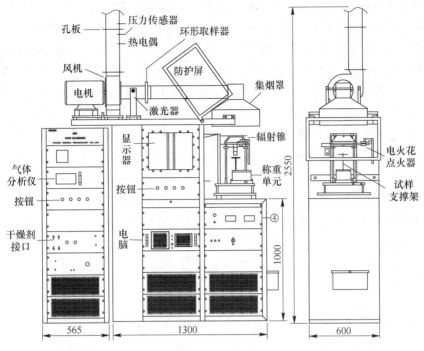

图 4-29　VOUCH6810 型锥形量热仪主要结构（单位：mm）

（2）称重单元：位于辐射锥下方，用于动态测定样品质量，顶面连接放置试样盒的支撑架。

（3）样品气取样及净化系统：在真空泵负压作用下，排烟管道中的烟气在环形取样器采集后，分别经过内装玻璃纤维的圆柱形一级过滤器、内装过滤棉的圆筒形二级过滤器、外部塑封的片状三级过滤器，去除烟尘，而后经过冷阱降温冷凝水蒸气和低沸点物质（若在氧分析仪内发生冷凝则影响氧浓度测定），最后经过变色硅胶、氧化钙等干燥剂去除水分、$CO_2$（需要测定 $CO_2$ 浓度时不需要接氧化钙干燥剂）。

（4）气体分析仪：净化后的样品气进入气体分析仪，动态测定氧浓度，是锥形量热仪的核心部件。必要时可增配 CO、$CO_2$ 等气体分析仪。

（5）激光测烟系统。在通风排烟管道外设有氦氖激光发射器、伪双电子束测量装置和热电偶等装置，以此可测定烟管道中烟的比消光面积（SEA）。

（6）排烟系统：启动离心式排烟风机，通过控制调速电机达到规定的烟道气流量，将烟气从燃烧系统抽走，并经孔板流量计后离开管路。配以实验室通风系统，将烟气进一步排到室外。

（7）辅助设备：主要包括电脑、显示器、测试软件、用于标定的甲烷气、氮气等。根据需要，也可以增配烟气成分分析仪、红外光谱分析仪等测定烟气中的氮氧化物等气体浓度，增配红外热像仪、数据采集仪和热电偶等测量试样的温度分布。

（二）实验试样

1. 样品件的准备

除非另有规定，对于选定的每一种辐射照度和暴露表面，应有 3 个试样进行试验。试样应能表征制品的特征，其尺寸为 $100^0_2$ mm × $100^0_2$ mm 的正方形。公称厚度等于或小于 50mm 的制品应采用其实际厚度进行试验。对于公称厚度超过 50mm 的制品，应对非暴露表面一侧进行切割，使其厚度减少到 50mm。当从表面不规则的制品切取试样时，表面的最高点应处于试样的中心部位。组件试样的制备应按适用的规定进行。如材料或复合材料在使用时与特定的基材相接触，试验时也应将基材加上，固定方式可采取黏结或机械固定。在没有唯一的或特定的基材时，应根据 ISO/TR 14697 选用适当的基材进行试验。厚度小于 6mm 的制品，在试验时应加上能代表其最终使用条件的基材，使总的试样厚度不小于 6mm。（厚度不同，*HRR* 曲线的形状不同，厚样品便于形成稳定燃烧阶段。热厚型样品具有较明显的 *HRR* 曲线特征，很薄的样品不一定符合。热厚型样品指样品厚度大于其热穿透厚度。实验中一般聚合物样品超过 6mm 即可认为是热厚型样品。实际上，塑料制品厚度一般选择大于 6mm，橡胶制品因为制样等原因可选择 4mm 以上。一般 *HRR* 曲线达到一定的稳定阶段后，方可认为是达到热厚型样品的要求。）

本实验采用木材、聚甲基丙烯酸甲酯等板材为实验样品，经木工带锯或手工电锯切割得到规定尺寸的试样。板材厚度不足 6mm 时，裁取多片后叠加起来作为测试试样。

2. 试样的状态调节

试验前，应根据 ISO 554 将试样在温度（23±2）℃、相对湿度 50%±5% 的条件下养护至质量恒定。在相隔 24h 的两次称量中，试样的质量之差不超过试样质量的 0.1% 或 0.1g（取数值较大者），则认为达到恒定质量。像聚酰胺这样需要养护超过一周才能达到平衡的材料，应根据 GB/T 2918 养护后再进行试验。养护时间不应少于一周，并应在实验结果中说明。

**四、实验步骤**

**（一）准备阶段**

（1）接通锥形量热仪的电源，预热 1h，确保氧分析仪处于启动状态，待锥形量热仪处于稳定状态后，方可进行标定和测试。

（2）检查 $CO_2$ 过滤器和水分过滤器。如必要则更换吸附剂。排净冷阱中的凝结水。冷阱的正常工作温度不应超过 4℃。如果在检查期间打开过气体取样系统线路中的分离器或过滤器，宜检查气体取样系统的泄漏情况（开启试样真空泵），如以与通入样品气相同的流量和压力通入纯氮气（气源尽可能接近环形取样器），此时氧分析仪读数宜为 0。

（3）选择辐射照度测试条件，通过温度控制器设置辐射锥的温度。为保护锥形加热器，宜先升温至 400℃，温度稳定后等待 5min，再继续升温至所需设定的辐射照度的对应温度。参考：25kW/m²、50kW/m²、75kW/m²、100kW/m² 辐射照度的对应温度分别为 625℃、770℃、880℃、975℃。燃烧测试过程中，不要改变辐射照度。升温期间及试验间歇期间，在称重单元的上方放置一个隔热层（例如带耐热纤维垫的空试样盒或水冷的辐射屏蔽层），以避免过多的热量传递到称重单元。

（4）检查试样上表面与辐射锥底面的距离。将试样盒放置在支撑架上，初始测定试样质量时，核定一下辐射锥的底面（打开防护板时）至样品件外露的表面之间的距离，应该保证在 25mm，如果距离不对，应及时进行调节。在称重传感器的立杆处，有一凸出的调节螺钉，松开螺钉后上下移动滑套即可调节距离。

（5）启动风机，启动电脑和测试软件，在软件界面查看烟道气流量，通过风机控制旋钮，调节排气流量为（0.024±0.002）$m^3/s$。

（6）检查仪器状态及标定情况。锥形量热仪在燃烧测试前，需要进行标定工作。标定的项目有称重单元标定、氧分析仪标定、热释放速率标定、辐射锥标定、测烟系统标定。上述参数只有经过标定后，才能使计算机对样品件燃烧测试时所采集的数据进行有效的运算处理。标定参数必须符合要求，达到仪器的精度范围，才能得到较好的标定数据，顺利地进行实验测试。若仪器状态及环境条件较稳定，称重单元标定和热释放速率标定可以间隔数月进行一次，在确定近期仪器正常的情况下，不必每次测试前都进行标定（标准测试除外）。

称重设备标定：称重设备标定应使用试验试样质量范围内的称重标准件。关闭辐射锥并使装置在进行标定之前冷却到环境温度。将装有（250±25）g 的不燃称重标准件的试样盒放置在称重设备上，用机械或电子方式调零。将质量在 50~200g 的称重标准件轻轻放置在试样盒上。稳定后，记录称重设备的输出值。再增加上述质量范围内的称重标准件，重复这一过程至少 4 次。标定结束时，在试样盒上的所有称重标准件的总质量应至少为 500g。称重设备的精度即为称重标准件的质量和称重设备记录的输出值之间的最大差。

氧分析仪标定：氧分析仪校零和标定。标定时辐射锥可以工作也可以关闭，但不应处于升温阶段。开启风机，调节排气流量为（0.024±0.002）$m^3/s$。校零时，将纯氮气通入分析仪，使其流量和压力与样气的相同。将分析仪的示值调为 0±0.01%。通入干燥的环境空气时，则应将示值调为 20.95%±0.01%，并将流量设置为测试试样时使用的流量。每个试样测试后，应利用干燥的环境空气确保分析仪的示值为 20.95%±0.01%。

热释放速率标定：进行热释放速率标定是为了确定孔板系数 $C$。标定时，辐射锥可以工作也可以关闭，但不应处于升温阶段。开启风机，调节排气流量为（0.024±0.002）$m^3/s$。以 5s 的时间间隔开始收集基线数据，至少持续 1min。根据甲烷的净燃烧热为 $50.0×10^3 kJ/kg$，将甲烷通入标定燃烧器，通过标定的流量计得到对应 $\dot{q}_b=(5±0.5) kW$ 的流量。平衡后，以 5s 的采样周期采集数据，持续 3min。利用 3min 内测得的 $\dot{q}_b$、$T_e$、$\Delta p$ 和 $X_{O_2}$ 的平均值，根据式（4-29）计算 $C$ 值。$X_{O_2}^0$ 由 1min 基线测量期间氧分析仪输出的平均值来确定。$C$ 值一般在 0.040~0.044 为宜，结果与前次标定值比较不应相差太多。$C$ 值异常则必须查找原因（如样品气净化系统漏气等）。也可利用在称重设备上放置一个专用器皿，在专用器皿内放入液体燃料（如酒精）的方法代替该项标定。用消耗的燃料总质量乘以燃料的净燃烧热，除以火焰的持续时间，得到理论的平均热释放速率。

辐射锥标定：测试当天开始试验或改变辐射照度时，应利用热流计对辐射锥产生的辐射照度进行测量，并由此调节辐射照度控制系统，以使其达到所需辐射照度（误差不超过±2%）。当热流计插入标定位置时，不应使用试样或试样盒。辐射锥稳定在设定温度至少运行 10min，确保处于平衡状态。

（二）测试阶段

（1）检查三级过滤净化系统，检查干燥剂，必要时更换玻璃棉和干燥剂；检查样品气的流量稳定在 100~200L/min；确认氧分析仪读数约为 20.95%；检查冷阱排水阀处于关闭状态；检查辐射锥稳定在所设定辐射照度的对应温度。

（2）包裹试样。用厚度为 0.025~0.04mm 的单层铝箔包住经过养护的试样，使光泽面朝向试样。铝箔应预先裁剪，使其能包覆试样的底面和侧面，并超出试样的上表面至少3mm。试样应放置在铝箔中间，将其底面和侧面包住，将多余的铝箔剪掉，使铝箔不超过试样上表面 3mm。

（3）准备试样盒。将清理干净的试样盒底部布置耐火纤维衬垫层，放入包裹的试样，盖上盒盖。衬垫层主要起到隔热和调节样品件放置高度的作用；检查盒内垫衬层的高度以及放上测试样品后的高度，保证放入试样后，盒盖与盒体吻合。

（4）称重。将除去试样的试样盒和铝箔盒放在试样支撑架上，待显示数值稳定后，点击按钮开关控制面板处的"0"按钮，质量数值归零。将试样平整地放入试样盒，再次称重。稳定后的数值就是燃烧试样的净重。质量数值将记录在软件操作界面的"Initial mass"一栏。为防止试样被预热，可在称重完成后取下试样盒，测试开始时重新放回试样支撑架（注意不要碰触支撑架下的质量传感器，以防发生位移导致质量传感器故障）。

（5）打开测试软件的测试界面。称重准备的同时可打开软件，建立新文件，输入测试参数。

（6）开始采集基线数据。采集 1min 的基线数据。标准采集周期为 5s，预计燃烧时间短暂的情况除外。

（7）将含试样的试样盒放到试样支撑架上，移开辐射防护板，同时按下键盘"I"按钮，把点火器移到试样中心上方，开始点燃时间的计时，当产品着火后，移开点火器，同时按下键盘"E"键，开始燃烧时间的计时。观察实验现象，记录其发生时间及对应的 HRR 曲线特征。

（8）当燃烧结束时，按下键盘"F"键，结束燃烧时间的计时。2min 后，关闭防护板，取下试样盒并快速放进通风柜内冷却。

（9）保存测试结果。查看测试报告，导出测试数据和报告，数据可用"EXCEL"格式的软件打开、读取和保存。

（10）观察氧分析仪读数直至其回复到约 20.95%，重复以上步骤，进行其他试样的测试（如果测试前的氧分析仪读数不是 20.95%，则需要将氧深度校准到 20.95%）。

（11）关机：

1）全部燃烧测试结束后，首先让锥形量热仪继续空载运行 10min 以上，再从按钮开关控制面板处，按动"Ignition"和"Load Cell"按钮，分别关闭点火器和称重单元的电源。

2）类似地，关闭"测烟装置""冷阱""气体分析仪"的电源（注：如果测试频率较高，建议不用关闭分析仪电源，有助于提升分析仪数据）；如果使用到了冷却水水源等，校准气体、辐射热流计冷却水水源阀门也应关闭。

3）温度控制调节器上的设定温度调节到 400℃，让辐射锥的温度下降。待温度下降到 400℃时稍停 5~10min，再将设定温度下调到 20℃，让温度继续下降。当温度下降到设定温度时，按动"Cone"按钮关闭辐射锥电源。

4）上述操作步骤逐一完成后，按动开关控制面板处的"Power"按钮，关闭锥形量热仪的总电源开关，打开冷阱排水阀。

（12）清扫。用毛刷刷掉试样支撑架、称重单元等部件表面的烟尘，必要时用干净擦拭布沾清洗剂擦拭熔融滴落物，用中等功率吸尘器吸尽设备表面及烟道的烟尘，清扫地面，清理通风柜内燃烧后的试样。

### 五、实验记录及数据处理

### （一）导出数据并绘图

实验可获得试样的多个参数数据，如采集数据时间 Time（s）、氧浓度 OXY（%）、压力降 DPT、点燃时间 Tign（s）、数据截止时间 EOT（s）、火焰熄灭时间 Flm Out（s）、热释放速率 $HRR$（kW/m²）、有效燃烧热 $EHC$（MJ/kg）、质量 MASS（g）、质量损失速率 $MLR$（g/s）、总热释放速率 $THR$（MJ/m²）、比消光面积 SEA（m²/kg）、生烟速率 SPR（m²/s）、烟释放速率 RSR（s⁻¹）等参数。

根据导出的测试数据，绘制 $MLR$、$HRR$、$THR$、$EHC$ 等参数随时间变化的曲线。举例如图 4-30 所示。

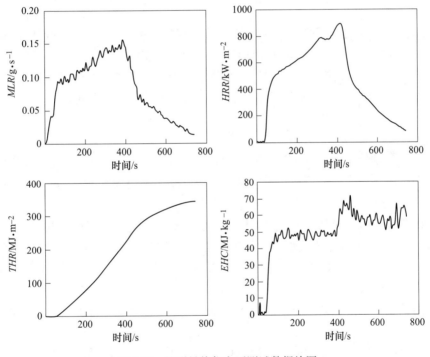

图 4-30　锥形量热仪主要测试数据绘图

### （二）记录实验现象及特征参数

记录样品名称、厚度等信息，记录包括点燃时间（s）、点燃后 180s 和 300s 内的热释放速率平均值（kW/m²）、总热释放量（MJ/m²）、试样的初始质量和残余质量（g）、总质量损失（g）、主燃烧期单位面积质量损失速率（g/m²/s）、平均有效燃烧热（MJ/kg）等特征参数。若测试了同一样品的 3 个试样，对 3 个试样在 180s 内的平均热释放速率进行比较，计算平均值及误差。标准测试中，若其中的一个试样与平均值之差超过 10%，则应另取 3 个试样进行试验，并计算这 6 个数据的算术平均值。

主燃烧期（即燃料质量损失从 10%~90% 变化期间）的质量损失速率由下式计算：

$$\dot{m}_{A,10-90} = \frac{m_{10} - m_{90}}{t_{90} - t_{10}} \times \frac{1}{A_s} \tag{4-30}$$

式中，$A_s$ 为试样暴露面积（无盒盖时为 $0.01\text{m}^2$，有盒盖时为 $0.0088\text{m}^2$）；$m_{10} = m_s - 0.10\Delta m$，$m_{90} = m_s - 0.90\Delta m$，$\Delta m = m_s - m_f$，$m_s$ 为点燃时试样质量，$m_f$ 为测试后试样剩余质量。

有效燃烧热可以从 $EHC$ 曲线上获得，但由于 $HRR$、$MLR$ 曲线都是动态变化的且二者往往存在时间差，导致 $EHC$ 曲线往往不稳定。具有单一降解模式的均质试样，燃烧期间的有效燃烧热是个常数，并且小于理论净燃烧热。对于具有不止一种降解模式，或合成材料或非均质材料，有效燃烧热不一定是常数，$EHC$ 曲线可能不止一个平稳阶段。因此，$EHC$ 数据的平均值作为有效燃烧热存在一定偏差。为了获得有效燃烧热的平均值，可按下式计算整个测试过程的平均 $\Delta h_{c,\text{eff}}$：

$$\Delta h_{c,\text{eff}} = \frac{\sum \dot{q}(t)\Delta t}{m_s - m_t} \tag{4-31}$$

式中，$m_t$ 为测试终止时的试样质量；$\Delta t$ 为记录热释放速率数据 $\dot{q}(t)$ 的时间间隔。

记录观察到的实验现象，包括点燃前后样品的形态变化、闪燃、试样膨胀和溢出、流滴、迸裂、块状脱落、火焰和烟尘颜色、发烟量、炭层膨胀等。根据实验现象，对比测试数据及曲线，分析试样材质、燃烧现象、测试参数之间的关系，分析样品的燃烧性能或阻燃性能。

### 六、注意事项

（1）做好准备工作。锥形量热仪在进行燃烧试验之前要先预热大约 1h，将氧分析仪、激光发生器、流速等处于稳定状态方可进行试验。

（2）试验被测材料样品之前，重要的是要进行标定，包括计算热释放速率用到的参数 $C$、记录质量损失的装置、测量烟密度的激光测试系统等。

（3）测试过程中，随时观察记录任何与试验有关的现象，如熔融、发泡、收缩等行为，以及闪火等现象。

（4）测试过程中要时刻注意样品气体流速，一定要保持在标准的流速下，否则热释放速率将不准确。

（5）锥形加热器加热温度请勿超过 1000℃，以免损坏加热器和热电偶。

（6）使用热流计进行校验时，必须先确认是否有循环冷却水。

（7）热释放速率偏低时检查烟尘过滤器是否被堵塞，接口处是否漏气。

（8）必须定期（建议三个月）检查各种气体管路（包括使用的气体、气体取样管路、气体分析管路等）是否有破损、漏气现象，是否有折弯现象。

（9）必须定期（建议一个月）检查气体取样管路是否有堵塞现象，清理或更换过滤器。

（10）必须定期检查辐射锥是否有损坏现象（方法：锥形加热器有三个热电偶，可将另外两个热电偶插头拔开，观察温度控制器是否有温度显示，如没有显示则表示已经损坏，需要更换）。

（11）必须定期检查热流计冷却水是否出水，是否有漏水现象，防止没有出水导致热流计损坏，如果有漏水现象会损坏电气部件。

（12）必须定期（建议每次开机前）将冷阱冷凝水排空。

### 七、思考题

（1）锥形量热仪测试与氧指数、UL94 垂直燃烧测试等有何本质区别？

（2）如果已知某物质的不完全燃烧化学反应方程，如何得到其 $E$ 值？

（3）在高原缺氧地区，锥形量热仪的使用应注意哪些因素？其测试结果与中原地区的测试结果可能有哪些差异？

# 第五章　森林防火实验

　　森林是陆地生态系统的主体，在全球气候变化中发挥着十分重要的作用。在森林面临的诸多危害中，火灾对森林资源的危害越来越大。森林火灾不仅烧毁森林，降低森林生态系统的更新能力，同时还会引起森林环境的土壤贫瘠，破坏森林植被涵养水源的功能，甚至导致环境破坏，引起大气污染等环境问题。

　　由于森林火灾的特殊性，控制森林火灾一直是世界性难题。森林可燃物的组成成分复杂，各组分的燃烧性质千差万别。森林火灾的燃烧环境不仅受到大气候条件的制约，还受到森林小环境的影响。气温、湿度、风向、风速、坡度、坡形、坡位、海拔、植被类型、可燃物负荷量、可燃物分布状况、火源类型等都成为森林火灾发生、发展的直接影响因素。

## 第一节　森林可燃物含水率测定实验

### 一、实验目的

（1）掌握森林可燃物含水率的计算方法。
（2）掌握含水率对森林可燃物燃烧性能的影响。
（3）熟练使用恒温干燥箱、电子分析天平、植物粉碎机。

### 二、实验原理

　　森林可燃物能否燃烧的一个关键问题是湿度，即含水率。含水率直接影响着起火的难易程度，间接影响林火强度及林火蔓延速度，确定了森林可燃物的含水率，高效准确地模拟森林可燃物含水率动态变化的规律，是做好森林火险天气预报和火行为预报的关键，对预测预报森林火灾危险性具有重要意义。

　　一般将含水率对森林可燃物的燃烧性能影响划分为五个湿度级：

一级：含水率≤5%，极易燃。

二级：6%<含水率≤10%，很易燃。

三级：11%<含水率≤20%，易燃。

四级：21%<含水率≤30%，难燃或可燃。

五级：30%<含水率，不燃。

　　影响可燃物含水率的因素有空气温度、降水以及可燃物本身对水的亲疏能力。森林可燃物含水率的度量方法主要分为绝对含水率和相对含水率，其中相对含水率为常用的表示方法，计算方法如下：

$$\text{绝对含水率 } AMC = \frac{\text{湿重 } W_f - \text{干重 } W_d}{\text{湿重 } W_f} \times 100\% \qquad (5\text{-}1)$$

$$相对含水率\ RMC = \frac{湿重\ W_f - 干重\ W_d}{干重\ W_d} \times 100\% \tag{5-2}$$

### 三、实验器材

#### （一）恒温干燥箱和电子分析天平

恒温干燥箱主要由箱体、加热装置、温控装置、烘干托架等部分组成，温控范围 50~300℃，控温精度 1℃。电子分析天平最大称量不小于 100g，可读性不小于 0.1mg。恒温干燥箱和电子分析天平如图 5-1 所示。

图 5-1 恒温干燥箱和电子分析天平

#### （二）植物粉碎机、枝剪和筛子

植物粉碎机用于将植物粉碎为较细颗粒，粉碎后将采用一定目数筛子过筛得到相应粒径的植物粉末。枝剪用于地表森林可燃物制样时的过长样品剪短，方便粉碎与称量。筛子用于粉碎后的可燃物过筛，得到粒径较一致的植物粉末。筛子选用 60 目。植物粉碎机、枝剪和筛子如图 5-2 所示。

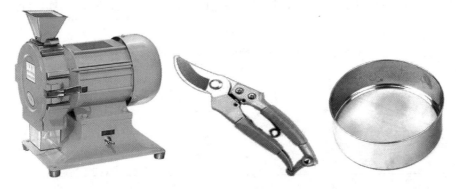

图 5-2 植物粉碎机、枝剪和筛子

#### （三）其他器具

自封塑料袋、牛皮纸信封、记号笔等。

（四）实验材料

森林可燃物的枝、叶、皮，枯倒木，地表凋落物，地下腐殖质等。

### 四、实验步骤

（1）采用不透气的自封塑料袋，从采样现场取样，装袋，袋子上贴标签，标签注明采样时间、地点、样品名称、样品序号等相关信息。及时将样品送实验室，以最大限度降低样品含水率误差。

（2）清理样品中的土质、石块等杂物，利用枝剪等将样品剪短备用。

（3）将剪短的样品放入植物粉碎机粉碎，粉碎后的样品采用 60 目筛子过筛，取过筛后的细碎植物粉体备用，此时样品量不少于 100g。

（4）恒温干燥箱提前开机，设置温度为 105℃，样品烘干过程中保持温度稳定。

（5）调平电子分析天平，清零。

（6）恒温干燥箱中烘干牛皮纸信封不小于 1h 后取出，电子分析天平对信封"去皮"清零。

（7）在制成样品中随机取样约 25g，装入信封，用电子分析天平称量，精确至 0.01g，该质量为湿重 $W_f$，同样的样品取 3 份。

（8）样品信封置于恒温干燥箱搁板，105℃恒温不少于 24h，取出第一次称量。

（9）继续烘干，间隔不少于 1h 取出称量，直至质量稳定，即相邻两次称量的质量变化之差与样品湿重之比不大于 1%，此时样品质量为干重 $W_d$。

（10）记录湿重、干重数据，计算相对含水率，取两次相对含水率最接近且差值小于 0.1% 的数据求算术平均值，如不满足要求则重复实验。

（11）清理实验台，关闭实验装置。

### 五、实验记录及数据处理

记录每个时间点对应的质量，将相关实验数据记入表 5-1，并按式（5-1）和式（5-2）计算含水率。

表 5-1　含水率测定实验主要数据及结果记录表

| 序号 | 湿重/g | 干重/g | 绝对含水率/% | 相对含水率/% |
|---|---|---|---|---|
| 1 | | | | |
| 2 | | | | |
| 3 | | | | |
| 平均值 | | | | |

### 六、注意事项

（1）恒温干燥箱使用时注意防止植物粉末洒落，避免发生火灾事故。

（2）电子分析天平使用时注意防止植物粉末洒落污染天平或造成仪器测量误差。

（3）在使用植物粉碎机、枝剪时注意安全，防止因植物碎屑飞溅等造成受伤。

### 七、思考题

（1）含水率对森林可燃物燃烧性能有哪些影响？

（2）绝对含水率与相对含水率之间有哪些评价差异？

# 第二节　森林可燃物灰分测定实验

## 一、实验目的

（1）掌握森林可燃物灰分含量特性，评价森林可燃物灰分含量的火灾危险性。

（2）熟练掌握高温加热法的使用原理、方法和适用范围，了解森林可燃物灰分含量对火灾的影响因素。

## 二、实验原理

灰分是指可燃物中的矿物质，主要是由 Ca、K、Na、Mg、Si 等元素组成的无机物，即燃烧剩下的物质。灰分可分为水溶性灰分和水不溶性灰分，前者主要为水溶性盐类，后者主要为硅酸盐。研究表明，水溶性灰分对森林可燃物燃烧性能影响较大。各种矿物质通过催化纤维素的某些早期反应，对燃烧有明显的影响。它们增加木炭的生成和减少焦油的形成，从而大大降低火焰的活动。灰分含量与可燃物的燃烧性能呈反比关系，灰分是抑燃性物质，其含量越高，燃烧性能越差。

植物灰分含量小于 50g/kg 为低量，50~150g/kg 为中量，大于 150g/kg 为高量。一般森林植物的灰分含量均小于 10g/kg（竹类及禾本科的灰分含量在 100g/kg 左右，木材的灰分含量小于 20g/kg），而森林枯枝落叶层的灰分含量较高。

## 三、实验器材

### （一）高温电炉、坩埚和坩埚钳

高温电炉外观如图 5-3 所示。高温电炉主要由加热装置、温控装置等部分组成，选用型号最高设置温度不低于 1200℃。坩埚采用耐温不低于 1600℃ 的 5mL 氧化铝坩埚。

### （二）其他器具

恒温干燥箱、植物粉碎机、电子分析天平等（见第五章第一节）。

### （三）实验材料

森林可燃物的枝、叶、皮，枯倒木，地表凋落物等。

## 四、实验步骤

（1）采样：采用不透气的自封塑料袋，自采样现场取样，装袋，袋子上贴标签，标签注明采样时间、地点、样品名称、样品序号等相关信息。

（2）样品处理：清理样品中的土质、石块等杂物，利用枝剪等将样品剪短备用。

（3）样品制备：将剪短的样品放入植物粉碎机粉碎，粉碎后的样品采用 60 目筛子过筛，取过筛后的细碎植物粉体备用，此时样品质量不少于 50g。

图 5-3 高温电炉、坩埚和坩埚钳

（4）称坩埚质量：将空坩埚置于高温电炉中，于 550℃ 灼烧 2h，冷却后称量，再放入高温电炉于 550℃ 灼烧 1h 再称量，两次质量差小于 0.0005g 为恒定质量 $m_0$，质量精确到 0.001g。

（5）干燥与称量：调平电子分析天平，清零。用电子分析天平称取制备好的森林植物样品约 2g 或木材样品约 5g 于小烧杯中，放入恒温干燥箱中于 105℃ 烘 24h，冷却称量样品质量 $m$，质量精确到 0.001g。然后，样品放置于坩埚内并使坩埚内的样品处于疏松状态，以利于灼烧完全。

（6）灰化与称量：将盛样坩埚放入高温电炉，以不超过 20℃/min 的速率加热其至 150℃，保持 30min；再次升温至 400℃，保持 30min；再升温到 550℃，保持 6h，与称空坩埚同样的步骤称量。再于 550℃ 灼烧 2h，称至恒定质量 $m_1$，质量精确到 0.001g。

（7）检查灰分是否灰化完全，可用手轻轻抖动坩埚，使底部的灰分露出来，若下层灰分的颜色比上层的深，表示没有灰化完全，应抖动坩埚使底部的灰分与上部的混合后，再次于高温电炉中 550℃ 灼烧 6h，称至恒定质量 $m_1$。用 $m_1$ 减去 $m_0$ 得到灰分质量。森林植物与森林枯枝落叶层经灼烧后的灰分有白、灰、黄、棕、紫等不同的淡颜色。

（8）清理实验台，整理实验器材，关闭实验装置。

## 五、实验记录及数据处理

记录样品类型、灰分颜色及质量 $m_0$、$m$ 和 $m_1$，并按下式计算灰分含量（单位为 g/kg）：

$$灰分含量 = \frac{m_1 - m_0}{m} \times 1000 \tag{5-3}$$

式中，$m_1$ 为坩埚加灰分质量，g；$m_0$ 为坩埚质量，g；$m$ 为样品质量，g。

## 六、注意事项

（1）如果高温电炉在存放过程中受潮，在使用前必须进行电炉干燥，烘炉时间应为：室温至 200℃，烘 4h；200~600℃，再烘 4h。

（2）为了保证高温电炉使用寿命，使用温度不得超过限用温度，禁止向炉膛内灌注各种液体，并应经常清除炉膛内的氧化物。

（3）其他注意事项同本章第一节。

### 七、思考题

（1）灰分含量会对森林可燃物的燃烧性能产生哪些影响？
（2）采集的样品为何要经过粉碎机粉碎后再进行实验？

# 第三节 森林可燃物粗脂肪含量测定实验

### 一、实验目的

（1）掌握不同森林可燃物粗脂肪含量的测定方法。
（2）掌握 SZF-06A 脂肪测定仪的原理和使用方法。

### 二、实验原理

粗脂肪是一种易燃物，含量低则树种的抗火性能较强。本法提取的脂肪性物质为脂肪类物质的混合物，除含有脂肪外还含有磷脂、色素、树脂、固醇、芳香油等醚溶性物质，故称为粗脂肪。将经过前处理的样品浸于石油醚（沸程为 30~60℃）中，借助索氏提取器进行循环回流抽提，使样品中的脂肪进入溶剂中，蒸去溶剂后所得到的残留物即为粗脂肪，粗脂肪提出后进行称量。

索氏提取器，又称脂肪抽取器或脂肪抽出器，由提取瓶、提取管、冷凝器三部分组成。提取管两侧分别有虹吸管和连接管，各部分连接处要严密，不能漏气。提取时，将待测样品包在脱脂滤纸包内，放入提取管。提取瓶内加入石油醚，加热提取瓶，石油醚气化，由连接管上升进入冷凝器，凝成液体滴入提取管内，浸提样品中的脂类物质。待提取管内石油醚液面达到一定高度，溶有粗脂肪的石油醚经虹吸管流入提取瓶。流入提取瓶内的石油醚继续被加热气化、上升、冷凝，滴入提取管内，如此循环往复，直到抽提完全为止。

### 三、实验器材

（一）脂肪测定仪、石油醚和滤纸

SZF-06A 脂肪测定仪外观如图 5-4 所示。SZF-06A 脂肪测定仪主要由抽提瓶、抽提器、冷凝器等部分组成。石油醚选用 30~60℃分析纯。

（二）其他器物

电子分析天平、恒温干燥箱、植物粉碎机、蒸馏水等。电子分析天平、恒温干燥箱、植物粉碎机的类型、参数等见本章第一节。

（三）实验材料

森林可燃物的枝、叶、皮等。

### 四、实验步骤

（1）采样：采用不透气的自封塑料袋，自采样现场取样，装袋，袋子上贴标签，标签

图 5-4　SZF-06A 脂肪测定仪、石油醚和滤纸

注明采样时间、地点、样品名称、样品序号等相关信息。

（2）样品处理：清理样品中的土质、石块等杂物，利用枝剪等将样品剪短备用。

（3）样品制备：将剪短的样品放入植物粉碎机粉碎，粉碎后的样品采用 60 目筛子过筛，取过筛后的细碎植物粉体备用，此时样品量不少于 300g。

（4）样品烘干：样品置于恒温干燥箱中 105℃烘 24h 以上并反复称量至绝干。

（5）抽提瓶用蒸馏水洗净，放置于恒温干燥箱内，在 105℃温度下烘干至恒重，冷却后取出移入测定仪内。

（6）在水浴锅内注入蒸馏水，使水位与抽提瓶底部保持接触。

（7）水浴锅水温设定在 85℃，加热时间设为 12h，实验过程中注意避免水分挥发导致水浴锅水位与抽提瓶底部脱离。

（8）将滤纸放入恒温干燥箱内 105℃烘 1h。

（9）试样包扎：从备用样品中称取 1g 试样 $m_0$，质量精确至 0.001g，用滤纸包好，称取质量 $m_1$，之后用镊子将试样包轻轻送入抽提器中。

（10）在抽提瓶内注入约 80mL 石油醚，然后将抽提器置于抽提瓶上，上部套入各冷凝管中。移入水浴锅各加热孔内并接通冷却水源。

（11）抽提瓶内石油醚经过加热蒸发冷却后，滴入抽提器注入试样中，试样经石油醚抽提及反复浸泡使脂肪快速被石油醚溶解后，置于抽提瓶中。

（12）抽提结束，时间控制器自动鸣发信号，关闭冷却水源，取出抽提器和试样包，回收石油醚。

（13）试样包置于恒温干燥箱内 105℃烘 2h 以上，烘干后测定抽提后的试样包质量 $m_2$，计算抽提前后样品质量变化，计算抽提物含量。

（14）放出水浴锅内的蒸馏水，回收石油醚，清洗抽提瓶。

**五、实验记录及数据处理**

记录样品类型及质量数据，并按下式计算粗脂肪含量：

$$粗脂肪含量 = \frac{m_1 - m_2}{m_0} \times 100\% \tag{5-4}$$

式中，$m_1$ 为滤纸加试样质量，g；$m_2$ 为滤纸加抽提后试样质量，g；$m_0$ 为试样质量，g。

### 六、注意事项

（1）实验后的石油醚要做烧除处理或交学校相关部门处理，不得随意倾倒。

（2）抽提后的试样包进行干燥时，必须打开恒温干燥箱上部开孔并启动通风，避免箱内石油醚浓度过高出现燃烧或爆炸危险。

### 七、思考题

（1）粗脂肪含量会对森林可燃物的燃烧性能产生哪些影响？

（2）脂肪测定仪的工作原理是什么？

（3）是否需要考虑抽提前后滤纸的质量变化？

# 第四节　森林可燃物地表火蔓延实验

### 一、实验目的

（1）掌握森林可燃物地表火蔓延特征、影响因素，评价森林可燃物地表火蔓延速率、火强度的火灾危险性。

（2）熟悉地表火蔓延速度、火强度的测定和计算方法，熟悉火场热辐射强度和温度的测定方法。

### 二、实验原理

森林火灾按燃烧部位划分为地下火、地表火和树冠火三种类型。这三类林火可以单独发生，也可以同时发生。地表火又称地面火，指沿森林地面扩展蔓延，烧毁地被物的火，约占森林火灾的94%。地表火能烧毁地表1.5m以下的幼苗、幼树、灌木，烧伤乔木树干基部的树皮表层以及靠近地面的根系，一般温度在400℃左右，烟为浅灰色。

地表火的燃烧速度容易受气象因素（特别是风向、风速）和地形、地势的影响。按蔓延速度和对林木的危害，地表火又可分为急进地表火和稳进地表火。急进地表火蔓延速度快，通常每小时达几百米至千余米，燃烧不均匀，常留下未烧地块，危害较轻，火烧迹地呈长椭圆形或顺风伸展呈三角形；稳进地表火蔓延速度慢，一般每小时仅几十米，烧毁所有地被物，乔灌木低层枝条也被烧伤，燃烧时间长，温度高，危害严重，火烧迹地呈椭圆形。

地表火蔓延速度是扑火指挥人员组织扑救队伍的主要依据。由于火场部位的不同，风向与火蔓延的方向不一致，所以火场上各个方向的蔓延速度也是不同的。这种蔓延速度的差异，形成了火场复杂的形状。林火的蔓延速度可从经验方法或林火蔓延数学模型中获得。用经验方法需基于大量实测资料，并把各种变数分类，将数据制作成图表的形式提供使用。利用数学模型计算蔓延速度，需符合模型中提出的简化假定。

火强度是林火的重要标志之一。组织扑救队伍要根据火强度大小，配备相应的扑火力量，火强度的大小关系到林火对森林生态系统的影响程度。火焰高度是林火行为中较易观测到的数值，但火焰是乱动的、随意的和暂时的现象。火焰高度越高，火线强度就越大，对林木的杀伤能力就越强。

林火蔓延速度受可燃物热释放量和热释放速率影响较大，通过测定森林可燃物燃烧过程中的热辐射值和空间温度场变化将有助于进一步发现森林可燃物燃烧过程的发生和发展规律，有助于森林火灾的控制和扑救。

### 三、实验器材

（一）森林火灾燃烧床

森林火灾燃烧床如图 5-5 所示，主要由不锈钢框架、石棉板、坡度调整装置、鼓风装置、测温装置等部分组成。燃烧床长 2.5m，宽 1.5m，采用不锈钢框架和底面，底面上侧铺装耐高温石棉板，燃烧床四角立高 1.5m 角钢。将燃烧床左下角确定为坐标零点，向燃烧床长边、宽边和高分别延伸为 $x$ 轴、$y$ 轴和 $z$ 轴并标注长度，单位为 cm。

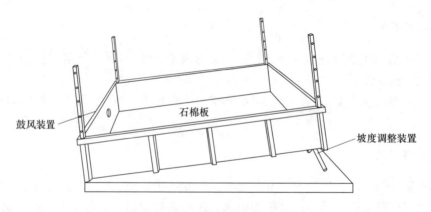

图 5-5 自制森林火灾燃烧实验床

（二）鼓风机、数字式热辐射计和数字测温仪

如图 5-6 所示，鼓风机采用家用小型鼓风机，通过调整风机出风口与燃烧实验床进风口的间距确定燃烧床进风口的风速，使用风速仪在燃烧床进风口处测定风速。SFR-Ⅲ 数字式热辐射计是热能辐射转移过程的量化检测仪器，是用于测量热辐射过程中热辐射迁移量的大小、评价热辐射性能的重要工具，由辐射热流传感器、显示仪表及连接导线组成。MCT-100 手持数字测温仪使用时连接长度为 2m 的铠装热电偶，测温可达 1000℃ 以上，可对火焰即时温度和峰值温度予以保持。

（三）其他器具

直尺、铲子、自制塑料盒、秒表、相机、丁烷点火器（见第二章第十三节）。

（四）实验材料

森林地表可燃物。

图 5-6  鼓风机、SFR-Ⅲ数字式热辐射计和 MCT-100 数字测温仪

### 四、实验步骤

（1）采样：防火紧要期，选择天气干燥时段，在可燃物分布均匀林地连续设置 4 个 5m×5m 标准样地，在每个样地中间和 4 个样地交叉点位置共取 5 个 1m×1m 小样方。使用直尺测量样方自表面至腐殖层厚度，用铲子缓慢将小样方内地表可燃物移入 1m×1m 自制塑料盒中，送至实验室。

（2）将燃烧床设置 5 种工况（见表 5-2）并分别实验。

表 5-2  燃烧床实验工况

| 工况 | 风速/m·s$^{-1}$ | 坡度/(°) | 坡向 |
|---|---|---|---|
| 1 | 0 | 0 | 0 |
| 2 | 0 | 10 | 上坡火 |
| 3 | 0 | 10 | 下坡火 |
| 4 | 3 | 0 | 0 |
| 5 | 3 | 10 | 上坡火 |

工况 1 为无风，平地，从燃烧床底部中间点火；工况 2 为无风，坡度为 10°，从燃烧床底线中部点火；工况 3 为无风，坡度为 10°，从燃烧床顶部中间点火；工况 4 为风速 3m/s，平地，从燃烧床底部中间点火；工况 5 为风速 3m/s，坡度为 10°，从燃烧床底部中间点火。

从燃烧床底部由下至上点烧模拟上坡火，从燃烧床顶部由上至下点烧模拟下坡火。对不同工况逐一实验。

（3）称量塑料盒中采集的地表可燃物，计算单位面积上可燃物质量 $W$，之后将可燃物移入实验床，将可燃物均匀铺在燃烧床内，尽可能恢复到野外状态，如经尺量发现可燃物较野外状态蓬松，可用塑料平板适当压实。用钢卷尺沿对角线测量厚度，测 5 个点并取平均值。

（4）用点火器点火，燃烧过程全程使用相机记录，以便回放火焰高度。秒表记录续燃时间，MCT-100 手持数字测温仪测量火焰外焰处的火焰温度，SFR-Ⅲ型数字式热辐射计在火焰外焰 20cm 处测量热辐射值。

## 五、实验数据记录及处理

### (一) 蔓延速度

使用秒表记录火焰引燃对向 2m 处可燃物的时间 $t_0$，以计算火蔓延速度 $R = (2/t_0) \times 60$，单位为 m/min；如燃烧未成功蔓延至对向边缘 2m 处，则取明火熄灭处的距离和时间。

蔓延速度是指火线在单位时间内向前移动的距离。在实际扑火中，只有在一定蔓延速度下，才能组织力量直接扑灭林火，否则只能采用开设防火隔离带等方法间接抑制火蔓延。

地表火蔓延速度分为三类，即慢速地表火、中速地表火和快速地表火。$R < 2m/min$ 为慢速地表火，$2.1m/min < R < 20m/min$ 为中速地表火，$R > 20m/min$ 为快速地表火。

### (二) 火强度

采用勃兰姆公式计算火强度：

$$I = 0.007HWR \tag{5-5}$$

式中，$I$ 为火强度，kW/m；$H$ 为热值，J/g（该值采用氧弹量热仪进行实验测定）；$W$ 为单位面积上可燃物质量，$t/hm^2$；$R$ 为蔓延速度，m/min。

火强度即森林可燃物燃烧时火的热释放速率，火强度可分为三种：大于 3500kW/m 为高强度火；750~3500kW/m 为中强度火；低于 750kW/m 为低强度火。

### (三) 热辐射

记录不同工况下热辐射最大值。在森林火灾的发生发展过程中，热辐射是最重要的热量传送形式，它能够预热未被点燃的可燃物，使其很快到达点着温度继而发生燃烧，也是地表火传播的主要路径。常见森林地表可燃物燃烧热辐射值为 $5~10kW/m^2$，热辐射值越高，对一定距离内未燃物威胁越大，极有可能加快燃烧的蔓延速度，导致火灾不可控。

### (四) 火焰温度

记录各工况下最高火焰温度。火焰温度预示着森林火灾危险，火焰温度越高，说明越危险。森林地表火火焰最高温度在 550~650℃，该温度远超森林可燃物自燃点，会引起地表火向树冠火和地下火蔓延扩大。

### (五) 火焰高度

燃烧过程中记录各工况下最大火焰高度或回看记录。火焰高度的大小表示火势凶猛的程度。当火焰高度大于 2.5m 时，任何地面灭火机械都将无法控制火势；当火焰高度达 1.5m 时，扑火人员能用地面消防车喷洒水、化学灭火剂、风力灭火器等方法将其扑灭。

根据火焰高度将火强度分为五类：火焰高度小于 0.5m 为轻度地表火，0.5~1.5m 为低度地表火，1.5~3.5m 为中度地表火，3.6~6m 为高度地表火，大于 6m 为强度地表火。

### (六) 续燃时间

秒表记录续燃时间，即从引燃至明火熄灭的时间。如燃烧至可燃物对向边缘，则续燃时间为 ∞。

## 六、注意事项

(1) 实验过程中保持人员不离场，旁边置灭火设施，实验后熄灭余火，清理灰烬和杂物，避免发生火灾事故。

（2）整理和清洁实验仪器，避免损坏或遗失。

### 七、思考题

（1）地表火蔓延速度和火强度的影响因素有哪些？

（2）如何评价地表火蔓延速度和火强度？

（3）如何通过热辐射、火焰温度、火焰高度、续燃时间等表征地表火蔓延危险程度？

# 第五节　森林可燃物阴燃实验

### 一、实验目的

（1）熟悉森林可燃物阴燃的特点。

（2）熟悉阴燃发展过程的影响因素。

### 二、实验原理

森林可燃物阴燃可以分为森林地下阴燃火（地下火）和森林地表阴燃火两种，其中以地下阴燃火为主。地下火又称泥炭火、腐殖质火或越冬火，在林地下面的腐殖质层或泥炭层中燃烧，地表看不见火焰，只见烟雾（部分从林地表面看不到烟雾），蔓延速度缓慢且持续时间长，是一种缓慢、无焰、低温、持久的阴燃燃烧，整个燃烧过程都是靠自身所释放的热量维持，可以在较低的氧气浓度下持续，潜伏时间长。阴燃会使周围大范围土地地表温度升高，不但破坏植被根系，且会比有焰燃烧产生更多的有毒气体，对环境和生态系统产生的破坏力极大。同时，由于地下可燃物自身性质的影响，火线呈现出间断不规则的燃烧路线，火灾扑救时很难预测着火点和火线走势，所以地下阴燃火发生时产生的温度是研究其火行为特征的重要指标，更是森林地下火监测和扑救过程中的重要依据。

### 三、实验器材

（一）实验设备

主要包括森林火灾燃烧床、MCT-100手持数字测温仪（同本章第四节）、红外热成像仪、风速仪（见图5-7）、直尺、铲子、自制塑料盒、秒表、点火器等。

红外热成像仪的工作原理是所有高于绝对零度（-273℃）的物体都会发出红外辐射，利用红外探测器和光学成像物镜接受被测目标的红外辐射能量分布图形反映到红外探测器的光敏元件上，从而获得红外热像图，这种热像图与物体表面的热分布场相对应。红外热像仪将物体发出的不可见红外能量转变为可见的热图像，热图像的不同颜色代表被测物体的不同温度。通过查看热图像，可以观察到被测目标的整体温度分布状况，研究目标的发热情况。

（二）实验材料

森林地下腐殖质。

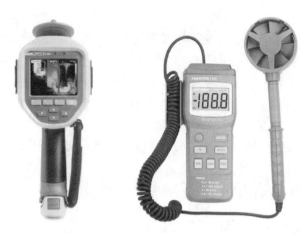

图 5-7　红外热成像仪和风速仪外观

**四、实验步骤**

（1）野外选取 3 个范围为 30m×20m 的样地，在每个样地中，设置 5 个 1m×1m 的样方，采用五点采样法，去掉小样方表层的枯枝落叶，挖掘土壤剖面测量腐殖质厚度并注明相应采集地点，挖掘整个小样方内的所有腐殖质带回实验室。

（2）同本章第四节，按表 5-2 将燃烧床设置 5 种工况并分别进行实验。但应注意，鼓风仪设置于腐殖质表层部位，以模拟地面风。

（3）将腐殖质转移至燃烧实验床，尽量保持样品的野外原始状态。如经尺量发现可燃物较野外状态蓬松，可用塑料平板适当压实。用钢卷尺沿对角线测量厚度，测 5 个点并取平均值作为腐殖质实际厚度。

（4）用点火器点火，间隔 2min 再次点火，直至燃烧持续，熄灭明火（建议采用板材覆盖法）。

（5）数字测温仪：探针测量可燃物阴燃的火头温度，每次间隔 5min，每次测量选择 3 个点读数 3 次取最大值并记录，该值应大于 300℃。同时，记录测量点距离点火点的 $x$ 轴距离。

（6）红外热成像仪：垂直距离余火 2m 处，每次间隔 5min，记录最高温度点温度，对数字测温仪测量的最高温度点进行辅助。

（7）拓展实验项目：

1）含水率的影响：对样品取样，实验室测定含水率。以 0.5m×0.5m 为单个样方，通过喷雾等形式逐一调整各样方含水率，称量喷雾前样方质量，控制喷雾水量，测定不同含水率对阴燃相关参数的影响。

2）松散度的影响：以 0.5m×0.5m 为单个样方，通过对样品均匀附加重量后，人为改变样品松散度（通过尺量厚度作为标准），去除负重，测定松散度对阴燃相关参数的影响。

3）风速的影响：以 0.5m×0.5m 为单个样方，将鼓风机风口用隔板平均分割为四等分，分别将 25%、50%、75%、100% 风量通过喇叭口和相同管道收集并引流至供风口，测定风速，分析风速对阴燃相关参数的影响。

### 五、实验数据记录

**（一）蔓延速度**

以点火点为坐标零点，以阴燃蔓延峰点位置温度低于250℃的 $x$ 轴对应垂线处为终点，若阴燃持续则以持续阴燃 4h 到达的阴燃蔓延峰点位置计，测定阴燃距离和阴燃时间，计算阴燃蔓延速度。

**（二）持火力**

阴燃持火力可以用阴燃时间、阴燃过程中的最高温度、300℃以上高温维持时间 3 个指标来表达。持火力表征了阴燃的可持续性，是可燃物阴燃特性的重要指标，对森林消防具有重要意义。在及时熄灭明火的前提下，以数字测温仪测得最高温度为准，本实验中建议以 300℃以上高温维持时间作为持火力的主要判断表征。

### 六、注意事项

（1）实验过程中要防止阴燃转变为明火燃烧，若出现应及时采用盖板熄灭。

（2）实验完成后喷水雾灭火，分散可燃物和灰烬，待完全熄灭后清理实验台。

### 七、思考题

（1）如何降低阴燃的持火力？

（2）影响阴燃蔓延速度的因素有哪些？

# 第六章　建筑消防系统演示实验

建筑消防系统是火灾防控体系的重要组成部分，掌握其组成、原理和操作方法具有重要的实际意义。本章共设置4个消防系统演示实验，分别是消火栓系统实验、自动喷水灭火系统实验、气体灭火系统实验、火灾自动报警系统实验，通过本章的学习可使同学们学会常见固定消防设施的操作方法，加强对系统工作原理的理解与应用。

## 第一节　消火栓系统实验

### 一、实验目的

（1）了解掌握消火栓系统的分类和组成。
（2）了解掌握消火栓系统的原理和相关规范要求。
（3）了解掌握消火栓系统的状态检测方法。
（4）了解掌握消火栓系统的操作方法。

### 二、实验原理

消火栓给水系统具有系统简单、造价低等优点，是目前高层住宅、综合楼及商场等场所广泛应用的灭火系统。该系统是将给水系统提供的水，经过加压、输送，用于扑灭建筑物内的火灾而设置的固定灭火设备，是建筑物中最基本的灭火设施。

消火栓系统由三大部分组成：消火栓灭火设备、消防给水管网、消防供水设备。

消火栓灭火设备包括室内、外消火栓（或消防水龙头）或消防水炮、水带、水枪、消火栓箱及消防水喉设备等。

消防给水管网包括室外消防给水管网、室内消防给水管网（包括进水管、水平干管、消防立管及阀门、水带接口、减压装置等管网附件）。

消防供水设备包括市政供水、高位水箱及水池供水、消防水泵供水、通过水泵接合器消防车供水等。

消火栓系统的组成如图6-1所示，包括管网、消防水池、消防水泵、消防水箱、增压稳压设备、水泵接合器等。报警控制设备用于启动消防水泵，并监控系统的工作状态。

当发生火灾时，首先连接好消火栓箱内设备，然后开启消火栓。当设置在消火栓出水干管上的低压压力开关、高位消防水箱出水管上的流量开关等装置监测到信号后，直接启动消防水泵；或按下消火栓处报警按钮联动启动消防泵向系统供水。火灾初期由消防水箱提供消防用水，待消防水泵启动后，由消防水泵提供灭火所需的水压和水量，若消防水泵损坏或流量不足，可由水泵接合器补充消防用水。

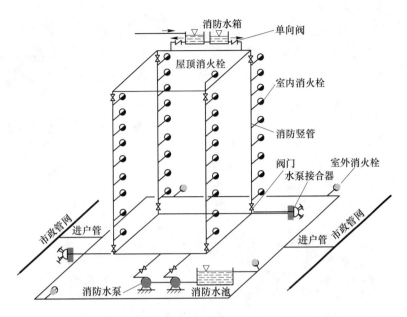

图 6-1 消火栓系统组成示意图

### 三、实验设备及实验条件

#### (一) 实验设备

实训装置应包括消防水池、高位消防水箱、消火栓泵、稳压装置、电气控制箱、消火栓箱、电源、管网、阀门等组件，如图 6-2 所示。该装置能开展消火栓系统状态检测、功能应用等综合实训，并可进行消火栓系统运行的工程演示。

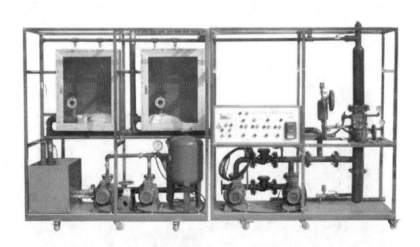

图 6-2 消火栓系统实训装置

（二）系统组件识别

1. 室内消火栓箱

室内消火栓箱由箱体、室内消火栓（见图 6-3）、消防接口、水带、水枪、消防软管卷盘及电器设备等器材组成，具有给水、灭火、控制、报警等功能。

2. 消防给水管网

消防给水管网为建筑内部灭火设施的供水管道，如图 6-4 所示。室内消火栓系统的管网应布置成环状，当室外消火栓设计流量不大于 20L/s 且室内消火栓数量不超过 10 个时，可布置成枝状。

图 6-3　室内消火栓

图 6-4　消防给水管网

3. 高位消防水箱

高位消防水箱（见图 6-5）设置在消防给水系统或建筑物的最高处，其最低有效水位

图 6-5　高位消防水箱

能满足最不利点水灭火设施压力和流量，并为室内消火栓系统提供稳压水。

4. 稳压泵

稳压泵用于稳定消防水系统的压力，使系统水压始终处于要求的压力状态，满足消防用水所需的水量和水压。增压稳压装置如图 6-6 所示。

5. 屋顶消火栓

屋顶消火栓（见图 6-7）用于消防人员定期检查室内消火栓给水系统的供水压力以及建筑物内消防给水设备的性能。当建筑物发生火灾时，也可用其进行灭火和冷却。屋顶消火栓应设压力显示装置，随时了解管网内压力情况，以便监测系统运行状况。

图 6-6 增压稳压装置

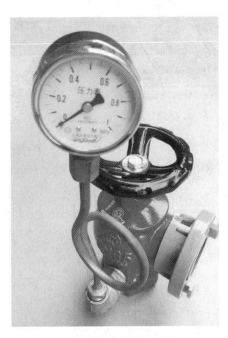

图 6-7 屋顶消火栓

**四、实验步骤**

（一）消火栓系统状态检查

（1）消火栓系统的主要组成部件是否完整。

（2）消防水池和高位消防水箱水源是否充足。

（3）水源的进水管、消火栓系统的供水管路、输水管路和配水管路阀门是否打开。

（4）配水管路水压是否正常且不小于稳压水压力。

（5）电源供电是否正常，消火栓泵（稳压泵）控制箱电源指示灯和泵运行状态灯是否正常，电源是否接通。

（6）消火栓泵（稳压泵）控制箱是否处于自动控制状态。

（7）火灾报警控制器联动控制方式是否处于自动和手动允许状态。

（二）消火栓启动实验

**1. 联动控制**

连接水枪、水带和消火栓—开启消火栓出水，消火栓自动启动—关闭消火栓，消火栓泵停止—将水带和水枪放回原位。

**2. 消火栓泵启动按钮控制**

连接水枪、水带和消火栓—开启消火栓出水，按下消火栓箱内消火栓按钮，消火栓泵启动—复位消火栓按钮，复位火灾报警控制器，消火栓泵停止；或将消火栓泵控制箱选择开关旋至手动，按下停止按钮，消火栓泵停止。

**3. 火灾报警控制器控制**

连接水枪、水带和消火栓—开启消火栓出水—按下火灾报警控制器多线手动控制盘上的消火栓泵控制按钮，消火栓泵启动—再次按下多线手动控制盘上的消火栓泵控制按钮，消火栓泵停止。

**4. 电气控制箱现场控制**

连接水枪、水带和消火栓—开启消火栓出水—将消火栓泵控制箱选择开关旋至手动，按下消火栓泵启动按钮，消火栓泵启动—按下消火栓控制箱上的停止按钮，消火栓泵停止—关闭消火栓—将水枪和水带放回原位。

（三）消火栓试射实验

选定消火栓—开启消防泵加压—控制指定部位试射—认定试射结果—试射结束，恢复原样。

（1）确定首层试射消火栓（任意两个相邻的消火栓），找到其应到达最远点的房间或部位；屋顶检查试验用消火栓，确认压力表工作正常。

（2）将屋顶检查试验用消火栓箱打开，按下消防泵启动按钮，取下消防水龙带迅速接好栓口和水枪，打开消火栓阀门，拉到屋顶上，水平向上倾角30°~45°试射。在首层（按同样步骤）将两支水枪拉到要测试的房间或部位，按水平向上30°或45°倾角试射，观察两股水柱（密集、不散花）能否同时到达，并做好记录。

（3）关闭消防水泵，将消火栓水枪、水带等恢复原状。及时排水，清理现场。

**五、实验数据记录及处理**

取有代表性的三处试射：屋顶试验消火栓和首层取两处消火栓试射，测消火栓出水流量。试射同时观察压力表读数是否满足设计要求，观察射出的密集水柱长度（按规定有7m、10m、13m三种，低层建筑是7m）。通过水力计算确定消火栓的水枪充实水柱，建筑高度不超过100m的高层建筑不应小于10m，建筑高度超过100m的高层建筑不应小于13m，计算是否满足要求并做好记录。

表6-1为消火栓系统水压实验记录表。

**表 6-1 消火栓系统水压实验记录表**

| 试验起止日期: 年 月 日起至 年 月 日止 | | | | | | | | | 管道材质 | |

| 管道系统（或管段）名称/编号 | 试验类别（强度/严密性） | 设计工作压力/MPa | 标准（或设计）要求的试验参数 | | | 实际试验参数 | | |
|---|---|---|---|---|---|---|---|---|
| | | | 试验压力/MPa | 稳压持续时间/min | 压降值（MPa）和渗漏状况 | 试验压力/MPa | 稳压持续时间/min | 压降值（MPa）和渗漏状况 |
| | | | | | | | | |
| | | | | | | | | |
| | | | | | | | | |
| | | | | | | | | |
| | | | | | | | | |

### 六、实验注意事项

（1）消火栓试射现场一定要有人值班，屋顶应向院内无人停留处试高压；首层要选定未装修且无任何设备、物资的部位试射，找好排水出路（附近有无地漏、向外出口等）。

（2）屋顶消火栓压力表应经校验，指针转动灵活，指数正确。

（3）握水枪人员要经过培训，能正确使用水枪；能正确判断充实水柱长度，认真记录。

（4）水压试验时环境温度不宜低于5℃，当低于5℃时，水压试验应采取防冻措施。

### 七、思考题

（1）简述消火栓系统的组成，并绘制系统图。

（2）简述消火栓系统启动测试的方式及步骤。

（3）简述联动控制条件下，消火栓系统各组件工作过程。

（4）简述消火栓系统状态检查要点。

# 第二节　自动喷水灭火系统实验

### 一、实验目的

（1）了解掌握自动喷水灭火系统的分类和组成。

（2）了解掌握自动喷水灭火系统的原理和相关规范要求。

（3）了解掌握自动喷水灭火系统的状态检测方法。

（4）了解掌握自动喷水灭火系统的操作方法。

**二、实验原理**

自动喷水灭火系统是由洒水喷头、报警阀组、水流报警装置（水流指示器或压力开关）等组件以及管道、供水设施组成，能在发生火灾时喷水的自动灭火系统。自动喷水灭火系统具有安全可靠、灭火效率较高的特点，适用于人员密集、不易疏散、外部增援灭火与救援较困难、性质重要或火灾危险性较大的场所。根据喷头类型的不同，自动喷水灭火系统可以分为闭式系统（采用闭式洒水喷头）和开式系统（采用开式洒水喷头）。

（一）系统的分类

1. 闭式系统

闭式系统主要包括湿式系统、干式系统和预作用系统，其中湿式系统应用最为广泛。湿式系统组成如图 6-8 所示，组件包括湿式报警阀组、闭式喷头、水流指示器、控制阀门、末端试水装置、管道和供水设施等。湿式系统在准工作状态下，管道内充满用于启动系统的有压水，火灾中当温度上升到使闭式喷头温感元件爆破或熔化脱落时，喷头即自动喷水灭火。湿式系统具有结构简单、使用方便、性能可靠、灭火速度快及控火效率高等优点，占整个自动喷水灭火系统的 75% 以上，适合于环境温度不低于 4℃、不高于 70℃ 的建筑物和场所使用。

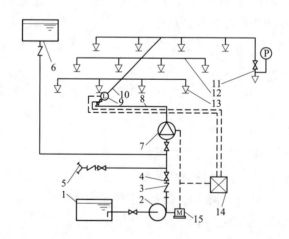

图 6-8　湿式系统组成示意图

1—水池；2—消防水泵；3—止回阀；4—闸阀；5—水泵接合器；6—消防水箱；7—湿式报警阀组；
8—配水干管；9—水流指示器；10—配水管；11—末端试水装置；12—配水支管；
13—闭式喷头；14—报警控制器；15—驱动电机

干式系统组成如图 6-9 所示，组件包括闭式喷头、干式报警阀组、水流指示器或压力开关、供水与配水管道、充气设备以及供水设施等。在准工作状态下，管道内充满用于启动系统的有压气体。干式系统在报警阀后的管网内无水，故可避免冻结和水汽化的危险，适用于环境温度低于4℃或高于70℃的建筑物和场所，如无采暖的地下车库、冷库等无法使用湿式系统的场所。预作用系统将火灾自动探测报警技术和自动喷水灭火系统有机地结合起来，对保护对象起了双重保护作用。

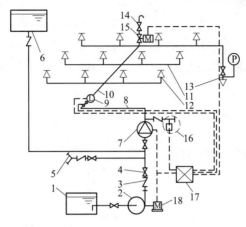

图 6-9　干式系统组成示意图

1—水池；2—消防水泵；3—止回阀；4—闸阀；5—水泵接合器；6—消防水箱；7—干式报警阀组；
8—配水干管；9—水流指示器；10—配水管；11—配水支管；12—闭式喷头；13—末端试水装置；
14—快速排气阀；15—电动阀；16—充气设备；17—报警控制器；18—驱动电机

预作用系统组成如图 6-10 所示，组件包括闭式喷头、管道系统、雨淋阀、湿式阀、火灾探测器、报警控制装置、充气设备、控制组件和供水设施部件。这种系统平时呈干式，在火灾发生时能实现对火灾的初期报警，并立刻使管网充水，将系统转变为湿式。系统干湿转变过程包含着预备动作的功能，适用于高级宾馆、重要办公楼、大型商场等不允许误操作而造成水渍损失的建筑物内，也适用于干式系统适用的场所。

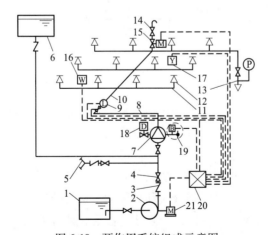

图 6-10　预作用系统组成示意图

1—水池；2—消防水泵；3—止回阀；4—闸阀；5—水泵接合器；6—消防水箱；7—预作用报警阀组；8—配水干管；
9—水流指示器；10—配水管；11—配水支管；12—闭式喷头；13—末端试水装置；14—快速排气阀；15—电动阀；
16—感温探测器；17—感烟探测器；18—电磁阀；19—充气设备；20—报警控制器；21—驱动电机

2. 开式系统

开式灭火系统是采用开式洒水喷头的自动喷水灭火系统，一般包括雨淋系统和水幕系统。雨淋系统是由火灾自动报警系统或传动管控制，自动开启雨淋报警阀和启动供水泵后，向开式洒水喷头供水的开式自动喷水灭火系统。雨淋系统组成如图 6-11 所示，组件包括开式喷头、管道系统、雨淋阀、火灾探测器、报警控制装置、控制组件和供水设备等。雨淋系统采用火灾探测传动控制装置来开启，从火灾发生到探测装置动作并开启雨淋系统灭火的时间较短，具有灭火控制面积大、出水量大、灭火及时、反应速度快及灭火效率高等优点。

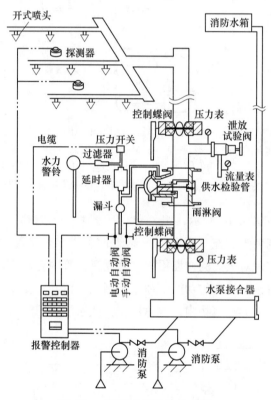

图 6-11　雨淋系统组成示意图

水幕系统也称水幕灭火系统，组件包括水幕喷头、雨淋报警阀组或感温雨淋阀、供水与配水管道、控制阀及水流报警装置等，能起到阻火、冷却、隔离作用。水幕系统不具备直接灭火的能力，是用于挡烟阻火和冷却隔离的防火系统。根据水幕功能的不同，可以分为防火分隔水幕和防护冷却水幕两种。防火分隔水幕系统利用密集喷洒形成的水墙或多层水帘，封堵防火分区处的孔洞，阻挡火灾和烟气的蔓延。防护冷却水幕系统则利用喷水在物体表面形成的水膜，控制防火分区处分隔物的温度，使分隔物的完整性和隔热性免遭火灾破坏。

（二）系统工作原理

（1）湿式系统：当防护区发生火灾，火焰或高温烟气使闭式喷头热敏元件动作，喷头打开喷水灭火。此时，水流指示器感应水的流动并送出电信号，在火灾报警控制器上显示某一区域已在喷水。湿式报警阀后的配水管道内水压下降，原来处于关闭状态的湿式报警阀开启，压力水流向配水管道。随着报警阀的开启，报警信号管路开通，压力水冲击水力警铃发出声响报警信号，同时，安装在报警信号管路上的压力开关接通发出电信号，直接或通过火灾报警控制器启动消防水泵，实现持续喷水灭火。

（2）干式系统：平时，干式报警阀后配水管道及喷头内充满有压气体，用充气设备维持报警阀内气压大于水压，将水隔断在干式报警阀前，干式报警阀处于关闭状态。当防护区发生火灾时，闭式喷头受热开启后先喷出气体，排出管网中的压缩空气，报警阀后管网压力下降，干式报警阀开启，水流向配水管网，并通过已开启的喷头喷水灭火。报警阀打开的同时，报警信号管路也被打开，水流推动水力警铃发出声响，压力开关发出报警信号，并启动消防泵加压供水。干式系统与湿式系统的区别是喷头动作后有一个排气过程，这将影响灭火效果。因此，为缩短排气时间，干式系统的配水管道应设快速排气阀。

（3）预作用系统：当发生火灾时，保护区的火灾探测器首先发出报警信号，报警控制器接收信号后启动电磁阀将预作用阀打开，使压力水迅速充满管道，使原来呈干式的系统转变为湿式系统，完成了预作用过程。待闭式喷头开启后，立即出水灭火。

（4）雨淋系统：系统的启动通过雨淋阀开启实现，雨淋阀入口侧接喷水灭火管路。平时雨淋阀处于关闭状态，发生火灾后，火灾探测器或感温探测控制元件（闭式喷头、易熔封锁等）探测到火灾信号后，通过传动阀门（电磁阀、闭式喷头等）自动释放掉传动管网中有压力的水，使传动管网中的水压骤然降低，由于进水管与传动管相连通的小孔阀来不及向传动管补水，雨淋阀在进水管的水压推动下瞬间自动开启，压力水立即充满灭火管网，雨淋阀后所控制的开式喷头同时喷水，实现对保护区的整体灭火或控火。

### 三、实验器材及实验条件

（一）实验设备

实训装置应包括消防水池、高位消防水箱、喷淋泵、增压稳压装置、电气控制箱、报警阀组、电源、管网、喷头、水流指示器、阀门等组件，如图 6-12 所示。该装置能开展自动喷水灭火系统状态检测、功能应用等综合实训，宜与火灾自动报警系统联动，并能够进行自动喷水灭火系统运行的工程演示。

（二）系统关键组件识别

1. 报警阀组（以湿式报警阀组为例）

湿式报警阀组由报警阀、报警信号管路、延迟器、压力开关、水力警铃、泄水及试验装置、压力表等组成，如图 6-13 所示。平时阀瓣前后水压相等，由于阀瓣的自重降落在阀座上，处于闭合状态。火灾时，闭式喷头打开喷水，报警阀上面的水压下降，阀下水压大于阀上水压，阀瓣被顶起使阀门自动开启，向管网供水。此时一路水由报警阀的环形槽进入报警信号管路，再经过延迟器到达水力警铃，发出声响报警信号，报警信号管路上的压力开关动作输出相应的电信号，连锁启动消防水泵等设施。

图 6-12 　自动喷水灭火系统实验实训装置

图 6-13 　湿式报警阀

1—报警阀；2—报警信号管路；3—延迟器；4—水力警铃；5—压力开关；6—排水试验管路；7—压力表

2. 消防水泵

消防水泵（见图 6-14）通过叶轮旋转等方式将能量传递给水，使之动能和压能增加，并将其输送到用水设备处，以满足各种消防水系统的水量和水压要求。自动喷水灭火系统和消火栓系统的水泵均为一用一备。

3. 水流指示器

水流指示器由本体、微型开关、桨片及法兰底座等组成，如图 6-15 所示。它是自动喷水灭火系统中将水流信号转换成电信号的一种报警装置，其作用就是监测管网内的水流情况，准确、及时报告发生火灾的部位。它竖直安装在系统配水管网的水平管路上或各分区的分支管上，当有水流过时，流动的水推动桨片动作，桨片带动整个联动杆摆动一定角度，从而带动信号输出组件的触点闭合，使电接点接通，将水流信号转换为电信号，输出到消防控制中心，报知建筑物某部位的喷头已开始喷水，消防控制中心由此信号确认火灾的发生。

图 6-14　消防水泵

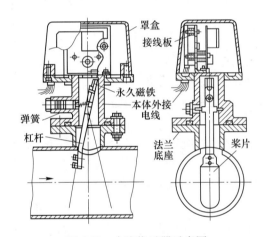

图 6-15　水流指示器示意图

4. 供配水管道

以报警阀组为界，报警阀组前的管道为供水管道，报警阀组后的管道为配水管道，如图 6-16 所示。配水管道又分为：配水干管，报警阀后向配水管供水的管道；配水管，向配水支管供水的管道；配水支管，直接或通过短立管向喷头供水的管道；短立管，连接喷头与配水支管的立管。

5. 末端试水装置

末端试水装置由试水阀、压力表以及试水接头组成，如图 6-17 所示。该装置用于监测自动喷水灭火系统末端压力，测试系统能否在开放一只喷头的最不利条件下可靠报警并正常启动，并对水流指示器、报警阀、压力开关、水力警铃的动作是否正常，配水管道是否畅通，系统联动功能是否正常等进行综合检验。因此，在系统每个报警阀组控制的最不利点喷头处，应设置末端试水装置。其他防火分区、楼层均应设直径为 25mm 的试水阀。末端试水装置和试水阀应便于操作，且应有足够排水能力的排水设施。

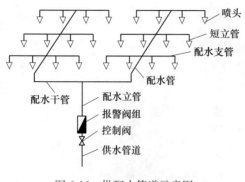

图 6-16　供配水管道示意图

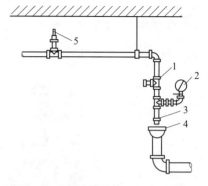

图 6-17　末端试水装置组成示意图

1—试水阀；2—压力表；3—试水接头；

4—排水漏斗；5—最不利点喷头

### 四、实验步骤

（一）湿式系统

1. 湿式系统状态检测

（1）高位消防水箱和消防水池等水源是否充足。

（2）高位消防水箱或气压罐稳压设施、消防水池、水泵接合器等各种阀门状态是否正常。

（3）喷淋泵吸水管、出水管、泄压管阀门常开，水泵试水管和供水管路排水管阀门常闭。

（4）喷淋泵出口止回阀后供水管路水压是否正常。

（5）湿式系统供水管道、湿式报警阀前控制阀和配水管道阀门应常开。

（6）湿式报警阀灭火侧压力不小于供水侧压力，供水侧水压不小于稳压水压。

（7）湿式报警阀报警信号管路阀门常开，试验管路和排水管路阀门常闭。

（8）末端试水装置压力表压力不低于 0.05MPa。

（9）电源供电是否正常，喷淋泵和稳压泵控制箱电源指示灯和泵运行状态是否正常，电源断路器是否处于接通位置。

（10）喷淋泵和稳压泵控制箱控制回路选择开关是否处于自动状态。

（11）喷淋泵控制箱联动控制是否正常。

（12）火灾报警控制器联动控制方式是否处于自动和手动允许状态。

2. 湿式系统启动实验

（1）联动启动：湿式系统的联动试验，启动 1 只喷头或以 0.94～1.5L/s 的流量从末端试水装置处放水时，观察水流指示器、报警阀、压力开关、水力警铃和消防水泵等是否及时动作，并发出相应的信号。

（2）试验管路启动：开启试验管路上的试水装置阀门，90s 内水力警铃应发出声响，喷淋泵应自动启动，火灾报警控制器显示相关信息并报警。关闭试水装置阀门，水力警铃停止发声，喷淋泵自行停止，火灾报警控制器复位。

（3）火灾报警控制器总线手动控制：确认火灾报警控制器处于手动允许状态，按下喷淋泵总线手动控制按钮，喷淋泵启动并反馈信号，再次按下后喷淋泵停止。

（4）火灾报警控制器多线手动控制：按下火灾报警控制器多线手动控制盘喷淋泵控制按钮，喷淋泵启动。再次按下按钮，喷淋泵停止。

（5）电气控制箱现场控制：将喷淋泵电气控制箱选择开关旋至手动，按下喷淋泵启动按钮，喷淋泵启动。按下喷淋泵停止按钮，喷淋泵停止，最后将选择开关旋至自动位置。

（二）干式系统

1. 干式系统状态检测

（1）高位消防水箱和消防水池等水源是否充足。

（2）高位消防水箱或气压罐稳压设施、消防水池、水泵接合器等各种阀门状态是否正常。

（3）喷淋泵吸水管、出水管、泄压管阀门常开，水泵试水管和供水管路排水管阀门常闭。

（4）喷淋泵出口止回阀后供水管路水压是否正常。

（5）干式系统供水管道、干式报警阀前控制阀和配水管道阀门应常开。

（6）干式报警阀灭火侧气压不小于供水侧水压。

（7）干式报警阀报警信号管路阀门常开，试验管路和排水管路阀门常闭。

（8）末端试水装置压力表压力不低于 0.05MPa。

（9）电源供电是否正常，喷淋泵和稳压泵控制箱电源指示灯和泵运行状态是否正常，电源断路器是否处于接通位置。

（10）喷淋泵和稳压泵控制箱控制回路选择开关是否处于自动状态。

（11）喷淋泵控制箱联动控制是否正常。

（12）火灾报警控制器联动控制方式是否处于自动和手动允许状态。

2. 干式系统启动实验

（1）联动启动：干式系统的联动试验，启动 1 只喷头或模拟 1 只喷头的排气量排气，观察报警阀是否及时启动，压力开关、水力警铃是否动作并发出相应信号。

（2）试验管路启动：开启试验管路上的试水装置阀门，90s 内水力警铃应发出声响，喷淋泵应自动启动，火灾报警控制器显示相关信息并报警。关闭试水装置阀门，水力警铃停止发声，喷淋泵自行停止，火灾报警控制器复位。

（3）火灾报警控制器总线手动控制：确认火灾报警控制器处于手动允许状态，按下喷淋泵总线手动控制按钮，喷淋泵启动并反馈信号，再次按下后喷淋泵停止。

（4）火灾报警控制器多线手动控制：按下火灾报警控制器多线手动控制盘喷淋泵控制按钮，喷淋泵启动。再次按下按钮，喷淋泵停止。

（5）电气控制箱现场控制：将喷淋泵电气控制箱选择开关旋至手动，按下喷淋泵启动按钮，喷淋泵启动。按下喷淋泵停止按钮，喷淋泵停止，最后将选择开关旋至自动位置。

（三）其他类型自动喷水灭火系统

预作用系统、雨淋系统、水幕系统的联动试验，可采用专用测试仪表或其他方式，对火灾自动报警系统的各种探测器输入模拟火灾信号，火灾自动报警控制器应发出声光报警信号并启动自动喷水灭火系统；采用传动管启动的雨淋系统、水幕系统联动试验时，启动 1 只喷头，雨淋阀打开，压力开关动作，水泵启动。

### 五、实验数据记录及处理

表6-2为自动喷水灭火系统实验记录表。

**表6-2　自动喷水灭火系统实验记录表**

| 系统类型 | 启动信号（部位） | 联动组件动作 | | | |
|---|---|---|---|---|---|
| | | 名称 | 是否开启 | 要求动作时间 | 实际动作时间 |
| 湿式系统 | 末端试水装置 | 水流指示器 | | | |
| | | 湿式报警阀 | | | |
| | | 水力警铃 | | | |
| | | 压力开关 | | | |
| | | 水泵 | | | |
| 水幕、雨淋系统 | 温与烟信号 | 雨淋阀 | | | |
| | | 水泵 | | | |
| | 传动管启动 | 雨淋阀 | | | |
| | | 压力开关 | | | |
| | | 水泵 | | | |
| 干式系统 | 模拟喷头动作 | 干式阀 | | | |
| | | 水力警铃 | | | |
| | | 压力开关 | | | |
| | | 充水时间 | | | |
| | | 水泵 | | | |
| 预作用系统 | 模拟喷头动作 | 预作用阀 | | | |
| | | 水力警铃 | | | |
| | | 压力开关 | | | |
| | | 充水时间 | | | |
| | | 水泵 | | | |

### 六、实验注意事项

注意自动喷水灭火系统的适用范围（见表6-3）。

**表6-3　自动喷水灭火系统适用范围**

| 系统名称 | 适　用　范　围 |
|---|---|
| 湿式系统 | 环境温度不低于4℃且不高于70℃的场所 |
| 干式系统 | 环境温度低于4℃且或高于70℃的场所 |
| 预作用系统 | （1）系统处于准工作状态时严禁误喷的场所；<br>（2）系统处于准工作状态时严禁管道充水的场所；<br>（3）用于替代干式系统的场所 |

| 系统名称 | 适用范围 |
|---|---|
| 雨淋系统 | （1）火灾的水平蔓延速度快，彼时洒水喷头的开放不能及时使喷水有效覆盖着火区域的场所；<br>（2）设置场所的净空高度超过《自动喷水灭火系统设计规范》（GB 50084—2017）第 6.1.1 条的规定，且必须迅速扑救初期火灾的场所；<br>（3）火灾危险等级为严重危险级 Ⅱ 级的场所 |
| 水幕系统 | 适用于局部防火分隔处，不具备直接灭火能力 |

### 七、思考题

（1）简述末端试水装置的作用及原理。

（2）自喷系统为什么要设置泄水阀和排气阀？

（3）简述喷头破裂后，湿式报警阀组的工作过程。

（4）简述湿式自动喷水灭火系统状态检查要点。

（5）简述自动喷水灭火系统的重要组件及其功能。

# 第三节　气体灭火系统实验

### 一、实验目的

（1）了解掌握气体灭火系统的分类和组成。

（2）了解掌握组合分配式气体灭火系统的原理和相关规范要求。

（3）了解掌握组合分配式气体灭火系统的状态检测方法。

（4）了解掌握组合分配式气体灭火系统的操作方法。

### 二、实验原理

气体灭火系统是以某些在常温常压下呈气态的灭火介质，通过在整个防护区内或保护对象周围的局部区域建立起灭火浓度实现灭火的设施。气体灭火系统具有灭火效率高、灭火速度快、使用范围广、对被保护对象不造成二次污损等优点，但也有对大气环境产生影响、不能扑灭固体物质深位火灾等局限性。

气体灭火系统按使用的灭火剂不同可分为二氧化碳灭火系统、IG541 灭火系统、七氟丙烷灭火系统；按灭火方式不同可分为全淹没气体灭火系统、局部应用气体灭火系统；按管网布置形式不同可分为组合分配灭火系统、单元独立灭火系统、无管网灭火系统。气体灭火系统实物如图 6-18 所示。

防护区出现火警后，火灾探测器报警，消防控制中心接到火灾信号后，启动联动装置（关闭开口、停止空调等），延时 30s 后（保证防护区内人员疏散），气体灭火控制器发出控制信号，启动气瓶瓶头阀打开，启动气体驱动灭火剂容器瓶开启，灭火剂经管道输送到喷头喷出以实施灭火。

图 6-18　气体灭火系统

### 三、实验设备及实验条件

（一）实验设备

组合分配式气体灭火系统是用一套灭火剂存储装置同时保护多个场所的气体灭火系统。组合分配灭火系统通过控制选择阀，实现灭火剂释放到着火的保护区。该系统适用于多个不会同时着火的相邻保护区或保护对象，具有同时保护但不能同时灭火的特点。组合分配式气体灭火系统灭火剂设计用量是按最大的一个保护区或保护对象来确定的，对于较小的保护区或保护对象，若不需要释放全部的灭火剂，可根据需要利用启动气瓶来控制打开灭火剂储存容器的数量，以释放部分或全部灭火剂。

组合分配式气体灭火系统由灭火剂储存装置、启动分配装置、输送释放装置、监控装置等组成。气体灭火系统的组成示意图见图 6-19。

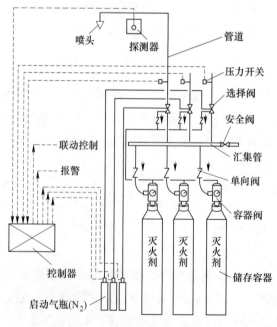

图 6-19　气体灭火系统组成示意图

## （二）系统组件识别

### 1. 灭火剂储存容器

灭火剂储存容器在储存灭火剂的同时，又是系统工作的动力源，为系统正常工作提供足够的压力，对系统能否正常工作影响很大，各类气体灭火系统有其相应的灭火剂储存容器。在储存容器或容器阀上，应设安全泄压装置和压力表，以防止意外出现储存容器内的压力超过允许的最高压力而引起事故，确保设备和人身安全。储存容器上应设有耐久固定的金属标牌，标明每个储存容器的号码、灭火剂充装量、充装日期、储存压力等内容，安装时标牌应朝外，以便于进行验收、检查和维护。

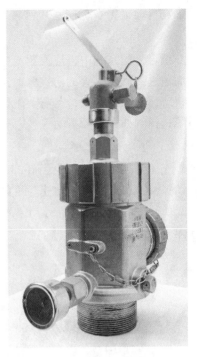

图 6-20　灭火剂容器阀

### 2. 容器阀

容器阀（见图 6-20）是指安装在灭火剂储存容器出口的控制阀门，平时用来封存灭火剂，火灾时自动或手动开启释放灭火剂。容器阀有电动型、气动型、机械型和电引爆型四类，其开启是一次性的，打开后不能关闭，需要重新更换膜片或重新支撑后才能关闭。容器阀上都安装有导液管，以保证液态灭火剂的喷出。

### 3. 集流管

集流管将若干储瓶同时开启施放出的灭火剂汇集起来，然后通过分配管道输送至保护空间，如图 6-21 所示。集流管为一较粗的管道，工作压力不小于最高环境温度时储存容器内的压力。集流管应与储存容器固定在支架、框架上。集流管外表面应涂红色油漆。

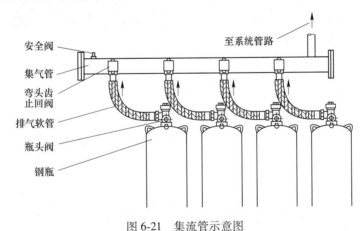

安全阀
集气管
弯头齿止回阀
排气软管
瓶头阀
钢瓶
至系统管路

图 6-21　集流管示意图

### 4. 启动气瓶

启动气瓶充有高压氮气，用以打开灭火剂储存容器上的容器阀及相应的选择阀。组合分配系统和灭火剂储存容器较多的单元独立系统，多采用这种设置启动气瓶启动系统的方式。启动气瓶容积较小，通过其上的瓶头阀实现自动开启，瓶头阀为电动型或电引爆型，由火灾自动报警系统控制开启。

5. 选择阀

组合分配系统中，应设置与每个防护区相对应的选择阀，以便在系统启动时能够将灭火剂输送到需要灭火的防护区。选择阀的功能相当于一个常闭的二位二通阀，平时处于关闭状态，系统启动时，与需要施放灭火剂的防护区相对应的选择阀则被打开。组合分配式系统选择阀如图 6-22 所示。

6. 气体灭火控制器

气体灭火控制器（见图 6-23）专用于气体自动灭火系统，能够使系统实现自动探测、自动报警、自动灭火等功能。气体灭火控制器可以连接火灾探测器、紧急启停按钮、手自动转换开关、气体喷洒指示灯、声光警报器等设备，并提供驱动电磁阀的接口，用于启动气体灭火设备。

图 6-22　组合分配式系统选择阀

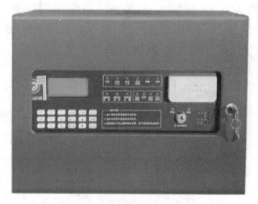

图 6-23　气体灭火控制器

**四、实验步骤**

（一）组合分配式七氟丙烷气体灭火系统状态检测

（1）检查系统各个组件外观是否完好，连接是否紧密，电气线路是否牢靠。

（2）检查驱动气瓶和灭火剂瓶上的压力表，观察其指针状态，绿色区域表示正常，红色区域表示压力偏离正常值。

（3）通过气体灭火系统控制箱上的指示灯查看系统供电状态，是否有故障灯显示，显示屏幕上的文字是否显示供电正常。

（4）在气体灭火控制器上查看系统是否处于自动状态。

（5）查看灭火剂容器瓶和驱动气瓶上的电磁阀的机械应急启动保险销是否完好，下部的电磁驱动器保险销是否已经拔掉。

（6）查看选择阀的手柄和压臂的位置是否恰当，选择阀是否处于关闭状态。

（二）组合分配式七氟丙烷气体灭火系统启动实验

（1）启动信号：

1）手动启动。手动方式为直接摁下紧急启停按钮上的"按下喷洒"按钮或气体灭火控制器上的紧急启动按钮来触发系统；也可以拔下电磁阀上的机械应急启动保险销，摁下机械应急启动按钮来启动系统，对于组合分配式七氟丙烷气体灭火系统来说，也可打开相应的选择阀手柄，敞开压臂打开选择阀，摁下灭火剂瓶上的机械应急启动按钮来释放灭火剂，但测试时一般不采用后面几种紧急启动方式。

2）联动启动。通过同一个保护区域的一只感烟探测器和一只感温探测器发出的火灾信号触发系统，也可通过一只探测器和一只手动报警按钮的火灾信号来启动系统。

（2）确认火灾的同时声光警报装置发出警报，同时控制器上的"警报器启动"灯、"启动控制"灯和"延时"灯变亮，显示屏显示系统进入30s倒计时。

（3）延时过程中，如果想停止系统可以摁下控制器或紧急启停按钮上的"停止"键。

（4）30s延时结束之后，系统进入喷洒阶段，电磁阀的闸刀弹出，表明可以刺破密封膜释放气体，控制器上的"气体喷洒"灯亮起，同时保护区外的放气灯亮起显示"放气勿入"字样。

（5）气体喷洒结束后依次摁下控制器上的"复位""确认"键，电磁阀闸刀应自动复位，将其重新安装好，系统即恢复正常，测试操作结束。

### 五、实验注意事项

（1）演示实验宜采用压缩空气，不充装真实灭火剂，以免造成危险。
（2）使用前进行调试，保证各项功能正常，系统处于准工作状态。
（3）确保有关控制阀门工作正常，有关声光报警信号正确。
（4）储瓶间内的设备和对应防护区的输送灭火剂管道无明显晃动和机械损坏。

### 六、思考题

（1）简述气体灭火系统的分类。
（2）简述组合分配式气体灭火系统的组成和组件功能。
（3）简述组合分配式气体灭火系统的工作过程。

# 第四节　火灾自动报警系统实验

### 一、实验目的

（1）了解掌握火灾自动报警系统的分类和组成。
（2）了解掌握火灾自动报警系统的原理和相关规范要求。
（3）了解掌握火灾自动报警系统的状态检测方法。
（4）了解掌握火灾自动报警系统的操作方法。

## 二、实验原理

火灾自动报警系统是能够探测火灾早期特征、发出火警信号，为人员疏散、防止火灾蔓延和启动灭火设备提供控制与指示的消防系统。根据火灾自动报警系统联动功能的复杂程度及报警系统保护范围的大小，将火灾自动报警系统分为区域报警系统、集中报警系统和控制中心报警系统三种形式。

区域报警系统通常由火灾探测器、手动火灾报警按钮、火灾报警控制器、火灾警报装置及电源等构成，系统中可以包括消防控制室图形显示装置和指示楼层的区域显示器。区域报警系统主要用于仅需要报警，不需要联动自动消防设备的保护对象，适用于小型建筑对象或防火对象单独使用。

集中报警系统由火灾探测器、手动火灾报警按钮、火灾声光警报器、消防应急广播、消防专用电话、消防控制室图形显示装置、火灾报警控制器、消防联动控制器等组成。

设置两个及以上消防控制室的保护对象，或已设置两个及以上集中火灾报警系统的保护对象，应采用控制中心火灾报警系统。有两个及以上消防控制室时，应确定一个主消防控制室，主消防控制室应能显示所有火灾报警信号和联动控制信号，并能控制重要的消防设备；各分消防控制室内消防设备之间可以相互传输、显示状态信息，但不应相互控制。

### （一）火灾报警控制器

火灾报警控制器承担着将火灾探测器传来的信号进行处理、报警并中继的作用。其工作模式为：采集探测源信号—输入单元—自动监测单元—输出单元，同时为了方便使用和扩展功能，又附加上人机接口——键盘、显示单元、计算机通信单元、打印机部分等。

主要功能包括：主备电自动转换、备用电源充电、电源故障检测、电源工作状态指示、为探测回路供电、控制器或系统故障声光报警、火灾声光报警、火灾报警记忆、时钟单元、自动巡检、自动打印、显示消防设备的状态等。

### （二）消防联动控制器

消防联动控制器是在火灾自动报警系统中，当接收到来自触发器件的火灾报警信号后，能自动或手动启动相关消防设备并显示其状态的装置。它通过接收火灾报警控制器发出的报警信息，按内部预设逻辑对自动消防设备实现联动控制和状态监视。消防联动控制器可直接发出控制信号，通过驱动装置控制现场的受控设备。对于控制逻辑复杂，在消防联动控制器上不便实现直接控制的情况，可通过消防电气控制装置（如防火卷帘控制器、气体灭火控制器等）间接控制设备。

### （三）联动型火灾报警控制器

将火灾报警控制器和消防联动控制器的功能集中到一台微处理控制器上，成为报警联动控制器，报警线路和联动控制线路都可集中在一条总线上，通过总线来实行报警信号和联动控制信号的传输。该方式布线简单，但如果控制器或线路发生故障，报警系统和联动系统都将受到影响。国内外先进的火灾报警控制器均是集报警和联动控制于一体，可实现手动或自动联动、跨区联动、设置防火区域，使火灾报警和联动控制达到最佳配合。火灾自动报警系统原理图见图6-24。

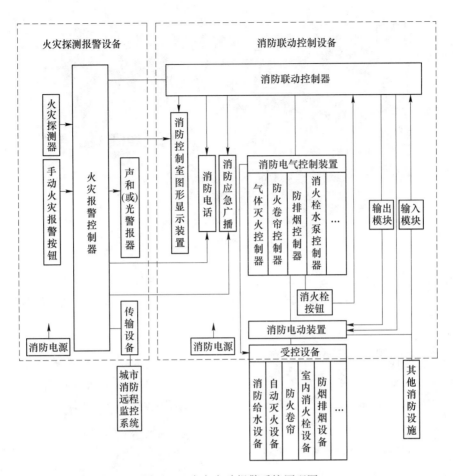

图 6-24 火灾自动报警系统原理图

## 三、实验器材及实验条件

### (一) 实验设备

火灾自动报警系统实训装置及其功能：

实训装置采用集中报警系统，应包括联动型火灾报警控制器、消防应急广播、消防专用电话、图形显示装置等组件，如图 6-25 所示。该装置能开展火灾自动报警系统状态检测、功能应用等综合实训，并能够进行火灾自动报警系统运行的工程演示。

### (二) 系统组件识别

1. 触发器件

① 手动火灾报警按钮

手动火灾报警按钮（见图 6-26）安装在公共场所，当人工确认火灾后按下，可向火灾报警控制器发出信号。火灾报警控制器接收到报警信号后，显示出报警按钮的位置并发出报警声响。

② 感烟探测器

感烟式火灾探测是利用小型烟雾传感器响应悬浮在其周围附近大气中的燃烧和（或）

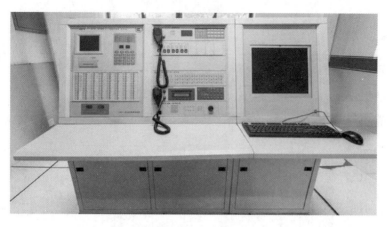

图 6-25　集中报警系统

热解产生的烟雾气溶胶（固态或液态微粒），常用的感烟探测器有点型感烟探测器（见图 6-27）、红外光束线型感烟探测器、光截面感烟探测器、主动式空气采样感烟火灾探测器等。

图 6-26　手动火灾报警按钮

图 6-27　点型感烟探测器

③ 感温探测器

温度探测根据物质燃烧释放出的热量所引起的环境温度升高值或温升速率大小，通过热敏元件与电子电路来探测火灾。因此，热敏元件是最主要的感温元件。常用的热敏元件有电子测温元件（热敏电阻）、双金属片、感温膜盒、热电偶、光纤光栅、分布式光纤等。常用的感温探测器有点型感温探测器（见图 6-28）、缆式定温感温探测器、分布式光纤感温探测器、光纤光栅感温探测器、空气管差温感温探测器等。

④ 火焰探测器

火焰（光）探测根据物质燃烧所产生的火焰光辐射的大小，其中主要是红外辐射和紫外辐射的大小，通过光敏元件与电子电路来探测火灾现象。这类探测方法一般采用被动式光辐射探测原理，用于探测火灾发展过程中火焰发展和明火燃烧阶段，其中紫外式感光原理多用于油品火灾，红外式感光原理多用于普通可燃物和森林火灾；为了区别非火灾形成的光辐射，被动感光式火灾探测通常还要考虑可燃物燃烧时火焰光的闪烁频率（3～30Hz）。紫外火焰探测器如图6-29所示。

图6-28　点型感温探测器

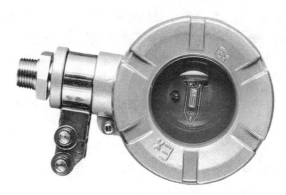

图6-29　紫外火焰探测器

此外，还有图像火灾探测方法，该方法根据早期火灾烟气的红外辐射特性，结合早期火灾火焰可见光辐射特征，利用早期火灾的红外视频信号以及火灾火焰可见波段视频信号，同时结合火焰的色谱特性、相对稳定性、纹理特性、蔓延增长特性等，采用趋势算法等智能算法，将火灾探测与图像监控有机结合，实现高大空间早期火灾探测与监控的目的。

⑤ 可燃气体探测器

可燃气体探测采用各种气敏元件或传感器来响应火灾初期物质燃烧产生的烟气中某些气体浓度，或液化石油气、天然气等环境中的可燃气体浓度以及气体成分。一般这类火灾探测方法在工业环境应用较多，相应的火灾探测器需采用防爆式结构。随着城市燃气系统的广泛应用，非防爆式家用可燃气体探测器在建筑物中正不断普及。可燃气体探测器如图6-30所示。

2. 火灾报警装置

在火灾自动报警系统中，用以接收、显示和传递火灾报警信号，并能发出控制信号和具有其他辅助功能的控制指示设备称为火灾报警装置，它是火灾自动报警系统中的核心组成部分。

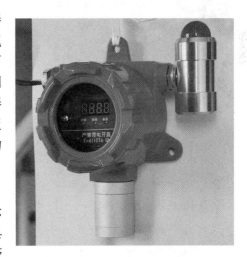

图6-30　可燃气体探测器

① 火灾报警控制器

区域火灾报警控制器：直接连接火灾探测器，处理各种报警信息。它是能够直接接收火灾探测器或中继器发出的报警信号的多路火灾报警控制器。

集中火灾报警控制器：一般不与火灾探测器相连，而与区域火灾报警控制器相连，处理区域级火灾报警控制器送来的报警信号，常使用在较大的系统中。它是能够接收区域火灾报警控制器或相当于区域火灾报警控制器的其他装置发出的报警信号的多路火灾报警控制器。

通用火灾报警控制器：兼有区域、集中两级火灾报警控制器的双重特点。通过设置或修改某些参数（可以是硬件或软件方面），既可以作区域级使用，连接探测器；又可以作集中级使用，连接区域报警控制器。它是既可作区域火灾报警控制器，又可作集中火灾报警控制器用的多路火灾报警控制器，如图 6-31 所示。

② 火灾显示盘

火灾显示盘（见图 6-32）是显示报警区域内的各种报警设备火警及故障信息的设备，火灾显示盘信号来自报警控制器，一般采用四线制连接，适用于各防火分区或楼层。当火警或故障信号送入时，将发出两种不同的报警声（火警为变调音响，故障为长音响）。当用一台报警控制器同时监控数个楼层或防火分区时，可在每个楼层或防火分区设置火灾显示盘取代区域报警控制器。

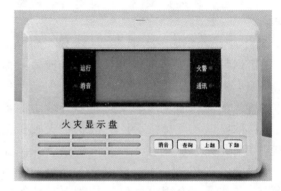

图 6-31　琴台式火灾报警控制器　　　　　　　　图 6-32　火灾显示盘

**3. 火灾警报装置**

在火灾自动报警系统中，用以发出区别于环境声、光的火灾警报信号的装置称为火灾警报装置。声光警报器（见图 6-33）就是一种最基本的火灾警报装置，通常与火灾报警控制器（如区域显示器、火灾显示盘、集中火灾报警控制器）组合在一起，以声、光方式向报警区域发出火灾警报信号，以提醒人们展开安全疏散、灭火救灾等行动。

**4. 火灾自动报警系统常用模块**

模块是由集成电路、分立元器件或微型继电器组成的电路，是能完成某种功能的整体电路装置。在实际工程中使用时，应根据需要选择不同功能、不同性能的模块。模块的种类通常有以下几种：总线隔离模块、单输入模块、单输入/输出模块（见图 6-34）、双输入/输出模块、隔离模块、切换模块、声光报警驱动模块、输出模块、多路输出模块等。

图 6-33 声光警报器

图 6-34 单输入/输出模块

### 四、实验步骤

（一）手动报警按钮

1. 手动报警按钮状态检测

（1）手动火灾报警按钮应安装在明显和便于操作的部位。当安装在墙上时，其底边距地面高度宜为 1.3~1.5m。

（2）手动火灾报警按钮应安装牢固，不应倾斜。

2. 手动报警按钮启动实验

确认手动火灾报警按钮与火灾报警控制器连接正确并接通电源，处于正常监视状态。按下手动火灾报警按钮的启动零件，观察火灾报警控制器的显示状态和手动火灾报警按钮的报警确认灯状态。复位手动火灾报警按钮的启动零件，复位火灾报警控制器，观察手动火灾报警按钮的报警确认灯状态。

正常情况下，按下手动火灾报警按钮的启动零件，手动火灾报警按钮应输出火灾报警信号，红色报警确认灯点亮并保持至被复位。

如果未输出火灾报警信号，或红色报警确认灯未点亮，或报警确认灯不能保持至被复位，则手动火灾报警按钮不正常。

复位方法：将面板下面印有钥匙标识的翻盖打开，将复位钥匙垂直插入复位孔内，顺时针旋转，压片复位弹出后，拔下钥匙，还原盖板。

（二）火灾报警控制器

1. 火灾报警控制器状态检测

（1）火灾报警控制器的安装应符合规范要求。

（2）火灾报警控制器应安装牢固，不应倾斜；安装在轻质墙上时，应采取加固措施。

（3）火灾报警控制器上状态显示灯正常，无故障灯或屏蔽灯亮。

（4）火灾报警控制器的主电源应有明显的永久性标志，并直接与消防电源连接，严禁使用电源插头，控制器与其外接备用电源之间应直接连接。

（5）火灾报警控制器的接地应牢固，并有明显的永久性标识。

2. 火灾报警控制器功能实验

① 火灾报警

确认火灾报警控制器与火灾探测器和手动火灾报警按钮连接正确并接通电源，处于正常监视状态。使火灾探测器或手动火灾报警按钮发出火灾报警信号，观察控制器发出火灾报警声、光信号（包括火警总指示、部位或探测区指示等）情况及计时、打印情况。复位火灾报警控制器，观察火灾报警信号状态。

正常情况下，火灾报警控制器应能直接或间接地接收来自火灾探测器及其他火灾报警触发器件的火灾报警信号，发出火灾报警声、光信号，指示火灾发生部位，记录火灾报警时间，并予以保持，直至手动复位。

如果未发出火灾报警声、光信号，或不能指示火灾发生部位，或不能记录火灾报警时间，或火灾报警信号不能保持至复位，则火灾报警控制器不正常。

② 消防联动

确认消防联动控制器直接或通过模块与受控设备连接（应选择启动后不会造成损失的受控设备进行试验），接通电源，处于正常监视状态。

正常情况：消防联动控制器应能直接或间接控制其连接的各类消防设备。应能以手动方式完成控制功能；消防联动控制器发出启动信号后，应有光指示（包括点亮启动总指示灯）；指示启动设备名称和部位，记录启动时间和启动设备总数。

不正常情况：不能直接或间接控制其连接的各类消防设备；不能以手动方式完成控制功能；发出启动信号后，无光指示（包括未点亮启动总指示灯）；不能指示启动设备名称和部位；未记录启动时间和启动设备总数。

**五、实验结果讨论**

（一）各设备之间的关系

当某处发生火灾时，火灾探测器检测到报警信号，将信号传递到火灾报警控制中心，火灾报警控制中心进行火灾信号确认，确认之后，发出信号，控制消防泵进行消防给水，并使相应位置处的水喷淋系统的喷头打开进行灭火；与此同时，控制相应位置处的防排烟系统开始工作，排出建筑内部的烟气；通过消防广播、声光警报提醒人们进行安全疏散，并通过应急照明和安全疏散指示灯引导人们安全疏散。

（二）火灾报警与故障处置

1. 火灾报警信息的确认

（1）火灾报警控制器报出并显示火灾信号后，消防值班人员应首先按下"消音"键消音，再依据报警信号确定报警点具体位置。

（2）通知另一名消防值班人员或安保人员到报警点火灾现场确认情况。消防控制室内消防值班人员在控制室内随时准备实施系统操作。若消防控制室内设有闭路监控系统，可直接将该系统切换至报警位置确认火情。

（3）现场火灾确认人员携带手提消防电话分机或对讲机等通信设备尽快到现场查看是否有火灾发生。

2. 火灾处置流程

（1）如确有火灾发生，现场火灾确认人员应立即用对讲机或到附近消防电话插孔处用消防电话分机等通信工具向消防控制室反馈火灾确认信息。可根据火灾燃烧规模情况决定利用现场灭火器材进行扑救还是立即疏散转移。

（2）消防控制室内值班人员接到现场火灾确认信息后，必须立即将火灾报警联动控制开关转入自动状态。

（3）拨打 119 火警电话向消防部门报警。

（4）消防值班人员向消防值班经理和单位负责人报告火情，同时立即启动单位内部灭火和应急疏散预案。

（5）启动相应的消防联动设备，如消火栓、喷淋系统、防排烟系统等消防设施。

（6）通过消防广播系统通知火灾及相关区域人员疏散。

（7）消防队到场后，要如实报告情况，协助消防人员扑救火灾，保护火灾现场，调查火灾原因。

（三）消防用电设备的双电源

消防用电负荷等级为一级时，应有主电源和自备电源或城市电网中独立于主电源的专用回路的双电源供电。

火灾过程中，先连接主电源，后连接备用电源，当需关闭电源时，先关备用电源，后关主电源，确保由主电源供电。

**六、思考题**

（1）简述火灾探测器的类型和探测原理。

（2）简述火灾自动报警系统的组成和各组件的功能。

（3）说明总线控制和多线控制的区别。

（4）分析火灾报警控制器的手自动状态对系统功能的影响。

# 第七章 灭火实验

灭火过程就是破坏燃烧所具备的基本条件从而使燃烧终止的过程。灭火基本原理包括以下四个方面：一是控制可燃物，可燃物是燃烧过程的物质基础，通过限制或减少燃烧区的可燃物而使燃烧熄灭；二是隔绝助燃物，通过限制和稀释体系中氧气供应达到灭火效果，一般认为维持燃烧所需的最低浓度约为15%；三是消除火源，通过隔离火源或减低火场温度均可以控制和消除点火源，以达到灭火目的；四是阻止火灾蔓延，通过防止新的燃烧条件产生是阻止火灾蔓延的重要途径，常用方法包括隔离法、化学抑制法等。本章基于以上原理，设计泡沫灭火实验和干粉灭火实验，通过开展本章节实验，掌握泡沫灭火和干粉灭火的基本原理，熟悉灭火的基本过程。

## 第一节 泡沫灭火实验

### 一、实验目的

（1）通过实验直观了解泡沫灭火剂的灭火过程。
（2）掌握泡沫灭火剂的灭火时间、抗烧时间和析液时间的测试方法。
（3）了解泡沫灭火剂的灭火机理。

### 二、实验原理

泡沫灭火剂主要通过覆盖和冷却作用降低可燃液体的蒸发速率并隔绝火焰对燃烧表面的热辐射作用，从而达到灭火的目的。各类低倍数泡沫液对应的灭火性能级别要求和灭火时间及抗烧时间要求见表7-1和表7-2，可通过表7-1和表7-2所示参数评估所测试低倍泡沫灭火剂的灭火性能和抗烧性能。

表7-1 各类低倍泡沫液对应的灭火性能级别要求

| 泡沫液类型 | 灭火性能级别 | 抗烧水平 | 不合格类型 | 成膜性 |
|---|---|---|---|---|
| AFFF/非 AR | I | D | A | 成膜型 |
| AFFF/AR | I | A | A | 成膜型 |
| FFFP/非 AR | I | B | A | 成膜型 |
| FFFP/AR | I | A | A | 成膜型 |
| FP/非 AR | II | B | A | 非成膜型 |
| FP/AR | II | A | A | 非成膜型 |

注：AR 是指抗溶性，非 AR 是指非抗溶性。

表 7-2　各灭火性能级别对应的灭火时间和抗烧时间要求

| 灭火性能级别 | 抗烧水平 | 缓施放 | | 强施放 | |
|---|---|---|---|---|---|
| | | 灭火时间/min | 抗烧时间/min | 灭火时间/min | 抗烧时间/min |
| I | A | 不要求 | | ≤3 | ≥10 |
| | B | ≤5 | ≥15 | ≤3 | 不测试 |
| | C | ≤5 | ≥10 | ≤3 | |
| | D | ≤5 | ≥5 | ≤3 | |
| II | A | 不要求 | | ≤4 | ≥10 |
| | B | ≤5 | ≥15 | ≤4 | 不测试 |
| | C | ≤5 | ≥10 | ≤4 | |
| | D | ≤5 | ≥5 | ≤4 | |

### 三、实验装置及实验条件

（一）实验仪器

（1）泡沫灭火系统（见图 7-1）。

（2）风速仪：精度 0.1m/s。

（3）秒表：分度值 0.1s。

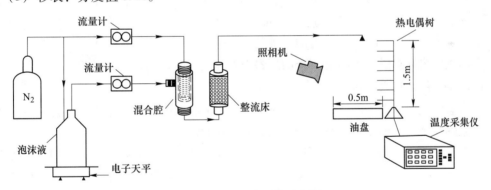

图 7-1　泡沫灭火系统示意图

（二）实验材料

（1）钢质油盘：面积约为 4.52m²，内径为（2400±25）mm，深度为（200±15）mm，壁厚 2.5mm。

（2）钢质挡板：长（1000±50）mm，高（1000±50）mm。

（3）泡沫枪和泡沫产生系统：同 GB 15308《泡沫灭火剂》的 5.8.1。

（4）钢质抗烧罐：内径为（300±5）mm，深度为（250±5）mm，壁厚 2.5mm。

（5）燃料：橡胶工业用溶剂油，符合 SH 0004 的要求。

（三）实验条件

（1）环境温度：10～30℃。

（2）泡沫温度：15～20℃。

（3）燃料温度：10～30℃。

（4）风速：不大于3m/s（接近油盘处）。

### 四、实验步骤

**（一）准备阶段（泡沫溶液的配制）**

应按样品的使用浓度，用淡水配制泡沫溶液。若泡沫液适用于海水，还应用人工海水配制泡沫溶液，配制浓度与淡水相同。人工海水由下列组分构成（配制人工海水用的化学试剂均为化学纯）：在 1L 淡水中加入 25.0g 氯化钠（NaCl），11.0g 氯化镁（$MgCl_2 \cdot 6H_2O$），1.6g 氯化钙（$CaCl_2 \cdot 2H_2O$），4.0g 硫酸钠（$Na_2SO_4$）。

**（二）缓释放灭火测试**

（1）将油盘放在地面上并保持水平，使油盘在泡沫枪的下风向，加入 90L 淡水将盘底全部覆盖。泡沫枪水平放置并高出燃料面（1±0.05）m，使泡沫射流的中心打到挡板中心轴线上并高出燃料面（0.5±0.1）m。

（2）加入（144±5）L 燃料使自由盘壁高度为 150mm，加入燃料在 5min 内点燃油盘，预燃（60±5）s，开始供泡，并记录灭火时间。灭火成功的条件：

1）对Ⅲ级泡沫液，所有火焰全部熄灭。

2）对Ⅰ级和Ⅱ级泡沫液，残焰减少到只有一个或在盘边 0.1m 范围内有几个闪焰，其高度不超过油盘上沿 0.15m，有一个聚集的火焰前锋（在不计任何火焰间距离的条件下，火焰沿盘边方向的总长度不超过 0.5m），而且在抗烧试验前的等待时段内火焰强度不再增加。供泡（300±2）s 后停止供泡，等待（300±10）s，将装有（2±0.1）L 燃料的抗烧罐放在油盘中央并点燃。当油盘 25% 的燃料面积被引燃时，记录 25% 抗烧时间。

**（三）强释放灭火测试**

将油盘放在地面上并保持水平，使油盘在泡沫枪的下风向，泡沫枪的位置应使泡沫的中心射流落在距离远端盘壁（1±0.1）m 处的燃料表面上。

加入燃料在 5min 之内点燃，预燃（60±5）s 后开始供泡，供泡（180±2）s 后停止供泡；如果火被完全扑灭，则记录灭火时间；如果火焰仍未被扑灭，等待观察残焰是否全部熄灭并记录灭火时间。停止供泡后，等待（300±10）s，将装有（2±0.1）L 燃料的抗烧罐置于油盘中心并点燃。记录自点燃抗烧罐至油盘 25% 的燃料面积被引燃的时间，即为 25% 抗烧时间。

### 五、实验数据记录及处理

试验过程中记录下列参数：

（1）室内或室外；

（2）环境温度；

（3）泡沫温度；

（4）风速；

（5）90% 控火时间（从开始施用泡沫灭火剂到油盘火焰被扑灭 90% 所经历的时间）；

（6）99% 控火时间（从开始施用泡沫灭火剂到油盘火焰被扑灭 99% 所经历的时间）；

（7）灭火时间（从开始施用泡沫灭火剂到油盘火焰被完全扑灭所经历的时间）；

（8）25%抗烧时间（自点燃抗烧罐至油盘25%的燃料面积被引燃的时间）。

各参数数据记录于表7-3中。

表 7-3 实验记录表

| 实验次数 | 室内或室外 | 环境温度 /℃ | 泡沫温度 /℃ | 风速 /m·s⁻¹ | 90%控火时间/s | 99%控火时间/s | 灭火时间 /s | 25%抗烧时间/s |
|---|---|---|---|---|---|---|---|---|
| 1 |  |  |  |  |  |  |  |  |
| 2 |  |  |  |  |  |  |  |  |
| 3 |  |  |  |  |  |  |  |  |

### 六、实验注意事项

（1）实验过程中应做好防护措施，防止烫伤，防止油池火外溢。

（2）实验应远离可燃物质，防止发生火灾。

（3）钢瓶应存放在阴凉、干燥、远离热源的地方。

（4）搬运钢瓶要小心轻放，钢瓶安全帽要旋上。

（5）开启总阀门时，不要将头或身体正对总阀门。

### 七、思考题

（1）影响泡沫灭火效能的因素有哪些？

（2）如何提高泡沫灭火剂的灭火效能？

# 第二节　干粉灭火实验

### 一、实验目的

（1）熟悉干粉灭火剂的灭火操作流程。

（2）了解干粉灭火剂的灭火机理。

### 二、实验原理

干粉灭火剂主要靠干粉中的无机盐的挥发性分解物，与燃烧过程中燃料所产生的自由基或活性基团发生化学抑制和负催化作用，使燃烧的链反应中断而灭火。

### 三、实验器材及实验条件

（一）实验仪器

（1）3kg干粉灭火器：初始压力为（1.2±0.1)MPa（表压），喷嘴直径为4mm，喷管内径为10mm，喷管长度为400mm，筒体直径为127.4mm，筒体容积为3.8L，虹吸管内径为12mm，虹吸管距筒底距离为13~16mm，材料和强度等符合GB 4351.1的规定。

（2）木材湿度仪：精确度为±1%。

（3）秒表：分度值为0.1s。

（二）实验材料

燃料：脂肪烃化合物，馏程范围在84～105℃，初终馏出温度差小于或等于10℃，芳香烃的体积含量小于或等于1%，15℃时的密度为（700±20）kg/m³。

注：符合要求的典型燃料为工业用正庚烷。

（三）实验条件

（1）A类火灭火试验应在基本通风、有足够空间的室内进行，要确保木垛自由燃烧所必要的氧气供给量和一定的能见度。符合要求的室内空间为：内高7.5m，体积1700m³以上，4个角落处有可调节大小的进气孔，总的通风面积达4.5m²以上，地面为光洁的水泥地。环境温度为0～30℃。

（2）灭火试验前，应将灭火器放置在（20±5）℃环境中预处理24h或以上，预处理后应在5min内进行灭火试验。

（3）灭火试验可由专人操作，操作者应穿着符合GA 634要求的隔热防护服（包括服装、头套、手套、脚套）来完成灭火试验。

注：为了保护灭火试验人员的健康和安全，需采取措施防止燃烧产生的有毒物质和烟气对灭火试验人员造成危害。当需要持续一段时间进行重复试验时，可让灭火试验人员佩戴呼吸保护器。

### 四、实验步骤

（一）准备阶段

A类火的试验模型包含一个由木条搭成的正方形木垛，其边长等于木条的长度。为了加固，木垛外边缘的木条可钉在一起。把木垛放在包含2个角铁的支架上，此支架顶端离地面（400±10）mm。火源功率的计算依据SFPE消防工程手册提供的一种中心点火的计算模型进行，木垛形式及主要参数如图7-2所示。

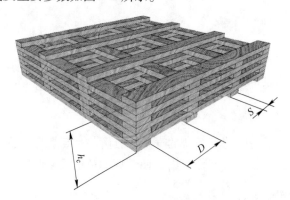

图7-2　木垛结构及主要参数示意图

热释放速率的数值表达式如下：

$$HRR = \Delta h_c \times MLR \tag{7-1}$$

定义火焰传播到木垛边缘的时间为$t_0$：

$$t_0 = 15.7n \tag{7-2}$$

$t < t_0$ 时，有：

$$\dot{m} = 0.0254 m_0 \frac{v_p t^2}{n^2 D} \tag{7-3}$$

$t > t_0$ 时，对燃料表面控制型火灾有：

$$\dot{m} = \frac{4}{D} m_0 v_p \left( \frac{m}{m_0} \right)^{\frac{1}{2}} \tag{7-4}$$

其中 $m$ 的表达式如下：

$$m = m_0 - \sum_{i}^{t} \dot{m}_i(t_i) \Delta t \tag{7-5}$$

式中，$\Delta h_c$ 为木垛燃烧热，取 19194kJ/kg；$MLR$ 为物质质量损失速率；$n$ 为木垛每一层的木条数量；$D$ 为木条宽度；$m_0$ 为木条初始质量；$t$ 为点火开始时间。

对于木垛火灾，燃料表面回归速度 $v_p$ 取 $2.2 \times 10^{-6} D^{-0.6}$。对于整体均匀点燃且木垛间隙较大的木垛，燃烧速率主要受燃料表面控制，研究中的热释放速率计算也按照燃料表面控制型火灾计算。木条的几何尺寸为 0.4m×0.03m×0.02m，布置间距为 0.04m，木垛规格如表 7-4 所示。

**表 7-4　木垛工况设置表**

| 工况 | 木垛高度/m | 木垛质量/kg | 木垛组成形式 | 火源功率/kW |
| --- | --- | --- | --- | --- |
| 1 | 0.36 | 5.23 | 18 层×8 条 | 152.35 |
| 2 | 0.24 | 0.83 | 12 层×4 条 | 24.18 |
| 3 | 0.16 | 0.65 | 8 层×4 条 | 18.94 |
| 4 | 0.16 | 1.65 | 8 层×6 条 | 48.07 |
| 5 | 0.08 | 1.50 | 4 层×8 条 | 43.70 |

试验模型用木条应经过适当处理，其含水率（质量分数）为 10%～14%，品种可选用樟子松、落叶松、辐射松、马尾松等松木（干燥时温度不应高于 105℃），木材的密度在含水率 12% 时应为 0.45～0.55g/cm³。木条的横截面为正方形，边长为（390±1）mm，木条长度的尺寸偏差为±10mm。木条按照图 7-3 规定的排列方法分层堆放，上下层木条呈直角排列，每层的木条以相同的间距摆放成宽与木条长相同的正方形。

（二）灭火测试

（1）在引燃盘内先倒入深度为 30mm 的清水，再加入规定量的燃料。将引燃盘放入木垛的正下方。

（2）点燃汽油，当汽油烧尽，可将引燃盘从木垛下抽出。让木垛自由燃烧。当木垛燃烧至其质量减少到原来质量的 53%～57% 时，预燃结束。木垛燃烧时的质量损失可以直接测定或采用已被验证

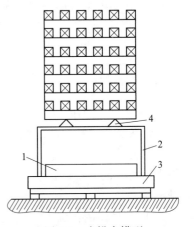

图 7-3　木垛火模型

1—引燃盘；2—支架；

3—称重平台；4—角铁

可以提供相当一致结果的其他方法测定。

（3）预燃结束后即开始灭火。整个喷射过程应使灭火器阀门保持最大开启状态，并连续喷射。开始从离木垛 1.8m 的正前方处喷射，然后可缩短距离，朝木垛的上部、底部、前部、两个侧面喷射，但不能向背部喷射；整个试验过程中，操作者和灭火器的任何部位不应触及模型。

### 五、实验数据记录及处理

（1）试验模型木垛的火焰完全熄灭，且灭火器完全喷射后的 10min 内，残留木垛上无可见火焰或仅出现高度小于 50mm、持续时间不超过 1min 的不持续火焰，则评定为灭火成功。

（2）灭火试验中若木垛倒坍，则此次试验为无效，应重新进行。

（3）重复进行三次试验，连续两次灭火成功或失败，则第三次试验可免试。

### 六、实验注意事项

（1）实验过程中应做好个人防护措施，防止烫伤。

（2）实验应远离可燃物质，防止发生火灾。

### 七、思考题

（1）影响干粉灭火剂灭火效能的因素有哪些？

（2）如何提高干粉灭火剂的灭火效能？

# 第三节　细水雾灭火实验

### 一、实验目的

（1）观察细水雾形态和灭火过程。

（2）掌握细水雾灭火机理和灭火效果。

（3）了解细水雾灭火系统的使用场景、适用范围及其优缺点。

### 二、实验原理

（1）高效冷却作用：由于细水雾的雾滴直径很小，普通细水雾系统雾粒直径为 $10\sim100\mu m$，在水受热汽化的过程中将从燃烧物表面或火灾区域吸收大量的热量。按 100℃ 水的蒸发潜热为 2257kJ/kg 计，每只喷头喷出的水雾（喷水速度为 0.133L/s）吸热功率约为 300kW。实验证明直径越小，水雾单位面积的吸热量越大，雾滴速度越快，直径越小，热传速率越高。

（2）窒息作用：细水雾喷入火场后，迅速蒸发形成蒸汽，体积急剧膨胀 1700～5800 倍，氧气浓度大大降低，在燃烧物周围形成一道屏障，阻挡新鲜空气的吸入。随着水的迅速汽化，水蒸气含量将迅速增大，同时氧含量在火源周围空间减小到 16%～18%时，火焰将被窒息熄灭。另外火场外非燃烧区域雾滴不汽化，空气中氧气含量不改变，不会危害人员生命。

（3）阻隔辐射热作用：高压细水雾喷入火场后，蒸发形成的蒸汽迅速将燃烧物、火焰和烟雾笼罩，对火焰的辐射热具有极佳的阻隔能力，能够有效抑制辐射热引燃周围其他物品，达到防止火焰蔓延的效果。水雾对辐射的阻隔作用还可以用来保护消防队员的生命。

（4）稀释、乳化、浸润作用：颗粒大、冲量大的雾滴会冲击到燃烧物表面，从而使燃烧物浸湿，阻止固体进一步热解产生可燃性气体，达到灭火和防止火灾蔓延的目的。另外，高压细水雾还具有洗涤烟雾、废气，乳化、稀释液体的作用等。

### 三、实验器材及实验条件

（1）实验仪器：细水雾灭火系统。

（2）实验条件：室温 25℃；燃料供给流量应为（0.03±0.005）kg/s；对于 2MW 喷雾火，其燃料供给流量应为（0.05±0.002）kg/s；试验油盘应为正方形，面积为 1.0m²，高 100mm。

### 四、实验步骤

防护空间内的设备可利用钢板模拟，并应符合下列要求：

（1）应将一块 1mm 厚的钢板水平放置于试验空间中央的钢支柱上，宽度应为 1.0m，长度宜与整个试验空间长度相同，距地面高度应为 1.0m。在水平放置钢板的两侧应倾斜 45°角向上固定 2 块 1mm 厚的钢板，两侧钢板顶部的水平距离应为 2.0m，顶部距地面均应为 1.5m。

（2）进行遮挡火试验时，应在水平放置钢板的正下方设置 2 块高度为 1.0m、宽度为 0.5m 的挡板。

（3）试验模型见图 7-4。细水雾喷头宜布置在试验空间顶部。

模拟火源宜根据保护对象的火灾特性采用喷雾火或油盘火，并应符合下列要求：

（1）当设备室内使用的可燃液体为丙类液体时，试验燃料宜采用 0 号柴油。

（2）当设备室内使用的可燃液体为甲、乙类液体时，试验燃料宜采用正庚烷。

（3）对于喷雾火，燃料喷嘴喷雾角度宜为 80°，喷嘴前压力宜为 0.86MPa。对于 1MW 喷雾火，其燃料供给流量应为（0.03±0.005）kg/s；对于 2MW 喷雾火，其燃料供给流量应为（0.05±0.002）kg/s。

（4）对于油盘火，试验油盘应为正方形，面积宜为 1.0m²，高度宜为 100mm。油盘底部垫水后加入燃料，燃料层厚度不宜小于 20mm，液面距油盘上沿宜为 30mm。

模拟火源的布置应符合下列要求：

（1）对于无遮挡喷雾火，燃料喷嘴宜设置在水平放置钢板的纵向中心线的上方。燃料喷嘴距钢板的高度宜为 0.3～1.7m。试验时，喷雾火宜沿钢板纵向中心线方向水平喷射，试验布置见图 7-5。

（2）对于有遮挡喷雾火，燃料喷嘴宜设置在水平放置钢板的下方，且应位于两块挡板中间的位置，距地面高度宜为 500mm。试验时，喷雾火宜朝对面墙壁的中心位置水平喷射，试验布置见图 7-5。

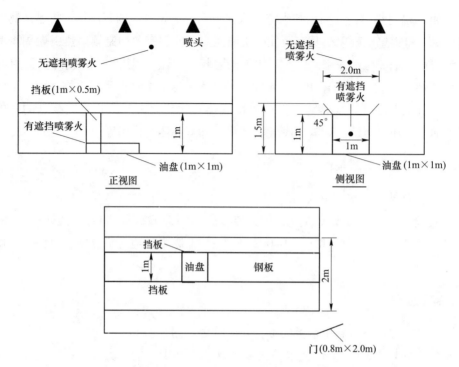

图 7-4 试验空间和设备模型（俯视图）

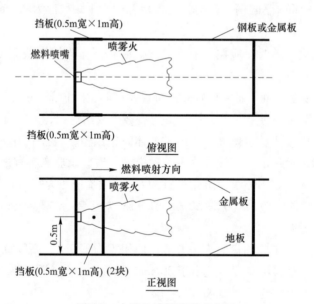

图 7-5 火源和遮挡喷雾火布置

（3）对于油盘火，油盘宜设置在水平放置钢板下方的地面上，且位于两块挡板中间的位置，试验布置见图 7-6。

（4）氧浓度测试仪应在试验空间内远离开口的位置设置，量程范围宜为 0~25%（体积分数）。在整个试验过程中，试验空间内的氧气浓度不宜低于 16%。

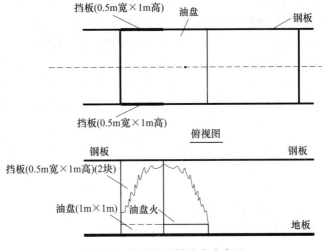

图 7-6 火源和遮挡油盘火布置

### 五、实验数据记录及处理

（1）试验记录可燃物的类型、可燃物的燃烧特性、可燃物的尺寸、热释放速率、可燃物的布置方式和位置。

（2）记录空间的几何特征，主要为空间的体积、高度、形状等。

（3）试验空间的通风等环境条件，包括通风形式（如自然通风、强制通风），通风口或允许开口的面积和位置，通风量或风速等。

（4）系统的应用方式，主要指系统选型（如开式系统全淹没应用方式、开式系统局部应用方式等），细水雾喷头的安装条件（如安装高度、安装间距、与保护对象的距离、与侧墙的距离、与吊顶的距离、安装角度等），细水雾喷头的设计工作压力、系统的喷雾时间等。

（5）实体火灾模拟试验的引燃方式和预燃时间，要考虑火灾热释放速率、火灾蔓延情况、烟气发展情况等火灾发展特性，并结合实际保护对象的特性来确定。

### 六、实验注意事项

（1）试验燃料应与实际应用中的可燃物相同或类似，需要考虑的因素主要有：可燃物的类型（如液体、固体燃烧物或两种的组合），可燃物的燃烧特性（如闪点、可燃性等），可燃物的尺寸或热释放速率（如油盘尺寸、燃料的数量、喷雾火的热释放速率等），可燃物的布置方式和位置（如水平或垂直油喷雾、燃烧物距地面的距离等）。

（2）试验空间的通风等环境条件，包括通风形式（如自然通风、强制通风），通风口或允许开口的面积和位置，通风量或风速等。

（3）系统的应用方式，主要指系统选型（如开式系统全淹没应用方式、开式系统局部应用方式等），细水雾喷头的安装条件（如安装高度、安装间距、与保护对象的距离、与侧墙的距离、与吊顶的距离、安装角度等），细水雾喷头的设计工作压力、系统的喷雾时间等。

（4）实体火灾模拟试验的引燃方式和预燃时间，要考虑火灾热释放速率、火灾蔓延情况、烟气发展情况等火灾发展特性，并结合实际保护对象的特性来确定。

（5）试验空间应相对封闭，其长度、宽度和高度应根据实际防护区的空间确定，且高度不宜超过 7.5m，长度不宜超过 8.0m。

（6）应在与设备模型平行的墙面上设置一道宽度为 0.8m、高度为 2.0m 的门，门与墙角的距离宜为 2.7m。除进行有遮挡的 2MW 喷雾火试验应将门置于开启状态外，其他试验均应将门置于关闭状态。

（7）在细水雾喷放和灭火过程中，应保持试验空间的所有开口处于关闭状态。

### 七、思考题

（1）细水雾的灭火效能受到哪些因素的影响？
（2）如何提高细水雾的灭火效能？

## 第四节　气体灭火实验

### 一、实验目的

利用杯式燃烧器观察气体灭火剂扑灭可燃气体和可燃液体火的过程，并测定火焰被扑灭时所需的气体灭火剂在空气中的最低体积分数。

### 二、实验原理

杯式燃烧器是一种同轴层流扩散燃烧装置，该燃烧器可以提供充足的空气使液体或气体燃料维持稳定持续的燃烧状态，气流对火焰的稳定性影响较小，灭火剂以一定比例预混在空气中，通过扩散、火焰卷吸等作用进入火焰进行灭火。

### 三、实验仪器及实验条件

（一）实验仪器
（1）杯式燃烧器：杯式燃烧器测量装置的布局和结构如图 7-7 所示。
（二）实验材料
（1）空气：空气应清洁、干燥、无油，其中氧的体积分数为 20.9%±0.5%。应记录所用空气的来源和氧的含量，测试时可采用一台空压机作为空气源。
（2）燃料：所用燃料的类型和质量应合格，实验中通常选用气体或乙醇、正庚烷等易于点燃的液体燃料。
（3）灭火剂：灭火剂的类型应是经确认的合格产品，并应与提供者的说明书相符合。液体灭火剂应以纯净灭火剂提供，不要用氮气加压。

### 四、试验步骤

（1）打开仪器，调节空气的流量为 40L/min。
（2）将气体燃料通入杯中。

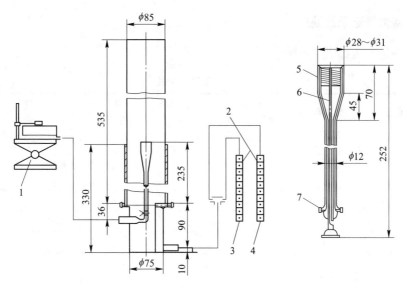

图 7-7　燃烧杯和测试燃料容器

1—液面调节架；2—转子流量计；3—空气；4—灭火剂；5—内壁与外壁间电加热丝；6—热电偶管；7—加热器接头

（3）点燃燃料，调节燃料流量，使火焰达到 8cm 的高度，使燃料预燃 60s。

（4）开始通入灭火剂，逐渐增加灭火剂的流量，直至火焰熄灭。在火焰熄灭的时候记录灭火剂、空气和燃料的流量。增加灭火剂流量会导致灭火剂的浓度增加，这一增加不要超过先前浓度的 3%。在灭火剂流量调整后，应等一段时间（10s），使得在集气管中新比例的灭火剂和空气能到达杯的位置。应注意，开始试验时，大量增加流速以获得所需的灭火剂流量，随后的试验中在接近临界流量时，开始少量增加流量直至火焰熄灭为止。

（5）火焰熄灭后停止可燃气体供应。

（6）下步试验前，应清除杯中所有附着在杯上的残余物以及燃烧的烟黑。

（7）在火焰高度分别为 4cm、6cm、10cm 和 12cm 的条件下，重复上述的试验步骤。

（8）确定灭火浓度最大时燃料的火焰高度。

（9）调节空气的流量为 40L/min。

（10）将气体燃料通入杯中。

（11）点燃燃料，调节燃料流量，使火焰达到上述需要灭火剂浓度最大时的高度，并使燃料燃烧 60s。

（12）通入灭火剂，逐渐增加灭火剂的流量，直至火焰熄灭。在火焰熄灭的时候记录灭火剂、空气和燃料的流量，增加灭火剂流量会导致灭火剂的浓度增加，这一增加不要超过先前浓度的 3%。在灭火剂流量调整后，应等一段时间（10s），使得在集气管中新比例的灭火剂和空气能到达杯的位置。应注意，开始试验时，大量增加流速以获得所需的灭火剂流量。随后的试验中在接近临界流量时，开始少量增加流量直至火焰熄灭为止。

（13）火焰熄灭后，停止可燃气体供应。下步试验前，应清除杯中所有附着在杯上的残余物以及燃烧的烟黑。

（14）重复 4 次试验步骤（9）~（13）。

### 五、实验数据记录及处理

实验过程记录表如表 7-5 所示。

**表 7-5　实验记录表**

| 序号 | 开始燃料温度/℃ | 燃料温度/℃ | 空气、灭火剂混合物的温度/℃ | 灭火剂的流量/L·min⁻¹ | 气体燃料的流量/L·min⁻¹ | 空气的流量/L·min⁻¹ | 灭火浓度/% |
|---|---|---|---|---|---|---|---|
| 1 | | | | | | | |
| 2 | | | | | | | |
| 3 | | | | | | | |
| 4 | | | | | | | |
| 5 | | | | | | | |

灭火剂浓度的技术可按下式：

$$C = 100\% \times \left[ 1 - \frac{\varphi(O_2)}{\varphi_{sup}(O_2)} \right] \tag{7-6}$$

式中　$C$——灭火剂浓度（体积分数），%；

　$\varphi(O_2)$——烟筒里空气、灭火剂混合物中氧浓度（体积分数），%，可用连续氧分析仪测量烟筒里杯下方空气、灭火剂混合物中氧的存留浓度；

$\varphi_{sup}(O_2)$——空气源中的氧浓度（体积分数），%。

### 六、实验注意事项

（1）实验中应防止气体或液体可燃物发生火灾。

（2）实验过程中做好个人防护措施，防止烫伤。

### 七、思考题

（1）如何利用杯式燃烧器测试和分析干粉和气体灭火剂的协同灭火作用？

（2）如何计算混合灭火介质的理论临界灭火体积分数？

# 第八章　防排烟实验

大量的火灾案例证明，烟气是火灾中造成人员伤亡的主要原因，有80%以上的受害人是由于火灾烟气直接或间接致亡的。科学合理的防排烟系统对于减缓火灾蔓延、延长可利用疏散时间和保证救援人员安全具有十分重要的意义。

本章通过机械加压送风系统及机械排烟流速和风量测量、建筑排烟系统虚拟仿真实验、隧道排烟实验、建筑中庭自然排烟和机械排烟的 FDS 仿真实验，一方面可以使学生了解防排烟系统对减缓火灾蔓延和人员安全疏散的重要性，另一方面可以帮助学生提升不同场所防排烟系统测试的能力，还可以使学生掌握火灾虚拟仿真软件的应用能力。

## 第一节　机械加压送风和机械排烟系统流速和风量测定

### 一、实验目的

（1）掌握用测压法测定管道内风速、风量的原理与方法。

（2）熟悉测压用的皮托管、倾斜式微压计等仪器的操作。

（3）了解综合运用所学的《流体力学》《防排烟工程》等课程中的相关知识设计实验并进行验证的方法。

### 二、实验原理

（一）送风和排烟试验系统流速和风量测定

在机械加压送风、机械排烟系统管道内测定风速和风量的方法很多，有直接测定的，如热线风速仪等可直接读出测点的风速值，有间接测定的，如测压管和压力计等需要测得测点的压力后再换算求得该测点的风速值。本实验采用间接测定风速中常用的皮托管和微压计。

为使试验系统流量可调，本实验采用变频器改变风机的输入频率，从而得到系统中不同的三个风量，每改变一个风量，均用皮托管和倾斜式微压计测定断面的静压和全压，然后根据公式计算出相应的风量。

（二）确定测定断面

无论以什么方法测定管道内的风速和风量，除能正确使用仪器外，合理选择测定断面非常重要，因其将会直接影响到测量结果的准确性和可靠性。

为了使测定出的数据比较准确，测定断面应远离扰乱气流或改变气流方向的管件（如各种阀门、弯头、三通、变径管以及送排风口等），力求选择在气流比较平稳的直管段上。当测定断面选在管件之前（对气流流动方向而言）时，测定断面与管件的距离应大于3倍的管道直径。当测定断面选在管件之后时，测定断面与管件的距离应大于6倍的管道直径。当测定条件难于满足上述要求时，测定断面与管件的距离至少应为1.5倍的管道直径，此时可酌情增加测定断面上测点的密度，以便最大限度地消除气流不稳定、速度分布不均匀而产生的误差。

确定测定断面，还应考虑到操作的方便和安全等条件。

若测得动压为零或负值时，说明该断面处气流不稳定，存在涡流，不宜选作测定断面。若断面上气流方向与风管中心线的夹角大于15°，也不宜选作测定断面。

（三）确定测定断面上测点的位置和数量

由流体力学可知，即使在气流平稳的管道内，由于有摩擦阻力的存在，测定断面上各点的气流速度也不相等，管中心处最大，靠近管壁处较小。因此，必须在测定断面上进行多点测量，然后求出其平均值。测点越多，计算值就越准确。测定断面上测点的位置和数量主要根据风管的形状和尺寸来决定。

1. 矩形管道

将测定断面划分为若干个等面积的小矩形，每个断面的小截面数目不得少于9个，测点位于每个小矩形的中心上，如图8-1所示。

2. 圆形风管

将圆形截面分成若干个面积相等的同心圆环，所划分圆环的数目可按表8-1选用，圆环的半径按下式计算确定：

$$R_n = R\sqrt{\frac{2n-1}{2m}} \qquad (8-1)$$

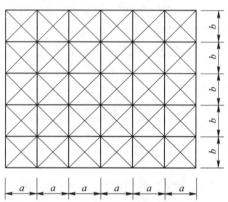

图 8-1　矩形风管测点布置图

式中，$R$ 为防排烟管道的半径，m；$R_n$ 为第 $n$ 个圆环的半径，m；$n$ 为自防排烟管道中心算起圆环的顺序号（圆环顺序号）；$m$ 为防排烟管道划分的圆环数。

表 8-1　圆形管道环数划分表

| 风管直径/m | 0.3 | 0.35 | 0.4 | 0.5 | 0.6 | 0.7 | 0.8 | 1.0 以上 |
| --- | --- | --- | --- | --- | --- | --- | --- | --- |
| 圆环数 | 5 | 6 | 7 | 8 | 10 | 12 | 14 | 16 |

在每个圆环上布置4个测点且使4个测点位于互相垂直的两条直径上，如图8-2所示。

3. 流速的测定和计算

采用皮托管和微压计测定加压送风管道内压力时，如果使用微压计进行测定时，将皮托管的全压接头和微压计的"＋"（或正压接头）相连，所测数据即为该点的全压值，将皮托管的静压接头与微压计的"＋"（正压接头）相连，所测数据即为该点的静压值。全压与静压之差即为该测点的动压。连接如图8-3所示。

采用皮托管和微压计测定机械排烟管道内压力时，如果使用微压计进行测定时，将皮托管的全压接头和微压计的"－"（或负压接头）相连，所测数据即为该点的全压值，将皮托管的静压接头与微压计的

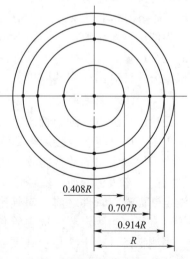

0.408R
0.707R
0.914R
R

图 8-2　圆形风管测点布置图

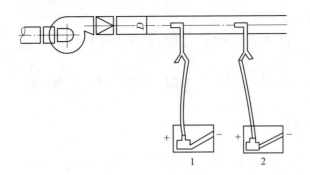

图 8-3　加压送风管道皮托管与倾斜式微压计的连接方法

1—全压；2—静压

"–"（负压接头）相连，所测数据即为该点的静压值。全压与静压之差即为该测点的动压。连接如图 8-4 所示。

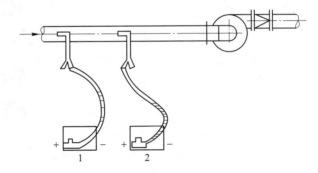

图 8-4　机械排烟管道皮托管与倾斜式微压计的连接方法

1—全压；2—静压

测定断面的平均全压、静压可按式（8-2）和式（8-3）计算：

$$p_{q} = \frac{p_{q1} + p_{q2} + \cdots + p_{qn}}{n} \tag{8-2}$$

$$p_{j} = \frac{p_{j1} + P_{j2} + \cdots + p_{jn}}{n} \tag{8-3}$$

式中，$p_{q}$ 为测定断面的平均全压值，Pa；$p_{qi}$ 为测定断面各测点的全压值，Pa；$p_{j}$ 为测定断面的平均静压值，Pa；$p_{ji}$ 为测定断面各测点的静压值，Pa。

对于断面的动压，因为 $p_{qi} = p_{ji} + p_{di}$，则各测点的动压值为：

$$p_{di} = p_{qi} - p_{ji} \tag{8-4}$$

各测点断面流速按下式计算：

$$v_{i} = \sqrt{\frac{2p_{di}}{\rho}} \tag{8-5}$$

式中，$v_{i}$ 为测定断面各测点的流速，m/s；$p_{di}$ 为测定断面各测点的动压值，Pa；$\rho$ 为测定气体的密度，kg/m$^{3}$。

4. 防排烟管道流量计算

在求出风速后，可利用式（8-6）求出管道内的流量：

$$q = 3600Fv \qquad (8\text{-}6)$$

式中，$q$ 为测定断面的流量，$m^3/h$；$F$ 为测定断面的风管断面面积，$m^2$；$v$ 为测定断面的平均风速，$m/s$。

### 三、实验器材

本实验所使用器材主要有机械排烟实验平台（包含管道、风口、风机、变频器）、加压送风实验平台（包含管道、风口、风机、变频器）、皮托管、倾斜式微压计、连接橡胶管等，如图 8-5 所示。

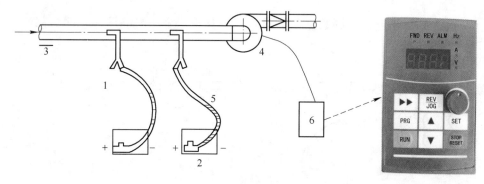

图 8-5 机械排烟实验平台

1—皮托管；2—倾斜式微压计；3—风口；4—风机；5—连接橡胶管；6—变频器

### 四、实验步骤

（1）选择测量断面。

（2）布置测点，安装皮托管并连接倾斜式微压计。

（3）打开电源。

（4）按下风机控制柜上的启动按钮，使风机在 50Hz 电源工况下运行。

（5）待系统运行稳定后，测量各点的全压和静压值。

（6）按下变频器上的增加按钮，调整变频器输出频率，使风机在 60Hz 电源工况下运行。

（7）待系统运行稳定后，测量各点的全压和静压值。

（8）按下变频器上的减小按钮，调整变频器输出频率，使风机在 30Hz 电源工况下运行。

（9）待系统运行稳定后，测量各点的全压和静压值。

（10）停止风机运行，将实验设备复原。

### 五、实验记录及数据处理

将测得的压力值分别记入表 8-2～表 8-4，并按相应公式计算风速和流量。

**表 8-2　防排烟管道压力流量记录表**

测定日期：　　　　　　频率：50Hz　　　　　　防排烟管道尺寸：

空气压力：$B=$ _____ kPa　　空气温度：$t=$ _____ ℃　　防排烟管道面积：

| 测点 | $p_q$/Pa | $p_j$/Pa | $p_d$/Pa | $v_i$/m·s$^{-1}$ | $v$/m·s$^{-1}$ | $q$/m$^3$·h$^{-1}$ | 备注 |
|---|---|---|---|---|---|---|---|
| 1 | | | | | | | |
| 2 | | | | | | | |
| 3 | | | | | | | |
| 4 | | | | | | | |
| 5 | | | | | | | |
| ⋮ | | | | | | | |

**表 8-3　防排烟管道压力流量记录表**

测定日期：　　　　　　频率：60Hz　　　　　　防排烟管道尺寸：

空气压力：$B=$ _____ kPa　　空气温度：$t=$ _____ ℃　　防排烟管道面积：

| 测点 | $p_q$/Pa | $p_j$/Pa | $p_d$/Pa | $v_i$/m·s$^{-1}$ | $v$/m·s$^{-1}$ | $q$/m$^3$·h$^{-1}$ | 备注 |
|---|---|---|---|---|---|---|---|
| 1 | | | | | | | |
| 2 | | | | | | | |
| 3 | | | | | | | |
| 4 | | | | | | | |
| 5 | | | | | | | |
| ⋮ | | | | | | | |

**表 8-4　防排烟管道压力流量记录表**

测定日期：　　　　　　频率：30Hz　　　　　　防排烟管道尺寸：

空气压力：$B=$ _____ kPa　　空气温度：$t=$ _____ ℃　　防排烟管道面积：

| 测点 | $p_q$/Pa | $p_j$/Pa | $p_d$/Pa | $v_i$/m·s$^{-1}$ | $v$/m·s$^{-1}$ | $q$/m$^3$·h$^{-1}$ | 备注 |
|---|---|---|---|---|---|---|---|
| 1 | | | | | | | |
| 2 | | | | | | | |
| 3 | | | | | | | |
| 4 | | | | | | | |
| 5 | | | | | | | |
| ⋮ | | | | | | | |

## 六、注意事项

（1）倾斜式微压计使用前要排出存留在容器和倾斜测量管道之间的气泡，反复数次，直至气泡排尽。

（2）正式测量之前必须检查皮托管、连接橡胶管、倾斜式微压计连接是否正确。

（3）皮托管嘴必须正对来流方向。

（4）倾斜式微压计必须在液面稳定后进行读数。

### 七、思考题

（1）本实验改变频率的测定结果与相似定律的计算结果相比，有什么差别？产生差别的原因是什么？

（2）用皮托管测定风速时，使用皮托管和倾斜式微压计有哪些注意事项？它们应如何连接？

（3）本实验还有哪些需要改进的地方？

# 第二节　建筑排烟虚拟仿真实验

## 一、实验目的

（1）掌握建筑排烟系统及部件、设备结构，明确建筑排烟系统的组成和工作原理。

（2）通过虚拟现实组装建筑排烟管道、部件及排烟风机，掌握系统部件的连接情况，提高对排烟系统的感性认知。

（3）熟悉仿真系统的虚拟点火，观察火灾烟气的羽流和顶棚射流及由排烟口排出过程、测算不同火源类型和烟气羽流情况下的排烟量等操作，掌握排烟过程风速、烟气温度的测量方法和排烟量的计算。

（4）通过实验设计四种排烟系统启停工作过程，掌握机械排烟系统的启动和停止方式。

（5）了解虚拟现实技术，领会虚拟仿真实验教学在内容设计方面的人机交互、师生互动等特点。

## 二、实验原理

### （一）建筑排烟虚拟仿真实验的特点

一套完整的建筑排烟系统涉及的设备众多、管路系统复杂、部件安装隐蔽，在现场实践教学时学生很难观看到所有实验细节，很难理清复杂的系统工作原理，且基于安全、环保和成本考虑，实验室无法进行明火实验。因此建筑排烟虚拟仿真实验教学项目非常迫切和重要。

本实验以华北水利水电大学龙子湖校区图书馆大楼为典型的消防工程实例，虚拟现实情节，模拟火灾发生及其烟气羽流情况，透视呈现出系统构成细节和设备运行场景，动态模式演示排烟系统的总体构成和工作原理，包括排烟口、排烟管道、排烟风机、排烟防火阀、报警控制器、模块、火灾探测器等部件的细部。

实验网址：http：//10.0.119.31/smoke。建筑排烟虚拟仿真实验界面如图8-6所示。

实验中利用火灾动力学和虚拟仿真技术模拟真实的火灾情况和排烟系统工作状况。实验中利用不同尺寸的燃烧盘和燃料模拟不同工况的火灾，利用火灾动力理论预先计算不同规模的火灾参数，例如火灾热释放速率、羽流质量流量、羽流体积流量、烟气温度、烟气层高度等，并以火灾参数来计算评估排烟系统的排烟效果。但是本实验中所使用的计算方

图 8-6　建筑排烟虚拟仿真实验界面

法是在理想的条件下对实际火灾过程的理论计算，这种计算是一种简化计算，和实际火灾有一定的误差，为了使火灾的虚拟仿真实验和真实的火灾更相似，在仿真中对各参数的计算加入了一个随机数，这个随机数可以使每次实验都能呈现一个误差范围在3%以内的不同结果。

通过精细设置交互操作任务和考核题目，将重要知识点穿插其中，利于学生深入领会系统组成和工作原理。

为保证实验教学效果，本实验采用了观察法、自主设计法、对比分析法、引导法、虚实结合等实验方法，学生通过网络访问实验项目进入实验，在仿真系统软件的引导下，通过交互操作来完成实验。

（二）建筑排烟系统组成

（1）排烟风机：一般可采用离心风机、排烟专用的混流风机或轴流风机，也有采用风机箱或屋顶式风机；排烟风机应保证在280℃的环境条件下能连续工作不少于30min。

（2）排烟管道：截面形状为矩形或圆形，采用不燃材料制作，常用的排烟管道采用镀锌钢板加工制作，并应采取隔热防火措施或与可燃物保持不小于150mm的距离。

（3）排烟防火阀：平时呈开启状态，火灾时当排烟管道内温度达到280℃时关闭，并在一定时间内能满足漏烟量和耐火完整性要求。排烟防火阀一般由阀体、叶片、执行机构和温感器等部分组成。排烟防火阀具有手动、自动和信号反馈功能。火灾发生后，当排烟系统中的烟气温度达到或超过280℃时，感温元件动作，阀门自动关闭，并切断风机控制箱内的二次控制回路，风机停止运行，防止火灾向其他部位蔓延。排烟防火阀一般安装在排烟风机入口处、排烟管道穿越防火分区处、排烟系统支管上。

（4）排烟口：安装在机械排烟系统的管道上，作为烟气吸入口，平时呈关闭状态并满足允许漏风量要求，火灾或需要排烟时手动或电动打开，部分排烟口外加装饰用的百叶风口。

（三）建筑排烟系统组装要求

（1）排烟系统组件的安装顺序：排烟口、排烟防火阀、排烟风机、排烟出口的顺序应正确。建筑排烟系统组件认知如图8-7所示。

图8-7　建筑排烟系统组件认知

（2）排烟系统组件的安装方向：排烟风机、排烟防火阀、排烟口的方向应正确。建筑排烟系统组装如图8-8所示。

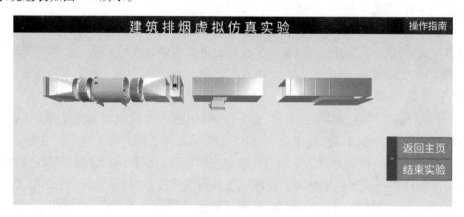

图8-8　建筑排烟系统组装

（四）排烟量计算

（1）烟气质量生成率：火灾烟气是有浮力的，着火后产生的烟气从火源上方的羽流中升起并撞击到顶棚，形成顶棚射流，当顶棚射流水平蔓延到空间的围墙时形成烟层。随后烟层开始下降，烟层界面的下降速率依赖于从羽流中升起烟气的速率，也即烟气质量生成率。

（2）羽流类型：烟羽流的形状有轴对称羽流、边墙羽流、墙角羽流等。

轴对称羽流：如果火灾发生在房间中心，会产生轴对称羽流，其沿整个羽流高度可以从各个方向卷吸空气，直到羽流淹没在烟层中。

边墙羽流：靠墙发生的火灾，只在羽流周长的 1/2 区域卷吸空气。边墙羽流在几何形状上来看只是轴对称羽流的 1/2，边墙羽流的烟气质量生成率可视为相应轴对称羽流的 1/2。

墙角羽流：如果火灾发生在墙角，并且两墙呈 90°角，这种火灾产生的羽流为墙角羽流。墙角羽流也和轴对称羽流相似，其烟气质量生成率可视为相应轴对称羽流的 1/4。

（五）排烟系统启停工作过程

（1）房间内模拟火灾发生（某个物体着火），附近的感烟探测器和手动报警按钮发出触发信号的联动控制方式。

（2）房间内模拟火灾发生（某个物体着火），附近的感烟探测器和手动报警按钮发出触发信号的手动控制方式。

（3）现场操作排烟口开启装置的连锁控制方式。

（4）用感烟探测器检测装置（加烟装置）加烟，探测器和手动报警按钮发出触发信号的联动控制方式。

### 三、虚拟实验室

（一）虚拟实验室的现实基础

（1）设备：计算机、网络服务器。

（2）软件：网页浏览器、建筑排烟仿真实验教学软件。

（二）虚拟实验室的仪器设备

燃烧盘、排烟管道、排烟防火阀、排烟口、排烟风机、风机控制柜、数字风速仪、红外热像仪、火灾报警控制器、联动控制器、手动控制盘、火灾探测器、手动报警按钮等仿真模块。

（三）虚拟实验室的实验材料

汽油、煤油。

（四）虚拟仿真预设参数

初始环境温度（20℃）、汽油和煤油的燃烧性能参数、燃烧盘尺寸（直径 $D$ 有 0.25m、0.5m、0.75m、1.0m 四种）、排烟风机的排烟量调节范围、燃烧房间高度、长度、宽度等。

虚拟实验室布局见图 8-9，实验材料室布局见图 8-10。

### 四、实验步骤

（一）排烟实验模块

（1）选择燃料类型（见图 8-11）：选择汽油或煤油两种不同燃料，确定燃料类型。

（2）选择燃烧盘：燃烧盘共有四种规格，直径分别为 0.25m、0.5m、0.75m、1.0m。

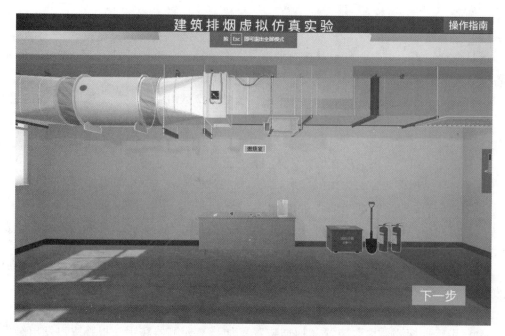

图 8-9　虚拟实验室布局

图 8-10　实验材料室布局

（3）设置燃烧位置，确定羽流类型（见图 8-12）：在房间里设置三个着火点放置燃料盘，分别位于房间正中位置、墙边处和墙角处，其中房间正中位置产生的烟羽流为轴对称羽流，墙边处对应边墙羽流，墙角处对应墙角羽流。

（4）设置计算高度 $z$：从燃料面到烟层底部的高度 $z$ 应在 0～3.2m，可根据自己的设计

图 8-11 燃料选取

图 8-12 羽流类型选取

确定该范围内任一具体数值。

（5）点燃燃料，启动排烟风机（见图 8-13）：用点火枪点燃燃料，按下风机控制柜上的手动启动按钮。

（6）调节变频器，改变风机排烟量：通过调节变频器的输出频率改变排烟风机的排烟量（频率升高时排烟量会增加），直至烟气层界面距地面的高度符合输入数值 $z$。

（7）设置测点，测量风速（见图 8-14）：将排烟口划分成边长不超过 300mm 的正方形或矩形区域，利用数字风速仪依次测出每一个区域中心点处的风速。

图 8-13 排烟系统启动

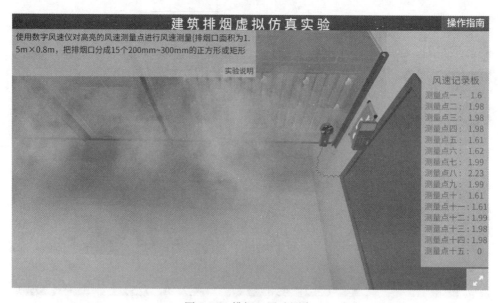

图 8-14 排烟口风速测定

（8）计算平均风速和排烟量：计算出所测点的风速的平均值，根据给定的排烟口的截面积，利用式（8-7）计算出排烟口的排烟量，测出的排烟量即为该种类型火源工况下的排烟量。

$$q = Sv \tag{8-7}$$

式中，$q$ 为排烟口排烟量，$m^3/s$；$S$ 为排烟口截面积，$m^2$；$v$ 为排烟口风速平均值，$m/s$。

（9）测量烟气层温度（见图 8-15）：根据排烟房间的尺寸，将排烟房间划分成边长不超过 1000mm 的正方形或矩形区域，利用红外热像仪依次测出每一个区域中心点处的温度，求出各测点温度的平均值，即烟气层的平均温度。

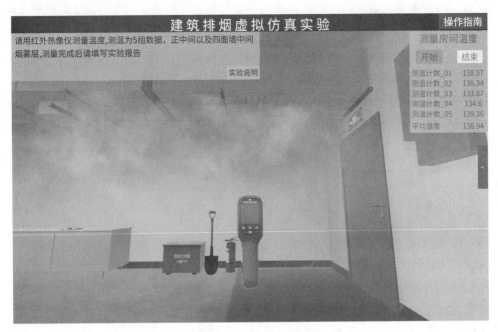

图 8-15 烟气层温度测定

（10）重复步骤（1）~（9）。

（11）提交实验报告：根据实验数据填写实验报告，并在线提交。学生在实验过程中进行的选择、数据记录及问题测试等内容都将以实验报告的形式留存于数据库中。

（二）排烟系统工作过程实验模块

1. 方式一：联动控制

（1）将联动控制器设成自动状态。

房间内模拟火灾发生（某个物体着火），附近的感烟探测器发出报警信号。

（2）按下手动报警按钮。

感烟探测器和手动报警按钮信号传输到报警控制器，火警信号在 CRT 显示，联动控制器发出启动信号至安装于排烟口的模块，并将排烟口打开信号反馈给控制器，控制器向安装于风机处的输入输出模块发出启动排烟风机的命令，风机启动，并将信号反馈至控制器，开始排烟。

（3）关闭排烟风机。

方法 1：烟气温度达到 280℃时，排烟防火阀关闭，关闭信号传输至风机控制柜，风机停止运转，排烟防火阀和风机关闭信号反馈至联动控制器。

方法 2：多线控制盘上按下风机停止按钮，手动关闭排烟风机。

方法 3：在风机控制柜上按下停止按钮，现场手动关闭排烟风机。

（4）完成相关习题。

2. 方式二：手动控制

房间内模拟火灾发生（某个物体着火），附近的感烟探测器发出报警信号。

（1）按下手动报警按钮。

感烟探测器和手动报警按钮信号传输到报警控制器，火警信号在 CRT 显示。

（2）将多线控制盘设成手动允许状态。

（3）在总线控制盘上手动开启相应防烟分区的排烟口。

（4）在多线控制盘上按下风机启动按钮，风机启动，开始排烟。

（5）关闭排烟风机。

方法 1：烟气温度达到 280℃时，排烟防火阀关闭，关闭信号传输至风机控制柜，风机停止运转，排烟防火阀和风机关闭信号反馈至联动控制器。

方法 2：多线控制盘上按下风机停止按钮，手动关闭排烟风机。

方法 3：在风机控制柜上按下停止按钮，现场手动关闭排烟风机。

（6）完成相关习题。

3. 方式三：连锁控制

（1）现场操作排烟口开启装置，打开排烟口。

排烟口的开启信号传输至风机控制柜，自动启动排烟风机。

（2）关闭排烟风机。

方法 1：烟气温度达到 280℃时，排烟防火阀关闭，关闭信号传输至风机控制柜，风机停止运转，排烟防火阀和风机关闭信号反馈至联动控制器。

方法 2：多线控制盘上按下风机停止按钮，手动关闭排烟风机。

方法 3：在风机控制柜上按下停止按钮，现场手动关闭排烟风机。

（3）完成相关习题。

4. 方式四：加烟联动试验

（1）将联动控制器设成自动状态。

（2）用感烟探测器检测装置（加烟装置）加烟，探测器发出报警信号。

（3）按下手动报警按钮。

感烟探测器和手动报警按钮信号传输到报警控制器，火警信号在 CRT 显示，联动控制器发出启动信号至安装于排烟口的模块，并将排烟口打开信号反馈给控制器，控制器向安装于风机处的输入输出模块发出启动排烟风机的命令，风机启动，并将信号反馈至控制器，开始排烟。

（4）关闭排烟风机。

方法 1：烟气温度达到 280℃时，排烟防火阀关闭，关闭信号传输至风机控制柜，风机停止运转，排烟防火阀和风机关闭信号反馈至联动控制器。

方法 2：多线控制盘上按下风机停止按钮，手动关闭排烟风机。

方法 3：在风机控制柜上按下停止按钮，现场手动关闭排烟风机。

（5）完成相关习题。

**五、实验记录及数据处理**

记录虚拟仿真实验过程中的主要操作和设置参数。仿真系统会自动生成如表 8-5 所示的实验数据表。

表 8-5　实验数据表

| 房间尺寸/m | | 燃烧盘直径/m | 环境温度/℃ | | 计算面高度/m | 实验者 | | 排烟量/m³·h⁻¹ |
|---|---|---|---|---|---|---|---|---|
| 序号 | 燃烧类型 | | 羽流类型 | 热释放速率/kW | | 烟气温度/℃ | 平均风速/m·s⁻¹ | |
|  |  |  |  |  |  |  |  |  |

### 六、注意事项

（1）该实验仅能在电脑上完成，不支持手机端操作。

（2）该实验需要的网络带宽大于 10M，同时在线人数不超过 1000 人，如遇实验无法加载时，请稍后进入。

（3）实验操作前可登录网站观看实验操作介绍视频，做好实验预习和准备工作。

（4）该实验需在规定时间内完成，无法完成实验操作者将得不到成绩。

### 七、思考题

（1）实验过程中选择不同的羽流类型、燃料盘直径和燃料种类对实验结果有何影响？

（2）如果有条件进行一个与该实验参数相同的真实燃烧实验，实验结果会与该实验有何区别？原因是什么？

# 第三节　隧道排烟实验

### 一、实验目的

（1）明确数值模拟、全尺寸试验与缩尺寸试验之间的区别与联系，结合场地条件、经济成本等因素，选取合适的研究方法。

（2）掌握模型试验相似原理与排烟量、临界风速等计算方法。

（3）学会正确使用温度巡检仪、皮托管、微压差传感器等数据采集仪器，悉知数据采集与处理的步骤、过程。

### 二、隧道火灾实验的方法

#### （一）数值模拟

数值模拟是运用计算流体力学或有限容积的概念，通过数值计算和图像显示的方法，达到对工程问题和物理问题乃至自然界各类问题研究的目的。自从 20 世纪 80 年代以来，数值模拟已经成为研究隧道火灾的普遍方法，其最主要的原因是计算机的快速发展，以及同火灾试验相比需要的经费更加合理，而且可以得到其他方式无法得到的详细数据。现阶段国内外对火灾烟气数值模拟主要有五种方法，分别为专家系统、场模型、区域模型、网络模型和混合模型，各种模型的优缺点和常用软件见表 8-6。

**表 8-6　各种模型的优缺点和常用软件**

| 模型种类 | 优 点 | 缺 点 | 常用软件及模型 |
| --- | --- | --- | --- |
| 经验模型 | 准确性高，对计算能力要求较低，能估计火源空间以及关联空间的火灾发展过程 | （局限性）无法描述火源空间的一些特征物理参数随时间的变化 | 计算烟羽流温度的 Aplert 模型、计算火焰长度的 Hasemi 模型 |
| 区域模型 | 通常把房间分成两个控制体，即上部烟气层与下部冷空气层，这与真实实验的观察非常近似 | 无法给出研究对象某些局部的状况变化 | ASET、COMPF2、CSTBZI、FIRST、FPETOOL、CFAST |
| 网络模型 | 充分考虑不同建筑特点、室内外温差、风力、通风空调系统、电梯的活塞效应等因素对烟气传播造成的影响 | 火灾烟气的处理手法十分粗糙，适用于远离火区的建筑各区域之间的烟气流动分析 | CFAST 软件、ASCOS 模型、CONTAM 模型 |
| 场模型 | 将空间划分为相互关联的上千万个小控制体，可得出研究对象较细致的变化情况 | 计算量大，误差较大 | FDS(fire dynamics simulator)、PHOENICS(parabolic hyperbolic or elliptic numerical integration code series)、FLUENT |

　　目前国内用于隧道火灾的数值模拟研究方法主要包括场模拟软件 FDS、FLUENT、PHOENICS，这几种软件对隧道中温度、烟气浓度等各种参数的模拟结果的准确性已得到了大量的试验证实，可信度较高。

　　**（二）全尺寸试验**

　　全尺寸试验是采用 1∶1 试验平台或实际建筑，开展火灾蔓延与烟气扩散试验，以达到对真实火灾的研究，并为解决相关工程问题提供可靠依据的方法。

　　全尺寸或大尺寸试验能比较合理地模拟隧道火灾，结果真实。国内外已经开展了很多全尺寸试验。全尺寸试验如图 8-16 所示。

图 8-16　全尺寸试验　　　　　　　　　　　　　　图 8-16 彩图

　　虽然全尺寸试验有着很多优势，但需要投入较多的人力、物力，费用大，周期长，实验的测量手段复杂，且对于拟建或在建的隧道，现场试验难以开展，同时也难以调整隧道几何参数，测量结果不具备一般性，受到诸多条件的限制，某些复杂空间的实体燃烧试验难以实现。同时，现场测试一般受到自然风影响，如果时间较短应无太大问题，但如果试验时间比较长，特别是做重复比较试验，隧道内自然风可能发生变化，则结果没有很好的可比性。

（三）缩尺寸试验

通过流动相似理论，将实际建（构）筑按照比例缩小，搭建试验平台，开展火灾蔓延与烟气扩散试验。缩尺寸试验如图8-17所示。

图8-17　缩尺寸试验

缩尺寸试验是科学研究的重要方法之一。缩尺寸试验针对性强、重复性好、周期短、参数易于控制、耗资较少。缩尺寸试验是将原型放大或缩小一定倍数进行试验，其理论基础是相似理论，原型和模型作为两个独立体系。它们之间的各种参数必须有确定的对应关系。

相似准则是进行缩尺寸火灾模拟试验的理论基础。根据相似原理，对于同类现象，凡单值性条件相似，并且由单值性条件组成的定性准则相等，那么这些现象就具有相似性。因此在研究火灾烟气的流动规律时，在初始条件和边界条件相同的情况下，保证模型和原型的相似性，缩尺寸模型及试验的设计满足一定的相似准则，从缩尺寸模拟试验得到的结果就可以推广到实际情况。常见的准则数见表8-7。

表8-7　火灾无量纲量

| 准则数 | 含　　义 |
| --- | --- |
| 弗劳德数 | 惯性力与重力之比 |
| 雷诺数 | 惯性力与黏性力之比 |
| 普朗特数 | 黏性与导热性之比 |
| 马赫数 | 惯性与可压缩性之比 |
| 比热容比 | 比定压热容与比定容热容之比 |
| 罗斯贝数 | 惯性力与科里奥利力之比 |
| 格拉晓夫数 | 热浮力与黏性力之比 |
| 雅各布数 | 相同体积的液相介质所携带的热量与相变所需热量之比 |
| 韦伯数 | 惯性力与表面张力之比 |

用于火灾中的试验模拟方法主要基于三类相似性原理：弗劳德模拟（froude modeling）、压力模拟（pressure modeling）及类比模拟（analog modeling）。根据不同的研究目的可选用不同的相似性模拟方法。压力模拟用于模拟可燃物的燃烧情景，缩尺寸试验设计在加压容器中进行。而弗劳德模拟则用于模拟受浮力驱动的烟气羽流的流动与传热问

题，模拟试验在常压下进行。类比模拟则是利用不同的流体介质来模拟火灾烟气的流动情况，使用较多的就是盐水模拟试验方法。

### 三、缩尺寸试验基本原理

缩尺寸试验必须是在相似条件下进行，相似包含几何相似、运动相似、动力相似，还应保证初始条件相似与边界条件相似。几何相似是过程相似的基础，动力相似是过程相似的保证。两个流动的相应点上的同名物理量（如速度、压强、各种作用力等）具有各自的固定比例关系，则这两个流动就是相似的。

相似准则是进行缩尺寸火灾模拟试验的理论基础。根据相似原理，对于同类现象，凡单值性条件相似，并且由单值性条件组成的定性准则相等，那么这些现象就具有相似性。流体力学中的相似准则数有欧拉数、弗劳德数、雷诺数、马赫数。而在火灾烟气缩尺寸模型试验研究过程中只考虑弗劳德相似，因为弗劳德数表示惯性力与重力之比，是影响冷热烟气分界面传热传质的重要参数，而对于雷诺数相似，只要保证烟气流动在自模拟区即可。弗劳德模拟中，模型和实体各同名参数比例关系见表 8-8。

表 8-8 常见的弗劳德相似准则

| 参 数 | 相似准则 |
|---|---|
| 尺度/m | $x_m/x_p = L_m/L_p$ |
| 温度/K | $T_m/T_p = 1$ |
| 时间/s | $t_m/t_p = (L_m/L_p)^{1/2}$ |
| 速度/m·s$^{-1}$ | $v_m/v_p = (L_m/L_p)^{1/2}$ |
| 火源热释放速率/kW | $\dot{Q}_m/\dot{Q}_p = (L_m/L_p)^{5/2}$ |
| 流量/m³·s$^{-1}$ | $V_m/V_p = (L_m/L_p)^{5/2}$ |
| 压力/Pa | $p_m/p_p = L_m/L_p$ |
| 质量/kg | $m_m/m_p = (L_m/L_p)^3$ |

### 四、缩尺寸隧道火灾试验模型建立

#### （一）试验相似比的确定

根据弗劳德模拟原理，要求模型与实体中流体流动雷诺数必须处于湍流自模拟区以达到流动相似。一般地，当流动的雷诺数大于 $10^5$ 时，可使流动处于湍流自模拟区，即：

$$\frac{u_p d_p}{\nu} > 10^5 \tag{8-8}$$

$$\frac{u_m d_m}{\nu} > 10^5 \tag{8-9}$$

式中，$u$ 为特征风速，m/s；$d$ 为隧道当量直径，m；$\nu$ 为流体运动黏性系数，m²/s；下标 p 表示实体隧道，下标 m 表示模型隧道。隧道内流速越大，当量直径越大，流动的雷诺数越大，流动越容易进入湍流自模拟区。

对于实体隧道行车道内的烟气流动，流动为燃烧热驱动产生的，因此，取特征速度 $u_p$ 为羽流特征流速：

$$u_p = 1.9 \, \dot{Q}_c^{1/5} \tag{8-10}$$

以苏埃通道工程为例，$Re$ 数为：

$$\frac{u_p d_p}{\nu} = \frac{1.9 \times (50000 \times 0.7)^{1/5} \times 18.8}{1.9 \times 10^{-5}} = 1.08 \times 10^7 > 10^5 \tag{8-11}$$

由弗劳德相似原理：

$$\frac{u_m}{u_p} = \sqrt{\frac{d_m}{d_p}} \tag{8-12}$$

因此，最小的尺度比例要求为：

$$\frac{u_p \left(\dfrac{d_m}{d_p}\right)^{1/2} dp \left(\dfrac{d_m}{d_p}\right)}{\nu} = \frac{1.9 \times (50000 \times 0.7)^{1/5} \times 18.8 \times \left(\dfrac{d_m}{d_p}\right)^{3/2}}{1.9 \times 10^{-5}} > 10^5 \tag{8-13}$$

$$\frac{d_m}{d_p} > \frac{1}{22.7} \tag{8-14}$$

为了计算方便，采用 1∶20 比例模型方案进行模型设计可满足以上要求。

（二）试验模型尺寸的确定

结合火灾烟气蔓延规律、风流充分发展的规律、相关规范规定，考虑隧道排烟试验的目的，确定实际隧道尺寸与模型隧道尺寸。

（三）试验模型材料的确定

出于试验对高温的要求，隧道模型一般采用钢材等金属材料进行制作。根据《公路隧道通风设计细则》（JTG/T D70/2-02—2014），实体隧道内壁平均壁面粗糙度为 1.0～9.0mm；而模型选用的钢板壁面平均壁面粗糙度约为 0.15mm。

隧道火灾中的壁面传热过程包括热传导、热对流和热辐射。火灾中的传热过程是非常复杂的，尤其是壁面与空气间的对流和辐射传热过程，其不仅与壁面附近流动状况、流体温度等流动参数有关，而且还在很大程度上受隧道壁面材料物理参数（密度、比热、辐射率、导热系数等）的影响，在开展缩尺寸试验中，若要求导热、对流和辐射传热均相似，实际上是难以做到的。

弗劳德模拟本身是一种近似模拟方法，在保证一些关键性无量纲量守恒后，对于其他影响程度较小的相似准则数则可以不要求严格的守恒。在本书所进行的试验中，多数工况为强制通风试验，在保证相似准则数弗劳德数的守恒以及雷诺数足够大（处于湍流区，壁面摩阻系数守恒）的条件满足后，关于传热的相似准则数并非决定性准则数。

在实际隧道中，壁面材料为导热和散热都比较差的混凝土材料，为减小火源附近高温区的传热损失，在火源附近模型内部壁面张贴耐高温且导热和散热较差的石棉，以尽量接近混凝土的传热情况，并不会影响缩尺寸试验结果的推广应用。

**五、数据采集系统的搭建**

（一）温度采集系统

目前在试验中普遍使用且技术相对较成熟，系统搭建较简单的一种温度数据采集系统，采用 K 型热电偶采集电势差，所得到的电压模拟量经过数据采集模块转换成符合

RS485 协议标准的数字信号，再通过一定的串行协议转换模块，将 RS485 协议数字信号转换成 RS232 协议的数字信号。最后通过温度数据采集程序实现对温度信号的采集、读取和显示等处理。

目前比较普遍的是采用 K 型热电偶进行温度采集，当两种不同金属接触时，在两接触点上因温差而产生温差电势，称为温差电效应或塞贝克效应。以温差电效应为工作原理而制成的感温元件，称为热电偶。热电偶的实际使用温度范围与制造热电偶的热偶丝材料和线径的大小有关。线径粗，则使用温度高；线径细，则使用温度低。

（二）流速采集系统

在隧道试验过程中，为了便于隧道内所需测试温度、差压和绝压数据的实时采集，本系统采用了 PC、微差压传感器、皮托管、软管、电压采集仪等设施组成的流速采集系统，采集系统中各试验设备如图 8-18 和图 8-19 所示。

图 8-18　Alpha model 162 微差压传感器

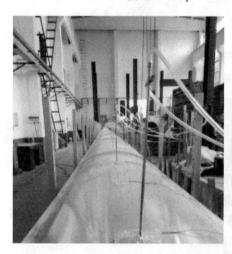

图 8-19　微差压传感器与皮托管安装示意图

## 六、燃烧系统

模型隧道中火源功率与实体隧道中火源功率比例可由弗劳德相似原理获得：

$$\frac{\dot{Q}_{\mathrm{m}}}{\dot{Q}_{\mathrm{p}}} = \left(\frac{L_{\mathrm{m}}}{L_{\mathrm{p}}}\right)^{5/2} \qquad (8\text{-}15)$$

烟气产生率可通过羽流质量流率表达式获得：

$$\frac{\dot{m}_{\mathrm{pm}}}{\dot{m}_{\mathrm{pp}}} = \left(\frac{d_{\mathrm{m}}}{d_{\mathrm{r}}}\right)^{5/2} \qquad (8\text{-}16)$$

在模型隧道中采用油池火源方案对实体隧道火灾的火源进行模拟：在燃料盘下方放置称重天平测量燃料的质量随时间的变化关系，通过燃料的质量损失速率与燃料热值相乘获得火源功率，通过改变燃料盘面积调节火源功率的大小。燃料采用无水乙醇（添加发烟材料）。

在 1∶20 缩尺寸比例下，实际隧道 50MW 火源对应模型隧道火源功率为 27.95kW。

### 七、动力系统

风机系统包括排烟风机与送风风机，在缩尺寸的隧道模型试验中，采用调频器来调整风机的风量，使风机的风量满足缩尺寸试验的要求。为保证隧道内风机风量和风速的真实性，要在缩尺寸隧道模型中进行风机风速的标定。

试验模型搭建完成，数据采集系统、燃烧系统、动力系统等布置完成，开展试验。

#### （一）制定试验方案

根据试验研究目的，设计相应的试验方案及工况。以隧道集中排烟为例，集中排烟系统关键技术参数有排烟量、排烟阀间距、排烟阀面积和排烟阀开启组数。

根据轴对称羽流公式计算出排烟量（为 $180\mathrm{m^3/s}$），设计确定合理排烟量的工况，如表 8-9 所示。

**表 8-9　火灾荷载 50MW 下不同排烟量工况设置表**

| 编号 | 火灾荷载/MW | 排烟量/$\mathrm{m^3 \cdot s^{-1}}$ | 排烟阀间距/m | 排烟阀面积/$\mathrm{m^2}$ | 开启组数 |
|------|------------|------------|------------|------------|----------|
| A01 | 50 | 0 | 60 | 5×2 | 上 3 下 3 |
| A02 | 50 | 140 | 60 | 5×2 | 上 3 下 3 |
| A03 | 50 | 180 | 60 | 5×2 | 上 3 下 3 |
| A04 | 50 | 220 | 60 | 5×2 | 上 3 下 3 |
| A05 | 50 | 240 | 60 | 5×2 | 上 3 下 3 |

确定排烟量后，确定合理的排烟阀间距，如表 8-10 所示。

**表 8-10　火灾荷载 50MW 下排烟阀间距工况设置表**

| 编号 | 火灾荷载/MW | 排烟阀间距/m | 排烟阀面积/$\mathrm{m^2}$ | 开启组数 |
|------|------------|------------|------------|----------|
| B01 | 50 | 50 | 5×2 | 上 3 下 3 |
| B02 | 50 | 60 | 5×2 | 上 3 下 3 |
| B03 | 50 | 70 | 5×2 | 上 3 下 3 |

之后，确定排烟阀面积，如表 8-11 所示。

表 8-11　火灾荷载 50MW 下不同排烟阀面积工况设置表

| 编号 | 火灾荷载/MW | 排烟阀间距/m | 排烟阀面积/m² | 开启组数 |
|------|------------|------------|--------------|---------|
| C01 | 50 | 60 | 4×1.25 | 上3下3 |
| C02 | 50 | 60 | 4×2 | 上3下3 |
| C03 | 50 | 60 | 5×1.2 | 上3下3 |
| C04 | 50 | 60 | 5×2 | 上3下3 |

最后，确定排烟量、排烟阀间距、排烟阀面积后，研究不同隧道坡度下的合理排烟阀开启组数，如表 8-12 所示。

表 8-12　不同隧道坡度下排烟阀开启组数工况设置表

| 编号 | 坡度/% | 火灾荷载/MW | 排烟阀开启组数 |
|------|--------|------------|---------------|
| D01 | +3.0 | 50 | 上3下3 |
| D02 | +3.0 | 50 | 上2下4 |
| D03 | +3.0 | 50 | 上1下5 |
| D04 | 0 | 50 | 上3下3 |
| D05 | 0 | 50 | 上2下4 |
| D06 | 0 | 50 | 上1下5 |
| D07 | -3.0 | 50 | 上3下3 |
| D08 | -3.0 | 50 | 上2下4 |
| D09 | -3.0 | 50 | 上1下5 |

如果研究不同火源功率的影响（10MW、20MW、30MW），则按照试验方案重新设计试验工况，确定合理的参数。

（二）开展试验

（1）根据弗劳德相似原理，计算出不同排烟量在隧道模型排烟道内对应的风速。

（2）进行风机的标定。在排烟道断面布置多个测点，采用多风速传感器测出风流断面的平均风速，通过测量 5~50Hz 每间隔 5Hz 频率下断面的平均风速，拟合确定风速与频率之间的关系式。根据拟合结果，得出设定风速对应的风机频率，测定实际对应风速。

（3）开始采集温度数据和流速数据，根据试验工况调节好风机频率，点火，开启调整好频率的风机，等待试验结束，保存温度、流速数据，关闭风机。

（4）等待试验台的冷却，完成冷却后开始下一组试验。

（三）数据分析

隧道模型试验一般采集温度数据和流速数据。

（1）根据顶板下方的纵向温度测点，分析烟气的蔓延范围及纵向分布规律。

（2）根据横断面处的热电偶树，分析烟气的沉降情况。

（3）根据排烟口处的温度测点，分析不同工况下排烟口处的温度分布规律。

（4）根据顶板下方的流速测点，分析行车道内烟气流速分布规律。

（5）根据排烟口处流速测点，分析不同工况下排烟口的流速分布规律。

根据排烟道内的流速测点，分析排烟道内流速分布规律。温度数据通过温度巡检仪采集获得，流速数据通过皮托管和微差压传感器获得，此时获得的是电压，通过下式转化为流速数据：

$$v = \sqrt{\frac{2P_{\text{eff}}T}{\rho_0 T_0}} \tag{8-17}$$

# 第四节 建筑中庭自然排烟 FDS 仿真实验

## 一、实验目的

（1）了解 FDS 火灾模拟软件，掌握建筑火灾场景设计及模拟模型的构建方法。

（2）了解建筑防排烟设计标准，掌握建筑自然排烟的 FDS 模拟设置及结果展示方法。

## 二、实验原理

### （一）自然排烟

自然排烟系统，是借助室内外温差所引起的热压作用和室外风力所造成的风压作用，形成室内烟气与室外空气的对流运动。自然排烟系统由位于屋顶或上部侧墙的开敞通风口组成，这些通风口可以在没有排烟风机帮助的情况下，让烟气流到室外。火灾发生时，当探测器检测到火烟时，通风口就被打开排烟，为室内人员疏散提供所需的时间，同时为消防扑救创造一个可以容忍的环境条件。

### （二）建筑自然排烟设计要求

采用自然排烟系统的场所应设置自然排烟窗（口）。防烟分区内自然排烟窗（口）的面积、数量、位置应按《建筑防烟排烟技术标准》（GB 51251）规定经计算确定，且防烟分区内任一点与最近的自然排烟窗（口）之间的水平距离不应大于 30m。当工业建筑采用自然排烟方式时，其水平距离尚不应大于建筑内空间净高的 2.8 倍；当公共建筑空间净高大于或等于 6m，且具有自然对流条件时，其水平距离不应大于 37.5m。

自然排烟窗（口）应设置在排烟区域的顶部或外墙，并应符合下列规定：

（1）当设置在外墙上时，自然排烟窗（口）应在储烟仓以内，但走道、室内空间净高不大于 3m 区域的自然排烟窗（口）可设置在室内净高度的 1/2 以上。

（2）自然排烟窗（口）的开启形式应有利于火灾烟气的排出。

（3）当房间面积不大于 200m² 时，自然排烟窗（口）的开启方向可不限。

（4）自然排烟窗（口）宜分散均匀布置，且每组的长度不宜大于 3.0m。

（5）设置在防火墙两侧的自然排烟窗（口）之间最近边缘的水平距离不应小于 2.0m。

除另有规定外，自然排烟窗（口）开启的有效面积一般应符合下列规定：

（1）当采用开窗角大于 70°的悬窗时，其面积应按窗的面积计算；当开窗角小于或等于 70°时，其面积应按窗最大开启时的水平投影面积计算。

（2）当采用开窗角大于 70°的平开窗时，其面积应按窗的面积计算；当开窗角小于或等于 70°时，其面积应按窗最大开启时的竖向投影面积计算。

（3）当采用推拉窗时，其面积应按开启的最大窗口面积计算。

（4）当采用百叶窗时，其面积应按窗的有效开口面积计算。

（5）当平推窗设置在顶部时，其面积可按窗的 1/2 周长与平推距离乘积计算，且不应大于窗面积。

（6）当平推窗设置在外墙时，其面积可按窗的 1/4 周长与平推距离乘积计算，且不应大于窗面积。

自然排烟窗（口）应设置手动开启装置，设置在高位不便于直接开启的自然排烟窗（口），应设置距地面高度 1.3~1.5m 的手动开启装置。净空高度大于 9m 的中庭以及建筑面积大于 $2000m^2$ 的营业厅、展览厅、多功能厅等场所，尚应设置集中手动开启装置和自动开启设施。

### 三、仿真软件及模型

#### （一）仿真软件

FDS（fire dynamics simulator）是美国标准技术局（NIST）开发的一个火灾模拟软件，通过编写程序代码文件来建模。FDS 软件可对建筑结构、火灾荷载分布、建筑开口条件、通风条件等进行设置，适用于多数建筑类型和火灾场景，可以较准确地预测火灾烟气的运动情况以及火灾中的温度、一氧化碳和其他物质的变化情况，并能通过动画的形式将烟气的运动过程展现出来。

FDS 是基于场模拟的软件，其技术基础是计算流体力学。场模型的原理是将研究的受限空间划分成大量的二维或者三维的有限个控制单元，根据质量守恒方程、动量守恒方程、能量守恒方程和化学反应方程在各个控制单元内部以及各个控制单元之间建立基本方程组，然后通过计算机求解得到火灾发生过程中每个控制单元中的各项参数在空间上和时间上变化的具体数值。

FDS 软件的工作原理是使用纳维尔-斯托克斯方程（Navier-Stokes）来求解火灾过程中的温度、密度变化。这是一组描述像液体和空气这样的流体物质的方程。这些方程建立了流体的粒子动量的改变率（力）和作用在液体内部的压力的变化和耗散黏滞力（类似于摩擦力）以及重力之间的关系。

FDS 的常用燃烧模型为混合分数（mixture fraction）模型，假设燃烧反应速率无限快，它适用于燃料控制型火灾，通风控制型火灾计算精度不高。FDS 对湍流模拟可采用大涡模拟（LES）或 $k$-$\varepsilon$ 双方程模型，也可采用直接数值模拟（DNS）。直接数值模拟计算方法优点是计算结果比较精确，缺点是对计算机计算能力要求很高。大涡模拟计算方法准确度也比较高，对计算机计算能力没有太大的要求，可以用一般个人电脑来模拟计算火灾发展情况。FDS 的默认计算方法为大涡模拟。

本次实验采用的是嵌入了 FDS 模型的 PyroSim 软件，采用可视化图形用户界面，具有与 FDS 相同的模拟计算功能。

#### （二）物理模型及参数

中庭是建筑空间的一种形式，是指建筑内部的庭院空间，其最大的特点是形成具有位于建筑内部的"室外空间"。起初在罗马住宅中的主厅或内部中厅，中央对天开敞，通常有水池来收集雨水。中庭是建筑中由上、下楼层贯通而形成的一种共享空间。中庭增加了建筑空间的魅力，同时也因为自己独特的建筑形式增大了火灾的危险性，尤其是它具有一个或者多个竖直方向上连贯数层的封闭大型空间，一旦发生火灾，人员的疏散、火灾的救援难度较大，因此中庭自然排烟相当重要。

自然排烟系统是中庭烟气管理系统的主要形式之一，采用自然排烟的中庭不需要装设排烟风机等专用的防排烟设施。本实验之前可以选择某一个中庭建筑作为模拟对象，调查该中庭建筑物的场景情况，包括：建筑物的基本几何尺寸和建筑材料，通风口情况，建筑物内可燃物的分布、种类及数量，设计火灾场景。例如，某中庭建筑的几何尺寸可以设置为 30m（长）×25m（宽）×10m（高）；火灾设计负荷 $Q = 444.44 \text{kW/m}^2$；环境温度 $T_a = 20℃$；四个排烟口总面积 $A_e = 36\text{m}^2$；排烟口宽度 $B = 3\text{m}$；中庭前面有一个 1m×2m 的门，兼做补风口；火源设置在地面中心，面积为 $9\text{m}^2$，热释放速率为 4MW，环境初始温度为 20℃；排烟起始时间 $T_0 = 0\text{s}$；排烟终止时间：$T_z = 300\text{s}$，按照程序要求输入相应的参数。

**四、实验步骤**

**（一）编辑软件创建中庭结构**

在 Model 菜单栏中点击 Edit Meshes，建立 40m（长）×35 m（宽）×15m（高）网格区域，cell 为 0.1m。然后建立 30m（长）×25m（宽）×10m（高）中庭结构于网格区域中间，点击 2D View 模式，在菜单栏中点击 Draw a Wall Obstruction 然后点击 Tool Properties，设置 Height 为 10m，Wall Thickness 为 0.3m，其他参数保持不变，点击 OK 关闭 Tool Properties，画出中庭四周，再点击 Draw a Slab Obstruction，然后点击 Tool Properties，设置 Height 为 10m，Wall Thickness 为 0.3m，其他参数保持不变，画出屋顶。应用 FDS 建立的三维仿真模型如图 8-20 所示。

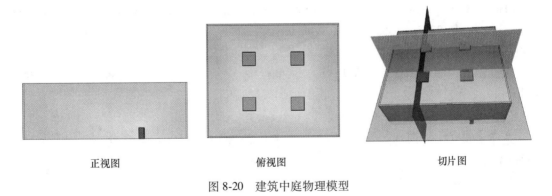

正视图　　　　　　　　俯视图　　　　　　　　切片图

图 8-20　建筑中庭物理模型

**（二）设置火源**

创建火源：在 Model 菜单栏中点击 Edit Surfaces，然后点击 New，将 Surface Name 设为 fire，将 Surface Type 设置为 burner，然后点击 OK。依据《建筑设计防火规范》和《建筑防排烟技术规程》（DGJ 08-88—2006）以及《Guide for Smoke Management Systems in Malls, Atria, and Large Areas》（NFPA92B）等现行相关规范及标准可知，无喷淋中庭火灾模型的热释放量可设为 4MW。因此本次模拟选取的火源功率为 4MW，火源面积为 $9\text{m}^2$，计算得到单位面积热释放速率为 444.44kW/m²。因此将 fire 的 Heat Release Rate Per Area 设置为 444.44kW/m²，其他参数保持不变。

设置火源位置：在 Model 菜单栏中点击 New Vent，将 ID 改为 fire 并将 Surface 设置为 fire，在 Geometry 中 Plane Z 为 0，X(18.5，21.5)，Y(16，19)，点击 OK，在中庭中心画出 9m² 的火源。

设置燃料：在 Model 菜单栏中点击 Edit Reactions，点击 Add From Library 然后从右侧列表中选择火源燃料 HEPTANE，点击 Close，其他参数保持不变，点击 OK 退出。

（三）门及排烟口设置

设置门洞：在 Model 菜单栏中点击 New Hole，在 Geometry 中将 Thickness 设为 0.3m，Height 设为 2m，位置为 X(26，27)，Y(4.8，5.5)，Z(0，2)。

设置自然排烟口：假设中庭周围场所不需设置排烟系统，回廊设置排烟系统，回廊的排烟量不小于标准规定，中庭的排烟量按最小值 40000m³/h 计算，中庭采用自然排烟系统时，应按上述排烟量和自然排烟窗（口）的风速不大于 0.4m/s 计算有效开窗面积，至少为 28m²。这里设置 4 个面积为 9m² 的排烟口。在 Model 菜单栏中点击 New Hole，在 Geometry 中 Plane Z 为 10m，X(13，16)，Y(21，24)，Z(9.9，10.4)，点击 OK 画出一个面积为 9m² 的排烟口。类似地，画出另外三个排烟口，位置分别为 X(24，27)，Y(21，24)，Z(9.9，10.4)；X(13，16)，Y(11，14)，Z(9.9，10.4)；X(24，27)，Y(11，14)，Z(9.9，10.4)。

（四）编辑测量点

在人员运动安全高度（距离地面 2m）处，设置温度、CO 浓度和能见度二维切片，双击菜单栏中 2D Slices，选择 Plane Z，Plane Value 为 2.0m，Gas Phase Quantity 分别为 Temperature、Visibility、CARBON MONOXIDE；同理选择 Plane X，Plane Value 为 14.5m，Gas Phase Quantity 分别为 Temperature、Visibility、CARBON MONOXIDE；以及 Plane Y，Plane Value 为 22.5m，Gas Phase Quantity 分别为 Temperature、Visibility、CARBON MONOXIDE。

设置烟气层厚度测量点。在 Devices 菜单栏中点击 New layer zoning device，位置设为 X(14，14)，Y(13，13)，Z(0，10)，测量烟气层高度。

（五）设置开放边界

选择步骤（一）所建的 Mesh 右击，选择 Open Mesh Boundaries，随后删除［YMAX］［XMAX］［XMIN］［ZMIN］。

（六）设置运行时间并运行

在 Analysis 菜单栏中选择 Simulation Parameters，将 Start Time 设为 0s，End Time 设为 300s，点击 OK 退出。再在菜单栏中点击 Run FDS 进行模拟计算。

（七）结果处理

利用 SmokeView 查看模拟结果，观察烟气流动情况，绘制火羽流及烟气的三维图像；观察温度、CO 浓度、能见度变化情况，绘制其二维切片图；观察烟气层厚度变化情况，绘制烟气层-时间曲线图。以 Plane Y 为例，图 8-21～图 8-23 分别为温度、CO 浓度和能见度的切片图。

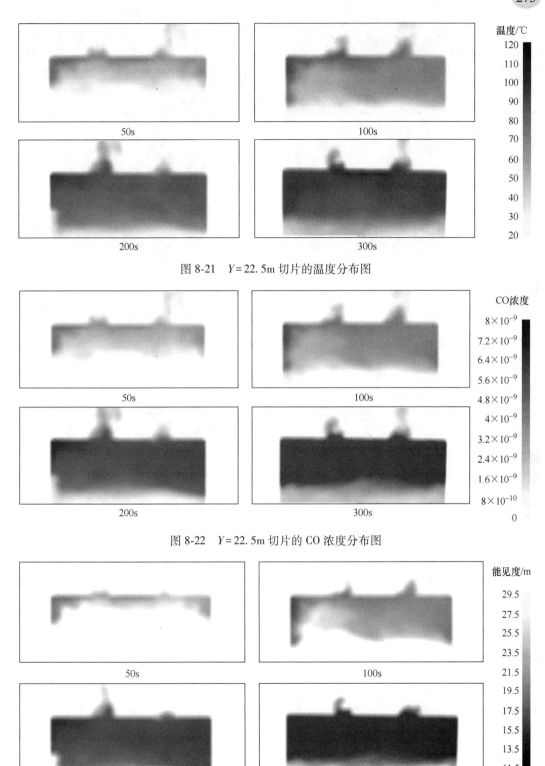

图 8-21　$Y=22.5$m 切片的温度分布图

图 8-22　$Y=22.5$m 切片的 CO 浓度分布图

图 8-23　$Y=22.5$m 切片的能见度分布图

### 五、实验记录及数据处理

（1）将随时间变化的烟气层厚度、CO 浓度、温度等参数填入表 8-13 中，并绘图。

**表 8-13　模型模拟主要输出数据记录表**

| 时间/s | 烟气层厚度/m | CO 浓度/kg·m$^{-3}$ | 温度/℃ | 备注 |
| --- | --- | --- | --- | --- |
| | | | | |
| | | | | |
| | | | | |

（2）分析自然排烟的中庭火灾参数、烟气运动对人员安全疏散的影响。

### 六、注意事项

（1）可熔性采光带（窗）的有效面积应按其实际面积计算。

（2）建模时注意查看模拟对象的几何结构、开口位置等是否与实际相符。

### 七、思考题

（1）如何建立 Model？Vent、Meshes、Surfaces 如何设置？如何查看模拟对象的几何结构、开口位置、火灾荷载分布？

（2）Slices、Devices、Simulation Parameters 设置内容有哪些？输出文件与输入文件设置有什么对应关系？

（3）简述实验为无风情况下中庭自然排烟情况。请思考有风环境会对中庭自然排烟造成什么影响？

附：FDS 模型代码

```
&HEAD CHID='20220326zrzg', TITLE='zr2022-3-29'/
&TIME T_END=300.0/
&DUMP RENDER_FILE='20220326zrzg.ge1', COLUMN_DUMP_LIMIT=.TRUE.,
     DT_RESTART=300.0, DT_SL3D=0.25/
&MESH ID='Mesh01', IJK=80, 70, 30, XB=0.0, 40.0, 0.0, 35.0, 0.0, 15.0/
&REAC ID='HEPTANE',
     FYI='NIST NRC FDS5 Validation',
     FUEL='REAC_FUEL',
     FORMULA='C7H16',
     CO_YIELD=6.0E-3,
     SOOT_YIELD=0.015/
&DEVC ID='LAYER', QUANTITY='LAYER HEIGHT',
   XB=14.0, 14.0, 13.0, 13.0, 0.0, 10.0/
&SURF ID='fire',
     COLOR='RED',
```

```
        HRRPUA = 444. 44/
&OBST ID = 'Obstruction', XB = 5. 0, 35. 0, 5. 0, 5. 3, 0. 0, 10. 0, SURF_ID = 'INERT'/
&OBST ID = 'Obstruction', XB = 4. 7, 5. 0, 5. 0, 30. 3, 0. 0, 10. 0, SURF_ID = 'INERT'/
&OBST ID = 'Obstruction', XB = 5. 0, 35. 0, 30. 0, 30. 3, 0. 0, 10. 0, SURF_ID = 'INERT'/
&OBST ID = 'Obstruction', XB = 34. 7, 35. 0, 5. 0, 30. 0, 0. 0, 10. 0, SURF_ID = 'INERT'/
&OBST ID = 'Obstruction', XB = 5. 0, 35. 0, 5. 0, 30. 0, 10. 0, 10. 0, SURF_ID = 'INERT'/

&HOLE ID = 'Hole', XB = 13. 0, 16. 0, 21. 0, 24. 0, 9. 9, 10. 4/
&HOLE ID = 'Hole', XB = 13. 0, 16. 0, 11. 0, 14. 0, 9. 9, 10. 4/
&HOLE ID = 'Hole', XB = 24. 0, 27. 0, 21. 0, 24. 0, 9. 9, 10. 4/
&HOLE ID = 'Hole', XB = 24. 0, 27. 0, 11. 0, 14. 0, 9. 9, 10. 4/
&HOLE ID = 'Hole', XB = 26. 0, 27. 0, 4. 8, 5. 5, −0. 05, 2. 0/
&HOLE ID = 'Hole', XB = 26. 0, 27. 0, 4. 8, 5. 5, −0. 05, 2. 0/
&VENT ID = 'Mesh Vent：Mesh01 [YMIN]', SURF_ID = 'OPEN',
    XB = 0. 0, 40. 0, 0. 0, 0. 0, 0. 0, 15. 0/
&VENT ID = 'Mesh Vent：Mesh01 [ZMAX]', SURF_ID = 'OPEN',
    XB = 0. 0, 40. 0, 0. 0, 35. 0, 15. 0, 15. 0/
&VENT ID = 'fire', SURF_ID = 'fire', XB = 18. 5, 21. 5, 16. 0, 19. 0, 0. 0, 0. 0/
&SLCF QUANTITY = 'TEMPERATURE', PBZ = 2. 0/
&SLCF QUANTITY = 'VISIBILITY', PBZ = 2. 0/
&SLCF QUANTITY = 'AEROSOL VOLUME FRACTION', SPEC_ID = 'CARBON
    MONOXIDE', PBZ = 2. 0/
&SLCF QUANTITY = 'AEROSOL VOLUME FRACTION', SPEC_ID = 'CARBON
    MONOXIDE', PBX = 14. 5/
&SLCF QUANTITY = 'VISIBILITY', PBX = 14. 5/
&SLCF QUANTITY = 'TEMPERATURE', PBX = 14. 5/
&SLCF QUANTITY = 'TEMPERATURE', PBY = 22. 5/
&SLCF QUANTITY = 'AEROSOL VOLUME FRACTION', SPEC_ID = 'CARBON
    MONOXIDE', PBY = 22. 5/
&SLCF QUANTITY = 'VISIBILITY', PBY = 22. 5/
&TAIL /
```

# 第五节　建筑中庭机械排烟 FDS 仿真实验

### 一、实验目的

（1）明确机械排烟的概念、方式、系统组成及设计要求。

（2）掌握建筑机械排烟的 FDS 仿真模型设置及模拟结果展示。

### 二、实验原理

（一）机械排烟

机械排烟（也叫负压机械排烟）是使用排烟风机把着火房间产生的烟气通过排烟口排

到室外的强制排烟方式。机械排烟系统由挡烟（活动式或固定式挡烟壁，或挡烟隔墙、挡烟梁）、排烟口、防火排烟阀门、排烟道、排烟风机和排烟出口组成。

机械排烟分为局部排烟和集中排烟两种方式。局部排烟方式是在每个需要排烟的部位设置独立的排烟风机直接进行排烟。集中排烟方式是将建筑划分为若干个区，在每个区内设置排烟风机，通过排烟风道排出各区内的烟气。

（二）建筑机械排烟设计要求

当建筑的机械排烟系统沿水平方向布置时，每个防火分区的机械排烟系统应独立设置。

建筑高度超过50m的公共建筑和建筑高度超过100m的住宅，其排烟系统应竖向分段独立设置，且公共建筑每段高度不应超过50m，住宅建筑每段高度不应超过100m。

排烟系统与通风、空气调节系统应分开设置；当确有困难时可以合用，但应符合排烟系统的要求，且当排烟口打开时，每个排烟合用系统的管道上需联动关闭的通风和空气调节系统的控制阀门不应超过10个。

排烟风机宜设置在排烟系统的最高处，烟气出口宜朝上，并应高于加压送风机和补风机的进风口，两者垂直距离或水平距离应符合标准的规定。

排烟风机应设置在专用机房内，并应符合标准的规定，且风机两侧应有600mm以上的空间。对于排烟系统与通风空气调节系统共用的系统，其排烟风机与排风风机的合用机房应符合下列规定：

（1）机房内应设置自动喷水灭火系统。

（2）机房内不得设置用于机械加压送风的风机与管道。

（3）排烟风机与排烟管道的连接部件应能在280℃时连续30min保证其结构完整性。

排烟风机应满足280℃时连续工作30min的要求，排烟风机应与风机入口处的排烟防火阀连锁，当该阀关闭时，排烟风机应能停止运转。

机械排烟系统应采用管道排烟，且不应采用土建风道。排烟管道应采用不燃材料制作且内壁应光滑。当排烟管道内壁为金属时，管道设计风速不应大于20m/s；当排烟管道内壁为非金属时，管道设计风速不应大于15m/s；排烟管道的厚度应按现行国家标准《通风与空调工程施工质量验收规范》（GB 50243）的有关规定执行。

排烟管道的设置和耐火极限应符合下列规定：

（1）排烟管道及其连接部件应能在280℃时连续30min保证其结构完整性。

（2）竖向设置的排烟管道应设置在独立的管道井内，排烟管道的耐火极限不应低于0.50h。

（3）水平设置的排烟管道应设置在吊顶内，其耐火极限不应低于0.50h；当确有困难时，可直接设置在室内，但管道的耐火极限不应小于1.00h。

（4）设置在走道部位吊顶内的排烟管道，以及穿越防火分区的排烟管道，其管道的耐火极限不应小于1.00h，但设备用房和汽车库的排烟管道耐火极限可不低于0.50h。

排烟管道下列部位应设置排烟防火阀：

（1）垂直风管与每层水平风管交接处的水平管段上。

（2）一个排烟系统负担多个防烟分区的排烟支管上。

（3）排烟风机入口处。

（4）穿越防火分区处。

设置排烟管道的管道井应采用耐火极限不小于 1.00h 的隔墙与相邻区域分隔；当墙上必须设置检修门时，应采用乙级防火门。

排烟口的设置应按标准经计算确定，且防烟分区内任一点与最近的排烟口之间的水平距离不应大于 30m。除标准规定的情况以外，排烟口的设置尚应符合下列规定：

（1）排烟口宜设置在顶棚或靠近顶棚的墙面上。

（2）排烟口应设在储烟仓内，但走道、室内空间净高不大于 3m 的区域，其排烟口可设置在其净空高度的 1/2 以上；当设置在侧墙时，吊顶与其最近边缘的距离不应大于 0.5m。

（3）对于需要设置机械排烟系统的房间，当其建筑面积小于 50m$^2$ 时，可通过走道排烟，排烟口可设置在疏散走道；排烟量应按标准计算。

（4）火灾时由火灾自动报警系统联动开启排烟区域的排烟阀或排烟口，应在现场设置手动开启装置。

（5）排烟口的设置宜使烟流方向与人员疏散方向相反，排烟口与附近安全出口相邻边缘之间的水平距离不应小于 1.5m。

（6）每个排烟口的排烟量不应大于最大允许排烟量，最大允许排烟量应按标准规定计算确定。

（7）排烟口的风速不宜大于 10m/s。

按标准规定需要设置固定窗时，固定窗的布置应符合下列规定：

（1）非顶层区域的固定窗应布置在每层的外墙上。

（2）顶层区域的固定窗应布置在屋顶或顶层的外墙上，但未设置自动喷水灭火系统的以及采用钢结构屋顶或预应力钢筋混凝土屋面板的建筑应布置在屋顶。

固定窗的设置和有效面积应符合下列规定：

（1）设置在顶层区域的固定窗，其总面积不应小于楼地面面积的 2%。

（2）设置在靠外墙且不位于顶层区域的固定窗，单个固定窗的面积不应小于 1m$^2$，且间距不宜大于 20m，其下沿距室内地面的高度不宜小于层高的 1/2。提供消防救援人员进入的窗口面积不计入固定窗面积，但可组合布置。

（3）设置在中庭区域的固定窗，其总面积不应小于中庭楼地面面积的 5%。

（4）固定玻璃窗应按可破拆的玻璃面积计算，带有温控功能的可开启设施应按开启时的水平投影面积计算。

固定窗宜按每个防烟分区在屋顶或建筑外墙上均匀布置，且不应跨越防火分区。

除洁净厂房外，设置机械排烟系统的任一层建筑面积大于 2000m$^2$ 的制鞋、制衣、玩具、塑料、木器加工储存等丙类工业建筑，可采用可熔性采光带（窗）替代固定窗，其面积应符合下列规定：

（1）未设置自动喷水灭火系统的或采用钢结构屋顶或预应力钢筋混凝土屋面板的建筑，不应小于楼地面面积的 10%。

（2）其他建筑不应小于楼地面面积的 5%。

### 三、物理模型及参数

调查某中庭建筑物的场景情况，包括：建筑物的基本几何尺寸和建筑材料，通风口情况，建筑物内可燃物的分布、种类及数量，设计火灾场景，据此构建物理模型。以某中庭建筑为例，建筑的几何尺寸为 30m×25m×10m；火灾设计负荷 $Q=444.44kW/m^2$；环境温度 $T_a=20℃$；排烟口面积 $A_e=1.8m^2$；排烟口宽度 $B=1.2m$；中庭前面有一个 $1m×2m$ 的门，兼做补风口；火源设置在地面中心处，面积为 $9m^2$，热释放速率为 4MW，环境初始温度为 20℃；排烟起始时间 $T_0=0s$；排烟终止时间 $T_z=300s$，按照程序要求输入相应的参数。

**四、实验步骤**

**（一）编辑软件创建中庭结构**

在 Model 菜单栏中点击 Edit Meshes，建立网格区域 40m（长）×35m（宽）×15m（高），cell 为 0.5m。然后在菜单栏中点击 Draw a Wall Obstruction，建立中庭结构 30m（长）×25m（宽）×10m（高），点击 2D View 模式，然后点击 Tool Properties，设置 Height 为 10m，Wall Thickness 为 0.3m，其他参数保持默认值，点击 OK 关闭 Tool Properties。再点击 Draw a Slab Obstruction，然后点击 Tool Properties，设置 Height 为 10m，Wall Thickness 为 0.3m，其他参数保持默认值，点击 OK 关闭 Tool Properties，画出屋顶。FDS 建立的三维仿真物理模型见图 8-24。

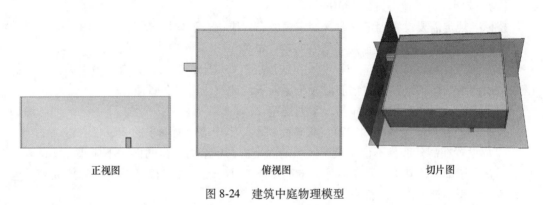

正视图　　　　　　　　　俯视图　　　　　　　　　切片图

图 8-24　建筑中庭物理模型

**（二）设置火源**

创建火源：在 Model 菜单栏中点击 Edit Surfaces，然后点击 New，将 Surface Name 设为 fire，将 Surface Type 设置为 burner，然后点击 OK。依据《建筑设计防火规范》和《建筑防排烟技术规程》（DGJ 08-88—2006）以及《Guide for Smoke Management Systems in Malls，Atria，and Large Areas》（NFPA92B）等现行相关规范及标准，无喷淋中庭热释放量为 4MW，无喷淋公共场所为 8MW。因此本次模拟选取的火源功率为 4MW，火源面积为 $9m^2$，计算得到单位面积热释放速率为 444.44kW/$m^2$。因此将 fire 的 Heat Release Rate Per Area 设置为 444.44kW/$m^2$，其他参数保持不变。

设置火源位置：在 Model 菜单栏中点击 New Vent，将 ID 改为 fire 并将 Surface 设置为 fire，在 Geometry 中 Plane Z 为 0，X(18.5, 21.5)，Y(16, 19)，点击 OK，在中庭中心画出 $9m^2$ 的火源。

设置燃料：在 Model 菜单栏中点击 Edit Reactions，点击 Add From Library 然后从右侧

列表中选择火源燃料 HEPTANE，点击 Close，其他参数保持不变，点击 OK 退出。

（三）门及排烟口设置

根据《建筑防排烟技术规程》（DGJ 08-88—2006），当房间面积大于 500m² 时应设置补风口，补风量不小于排烟量的 50%，送风速度不大于 10m/s。根据计算设置 2m² 的门洞作为补风口，送风速度为 3m/s。在 Model 菜单栏中点击 New Hole，在 Geometry 中将 Thickness 设为 0.3m，Height 设为 2m，位置为 $X(26, 27)$，$Y(4.8, 5.5)$，$Z(0, 2)$。

设置机械排烟口：假设中庭周围场所不需设置排烟系统，回廊设置排烟系统，回廊的排烟量不小于标准规定，中庭的排烟量按最小值 40000m³/h 计算，即为 11.11m³/s，根据《建筑防烟排烟系统技术标准》（GB 51251），规定每个排烟口的速度不超过 10m/s，计算排烟口面积至少为 1.111m²。这里设置 1 个面积为 1.8m² 的排烟口。首先设置风机，在菜单栏中双击 HVAC，点击 NEW 新建风机，将 Type 选为 FAN，点击 OK，在 Properties 中将 Maximum Flow Rate 设为 11.1，Maximum Pressure 为 30Pa，点击 OK。然后在 Model 菜单栏中点击 New Obstruction，位置设为 $X(2, 8)$，$Y(22, 23.5)$，$Z(8, 9.5)$。设置完成后，在 Model 菜单栏中点击 New Vent，将 Surface 改为 HVAC，点击 Geometry，Plane $X=2$，$Y(22, 23.5)$，$Z(8, 9.5)$；同样的设置 Vent02 位置为 Plane $X=8$，$Y$ (22，23.5)，$Z$ (8，9.5)。点击菜单栏中的 Draw an HVAC Node，将其放置在 Vent02 中间，另放一个 Node01 在 Vent01 中间。双击 Node，Filter 选择 none，Mode Type 选择 Vent Endpoint Vent02，点击 OK。同理双击 Node01，Filter 选择 none，Mode Type 选择 Vent Endpoint Vent01，点击 OK。接着点击 Draw an HVAC Duct 将两 Node 连接起来。在 Duct 中，Node01 对应 Node，Node02 对应 Node01，在 Flow Model 中 Fan 选择 Fan01，Flow Direction 选择从 Node01 到 Node02，点击 OK，排烟口设置完成。

（四）编辑测量点

在人员运动安全高度（距离地面 2m）处，设置温度、CO 浓度和能见度二维切片，双击菜单栏中 2D Slices，选择 Plane $Z$，Plane Value 为 1.8m，Gas Phase Quantity 分别为 Temperature、Visibility、CARBON MONOXIDE；同理选择 Plane $X$，Plane Value 为 2.0m，Gas Phase Quantity 分别为 Temperature、Visibility、CARBON MONOXIDE；然后再选择 Plane $Y$，Plane Value 为 22.5m，Gas Phase Quantity 分别为 Temperature、Visibility、CARBON MONOXIDE。

设置烟气层厚度测量点。在 Devices 菜单栏中点击 New layer zoning device，位置设为 $X(14, 14)$，$Y(13, 13)$，$Z(0, 10)$，测量烟气层高度。

（五）设置运行时间并运行

在 Analysis 菜单栏中选择 Simulation Parameters，将 Start Time 设为 0s，End Time 设为 300s，点击 OK 退出。再在菜单栏中点击 Run FDS 进行模拟计算。

（六）结果处理

利用 SmokeView 查看模拟结果，观察烟气流动情况，绘制火羽流及烟气的三维图像；观察温度、CO 浓度、能见度变化情况，绘制其二维切片图；观察烟气层厚度变化情况，绘制烟气层-时间曲线图。以 Plane $Y$ 为例，图 8-25～图 8-27 分别为温度、CO 浓度和能见度的切片图。

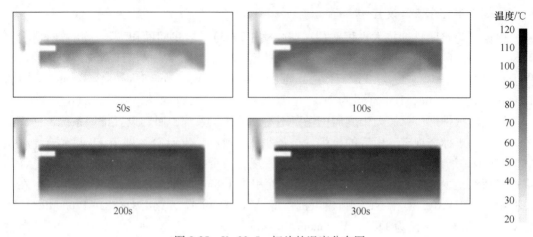

图 8-25 $Y = 22.5$m 切片的温度分布图

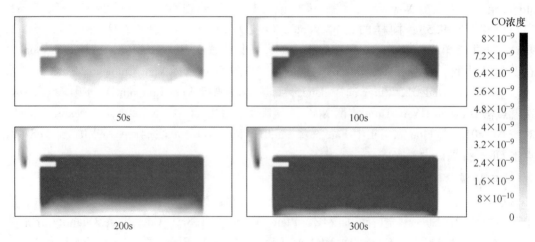

图 8-26 $Y = 22.5$m 切片的 CO 浓度分布图

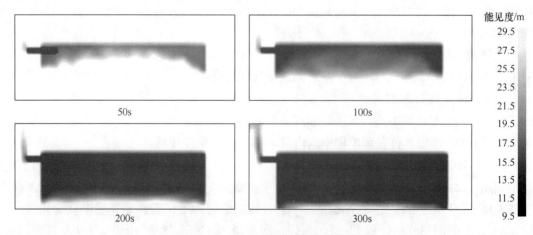

图 8-27 $Y = 22.5$m 切片的能见度分布图

## 五、实验记录及数据处理

（1）同本章第四节。

（2）分析机械排烟的中庭火灾参数、烟气运动对人员安全疏散的影响。

## 六、注意事项

（1）若机械排烟不能有效排出烟气，应增大机械排烟口面积或增加排烟口个数。

（2）要注意门洞需处于敞开状态，并设置其送风速度。

## 七、思考题

（1）门洞送风速度对机械排烟有什么影响？

（2）机械排烟和自然排烟同时存在时，二者是否具有协同作用？

（3）若需要根据时间或温度触发启动机械排烟，应如何模拟？

附：FDS 模型代码

```
&HEAD CHID='20220324jxzg', TITLE='jxpy2022-3-29'/
&TIME T_END=300.0/
&DUMP RENDER_FILE='20220324jxzg.ge1', COLUMN_DUMP_LIMIT=.TRUE.,
      DT_RESTART=300.0, DT_SL3D=0.25/
&MESH ID='Mesh01', IJK=80, 70, 30, XB=0.0, 40.0, 0.0, 35.0, 0.0, 15.0/
&REAC ID='HEPTANE',
      FYI='NIST NRC FDS5 Validation',
      FUEL='REAC_FUEL',
      FORMULA='C7H16',
      CO_YIELD=6.0E-3,
      SOOT_YIELD=0.015/
&DEVC ID='LAYER', QUANTITY='LAYER HEIGHT',
      XB=14.0, 14.0, 13.0, 13.0, 0.0, 10.0/
&SURF ID='fire',
      COLOR='RED',
      HRRPUA=444.44/
&OBST ID='Obstruction', XB=5.0, 35.0, 5.0, 5.3, 0.0, 10.0, SURF_ID='INERT'/
&OBST ID='Obstruction', XB=34.7, 35.0, 5.0, 30.0, 0.0, 10.0, SURF_ID='INERT'/
&OBST ID='Obstruction', XB=5.0, 35.0, 30.0, 30.3, 0.0, 10.0, SURF_ID='INERT'/
&OBST ID='Obstruction', XB=4.7, 5.0, 5.0, 30.3, 0.0, 10.0, SURF_ID='INERT'/
&OBST ID='Obstruction', XB=5.0, 35.0, 5.0, 30.0, 10.0, 10.0, SURF_ID='INERT'/
&OBST ID='Obstruction', XB=2.0, 8.0, 22.0, 23.5, 8.0, 9.5, SURF_ID='INERT'/
&HOLE ID='Hole', XB=26.0, 27.0, 4.8, 5.5, -0.05, 2.0/
&VENT ID='fire', SURF_ID='fire', XB=18.5, 21.5, 16.0, 19.0, 0.0, 0.0/
&VENT ID='Vent01', SURF_ID='HVAC', XB=2.0, 2.0, 22.0, 23.5, 8.0, 9.5/
&VENT ID='Vent02', SURF_ID='HVAC', XB=8.0, 8.0, 22.0, 23.5, 8.0, 9.5/
```

&HVAC ID='Node', TYPE_ID='NODE', DUCT_ID='Duct', VENT_ID='Vent02'/

&HVAC ID='Node01', TYPE_ID='NODE', DUCT_ID='Duct', VENT_ID='Vent01'/

&HVAC ID='Duct', TYPE_ID='DUCT', DIAMETER=0.3048, FAN_ID='Fan01', NODE_ID='Node',
'Node01', ROUGHNESS=1.0E-3, LENGTH=6.0/

&HVAC ID='Fan01', TYPE_ID='FAN', MAX_FLOW=11.1,
        MAX_PRESSURE=30.0/

&SLCF QUANTITY='TEMPERATURE', PBX=2.0/

&SLCF QUANTITY='VISIBILITY', PBX=2.0/

&SLCF QUANTITY='AEROSOL VOLUME FRACTION', SPEC_ID='CARBON
        MONOXIDE', PBX=2.0/

&SLCF QUANTITY='AEROSOL VOLUME FRACTION', SPEC_ID='CARBON
        MONOXIDE', PBY=22.5/

&SLCF QUANTITY='VISIBILITY', PBY=22.5/

&SLCF QUANTITY='TEMPERATURE', PBY=22.5/

&SLCF QUANTITY='TEMPERATURE', PBZ=1.8/

&SLCF QUANTITY='VISIBILITY', PBZ=1.8/

&SLCF QUANTITY='AEROSOL VOLUME FRACTION', SPEC_ID='CARBON
        MONOXIDE', PBZ=1.8/

&TAIL /

# 附　　　录

附表 1　不同耐火等级厂房和仓库建筑构件的燃烧性能和耐火极限　　　（h）

| 构件名称 | | 耐火等级 | | | |
|---|---|---|---|---|---|
| | | 一级 | 二级 | 三级 | 四级 |
| 墙 | 防火墙 | 不燃性　3.00 | 不燃性　3.00 | 不燃性　3.00 | 不燃性　3.00 |
| | 承重墙 | 不燃性　3.00 | 不燃性　2.50 | 不燃性　2.00 | 难燃性　0.50 |
| | 楼梯间和前室的墙，电梯井的墙 | 不燃性　2.00 | 不燃性　2.00 | 不燃性　1.50 | 难燃性　0.50 |
| | 疏散走道两侧的隔墙 | 不燃性　1.00 | 不燃性　1.00 | 不燃性　0.50 | 难燃性　0.25 |
| | 非承重外墙，房间隔墙 | 不燃性　0.75 | 不燃性　0.50 | 不燃性　0.50 | 难燃性　0.25 |
| 柱 | | 不燃性　3.00 | 不燃性　2.50 | 难燃性　2.00 | 难燃性　0.50 |
| 梁 | | 不燃性　2.00 | 不燃性　1.50 | 难燃性　1.00 | 难燃性　0.50 |
| 楼板 | | 不燃性　1.50 | 不燃性　1.00 | 不燃性　0.75 | 难燃性　0.50 |
| 屋顶承重构件 | | 不燃性　1.50 | 不燃性　1.00 | 可燃性　0.50 | 可燃性 |
| 疏散楼梯 | | 不燃性　1.50 | 不燃性　1.00 | 不燃性　0.75 | 可燃性 |
| 吊顶（包括吊顶搁栅） | | 不燃性　0.25 | 难燃性　0.25 | 难燃性　0.15 | 可燃性 |

附表 2　民用建筑不同耐火等级建筑相应构件的燃烧性能和耐火极限　　　（h）

| 构件名称 | | 耐火等级 | | | |
|---|---|---|---|---|---|
| | | 一级 | 二级 | 三级 | 四级 |
| 墙 | 防火墙 | 不燃性　3.00 | 不燃性　3.00 | 不燃性　3.00 | 不燃性　3.00 |
| | 承重墙 | 不燃性　3.00 | 不燃性　2.50 | 不燃性　2.00 | 难燃性　0.50 |
| | 非承重外墙 | 不燃性　1.00 | 不燃性　1.00 | 不燃性　0.50 | 可燃性 |
| | 楼梯间和前室的墙，电梯井的墙，住宅建筑单元之间的墙和分户墙 | 不燃性　2.00 | 不燃性　2.00 | 不燃性　1.50 | 难燃性　0.50 |
| | 疏散走道两侧的隔墙 | 不燃性　1.00 | 不燃性　1.00 | 不燃性　0.50 | 难燃性　0.25 |
| | 房间隔墙 | 不燃性　0.75 | 不燃性　0.50 | 难燃性　0.50 | 难燃性　0.25 |
| 柱 | | 不燃性　3.00 | 不燃性　2.50 | 难燃性　2.00 | 难燃性　0.50 |
| 梁 | | 不燃性　2.00 | 不燃性　1.50 | 难燃性　1.00 | 难燃性　0.50 |
| 楼板 | | 不燃性　1.50 | 不燃性　1.00 | 不燃性　0.50 | 可燃性 |

续附表2

| 构件名称 | 耐火等级 | | | |
|---|---|---|---|---|
| | 一级 | 二级 | 三级 | 四级 |
| 屋顶承重构件 | 不燃性　1.50 | 不燃性　1.00 | 可燃性　0.50 | 可燃性 |
| 疏散楼梯 | 不燃性　1.50 | 不燃性　1.00 | 不燃性　0.50 | 可燃性 |
| 吊顶（包括吊顶搁栅） | 不燃性　0.25 | 难燃性　0.25 | 难燃性　0.15 | 可燃性 |

**附表3　木结构建筑构件的燃烧性能和耐火极限**　　　　　　　　（h）

| 构件名称 | 燃烧性能和耐火极限 |
|---|---|
| 防火墙 | 不燃性　3.00 |
| 承重墙，住宅建筑单元之间的墙和分户墙，楼梯间的墙 | 难燃性　1.00 |
| 电梯井的墙 | 难燃性　1.00 |
| 非承重外墙，疏散走道两侧的隔墙 | 难燃性　0.75 |
| 房间隔墙 | 难燃性　0.50 |
| 承重柱 | 可燃性　1.00 |
| 梁 | 可燃性　1.00 |
| 楼板 | 难燃性　0.75 |
| 屋顶承重构件 | 可燃性　0.50 |
| 疏散楼梯 | 难燃性　0.50 |
| 吊顶 | 难燃性　0.15 |

**附表4　不同结构和构件组合的燃烧性能和耐火极限**

| 序号 | 构件名称 | | 构件厚度或截面<br>最小尺寸/mm | 耐火极限/h | 燃烧性能 |
|---|---|---|---|---|---|
| 一 | 承重墙 | | | | |
| 1 | 普通黏土砖、硅酸盐砖，<br>混凝土、钢筋混凝土实体墙 | | 120 | 2.50 | 不燃性 |
| | | | 180 | 3.50 | 不燃性 |
| | | | 240 | 5.50 | 不燃性 |
| | | | 370 | 10.50 | 不燃性 |
| 2 | 加气混凝土砌块墙 | | 100 | 2.00 | 不燃性 |
| 3 | 轻质混凝土砌块、天然石料的墙 | | 120 | 1.50 | 不燃性 |
| | | | 240 | 3.50 | 不燃性 |
| | | | 370 | 5.50 | 不燃性 |
| 二 | 非承重墙 | | | | |
| 1 | 普通黏土砖 | 不包括双面抹灰 | 60 | 1.50 | 不燃性 |
| | | | 120 | 3.00 | 不燃性 |
| | | 包括双面抹灰（15mm厚） | 150 | 4.50 | 不燃性 |
| | | | 180 | 5.00 | 不燃性 |
| | | | 240 | 8.00 | 不燃性 |

| 序号 | 构件名称 | | 构件厚度或截面最小尺寸/mm | 耐火极限/h | 燃烧性能 |
|---|---|---|---|---|---|
| 2 | 七孔黏土砖墙 | 不包括双面抹灰 | 120 | 8.00 | 不燃性 |
| | | 2. 包括双面抹灰 | 140 | 9.00 | 不燃性 |
| 3 | 粉煤灰硅酸盐砌块墙 | | 200 | 4.00 | 不燃性 |
| 4 | 轻质混凝土墙 | 加气混凝土砌块墙 | 75 | 2.50 | 不燃性 |
| | | | 100 | 6.00 | 不燃性 |
| | | | 200 | 8.00 | 不燃性 |
| | | 钢筋加气混凝土垂直板墙 | 150 | 3.00 | 不燃性 |
| | | 粉煤灰加气混凝土砌块墙 | 100 | 3.40 | 不燃性 |
| | | 4. 充气混凝土砌块墙 | 150 | 7.50 | 不燃性 |
| 5 | 钢筋混凝土大板墙（C20） | | 60 | 1.00 | 不燃性 |
| | | | 120 | 2.60 | 不燃性 |
| 三 | 柱 | | | | |
| 1 | 钢筋混凝土柱 | | 180×240 | 1.20 | 不燃性 |
| | | | 200×200 | 1.40 | 不燃性 |
| | | | 200×300 | 2.50 | 不燃性 |
| | | | 240×240 | 2.00 | 不燃性 |
| | | | 300×300 | 3.00 | 不燃性 |
| | | | 200×400 | 2.70 | 不燃性 |
| | | | 200×500 | 3.00 | 不燃性 |
| | | | 300×500 | 3.50 | 不燃性 |
| | | | 370×370 | 5.00 | 不燃性 |
| 2 | 普通黏土砖柱 | | 370×370 | 5.00 | 不燃性 |
| 3 | 钢筋混凝土圆柱 | | 直径300 | 3.00 | 不燃性 |
| | | | 直径450 | 4.00 | 不燃性 |
| 四 | 梁 | | | | |
| | 简支的钢筋混凝土梁 | 非预应力钢筋，保护层厚度：10mm、20mm、25mm、30mm、40mm、50mm | — | 1.20 | 不燃性 |
| | | | — | 1.75 | 不燃性 |
| | | | — | 2.00 | 不燃性 |
| | | | — | 2.30 | 不燃性 |
| | | | — | 2.90 | 不燃性 |
| | | | — | 3.50 | 不燃性 |
| | | 预应力钢筋或高强度钢丝，保护层厚度：25mm、30mm、40mm、50mm | — | 1.00 | 不燃性 |
| | | | — | 1.20 | 不燃性 |
| | | | — | 1.50 | 不燃性 |
| | | | — | 2.00 | 不燃性 |
| | | 有保护层的钢梁：15mm厚LG防火隔热涂料保护层，20mm厚LY防火隔热涂料保护层 | — | 1.50 | 不燃性 |
| | | | — | 2.30 | 不燃性 |

| 序号 | 构件名称 | | 构件厚度或截面<br>最小尺寸/mm | 耐火极限/h | 燃烧性能 |
|---|---|---|---|---|---|
| 五 | 楼板和屋顶承重构件 | | | | |
| | 非预应力简支钢筋混凝土圆孔空心楼板，<br>保护层厚度：10mm、20mm、30mm | | —<br>—<br>— | 0.90<br>1.25<br>1.50 | 不燃性<br>不燃性<br>不燃性 |
| 六 | 吊顶 | | | | |
| | 钢吊顶搁栅 | 钢丝网抹灰 | 15 | 0.25 | 不燃性 |
| | | 钉石棉板 | 10 | 0.85 | 不燃性 |
| | | 钉双层石膏板 | 10 | 0.30 | 不燃性 |
| | | 挂石棉型硅酸钙板 | 10 | 0.30 | 不燃性 |
| | | 两侧挂0.5mm厚薄钢板，内填容重为100kg/m²的陶瓷棉复合板 | 40 | 0.40 | 不燃性 |
| 七 | 防火门 | | | | |
| | 钢质防火门 | 钢质门框、钢质棉板、钢质骨架：迎（背）火面一面或两面设防火板，或不设防火板。门扇内填充珍珠岩或氧化镁丙级、乙级、甲级 | 40~50<br>45~70<br>50~90 | 0.50<br>1.00<br>1.50 | 不燃性<br>不燃性<br>不燃性 |
| 八 | 防火窗 | | | | |
| | 钢质防火窗 | 窗框钢质，窗扇钢质，窗框填充水泥砂浆，窗扇内填充珍珠岩，或氧化镁、氯化镁，或防火板；复合防火玻璃 | 25~30<br>30~38 | 1.00<br>1.50 | 不燃性<br>不燃性 |

# 参 考 文 献

[1] 中国国家标准化管理委员会. 热电偶：第 1 部分　电动势规范和允差：GB/T 16839.1—2018 [S]. 北京：国家市场监督管理总局，2018.

[2] 王宇，姚强，王世昌，等. 本生灯教学实验台改良及实验数据处理 [J]. 实验技术与管理，2005，22（5）：51-54，61.

[3] ASTM. Standard Practice for Confirmation of 20-mm（50-W）and 125mm（500-W）Test Flames for Small-Scale Burning Tests on Plastic Materials：ASTM D 5207—2014 [S]. US：ASTM International，2014.

[4] 中国国家标准化管理委员会. 电工电子产品着火危险试验：第 22 部分　试验火焰 50W 火焰装置和确认试验方法：GB/T 5169.22—2015 [S]. 北京：中华人民共和国国家质量监督检验检疫总局，2015.

[5] WANG Y，ZHANG F，JIAO C M，et al. Convective Heat Transfer of the Bunsen Flame in the UL94 Vertical Burning Test for Polymers [J]. Journal of Fire Sciences，2010，28（4）：337-356.

[6] 中国国家标准化管理委员会. 消防词汇：第 1 部分　通用术语：GB/T 5907.1—2014 [S]. 北京：中华人民共和国国家质量监督检验检疫总局，2014.

[7] 中国国家标准化管理委员会. 石油产品闪点和燃点的测定　克利夫兰开口杯法：GB/T 3536—2008 [S]. 北京：中华人民共和国国家质量监督检验检疫总局，2008.

[8] 中国国家标准化管理委员会. 石油产品闪点与燃点测定法（开口杯法）：GB/T 267—1988 [S]. 北京：国家市场监督管理总局，1988.

[9] ASTM. Standard Test Method for Flash and Fire Points by Cleveland Open Cup Tester-See all versions：ASTM D 92—2016a [S]. US：ASTM International，2016.

[10] 中国国家标准化管理委员会. 建筑设计防火规范（附条文说明）（2018 年版）：GB 50016—2014 [S]. 北京：中华人民共和国国家质量监督检验检疫总局，2014.

[11] 中国国家标准化管理委员会. 石油天然气工程设计防火规范：GB 50183—2015 [S]. 北京：国家标准总局，2015.

[12] 中国国家标准化管理委员会. 闪点的测定　宾斯基-马丁闭口杯法：GB/T 261—2021 [S]. 北京：国家市场监督管理总局，2021.

[13] 中国国家标准化管理委员会. 闪点的测定　闭杯平衡法：GB/T 21775—2008 [S]. 北京：中华人民共和国国家质量监督检验检疫总局，2008.

[14] 中国国家标准化管理委员会. 泰格闭口杯闪点测定法：GB/T 21929—2008 [S]. 北京：中华人民共和国国家质量监督检验检疫总局，2008.

[15] 陈莹，蒋军成，潘勇，等. 混合液体火灾爆炸危险性——闪点预测与实验研究 [J]. 中国安全生产科学技术，2010，6（2）：8-11.

[16] 中国国家标准化管理委员会. 液体化学品自燃温度的试验方法：GB/T 21860—2008 [S]. 北京：中华人民共和国国家质量监督检验检疫总局，2008.

[17] 中国国家标准化管理委员会. 可燃液体和气体引燃温度试验方法：GB/T 5332—2007 [S]. 北京：中华人民共和国国家质量监督检验检疫总局，2007.

[18] 中国石油化工总公司. 液体石油和石油化工产品　自燃点测定法：SH/T 0642—1997（2004）[S]. 北京：中国石油化工总公司石油化工科学研究院，1997.

[19] 全国电气化学标准化技术委员会. 电厂用抗燃油自燃点测定方法：DL/T 706—2017 [S]. 北京：中国电力企业联合合，2017.

[20] 中国国家标准化管理委员会. 塑料燃烧性能试验方法　闪燃温度和自燃温度的测定：GB/T 9343—2008 [S]. 北京：中华人民共和国国家质量监督检验检疫总局，2008.

［21］中国国家标准化管理委员会．塑料　试样状态调节和试验的标准环境：GB/T 2918—2018［S］．北京：国家市场监督管理总局，2018.

［22］昆棣瑞．火灾学基础［M］．杜建科，王平，高亚萍，译．北京：化学工业出版社，2010.

［23］中国国家标准化管理委员会．建筑材料热释放速率试验方法：GB/T 16172—2007［S］．北京：中华人民共和国国家质量监督检验检疫总局，2007.

［24］LYON R E，JANSSENS M L. Polymer Flammability［R］. Report No. Final Report DOT/FAA/AR-05/14, Federal Aviation Administration, Washington, D. C., 2005.

［25］中国国家标准化管理委员会．煤的发热量测定方法：GB/T 213—2008［S］．北京：中华人民共和国国家质量监督检验检疫总局，2008.

［26］中国国家标准化管理委员会．石油产品热值测定法：GB/T 384—1981［S］．北京：国家标准总局，1981.

［27］中国国家标准化管理委员会．氧弹热量计检定规程：JJG 672—2018［S］．北京：国家市场监督管理总局，2018.

［28］中国国家标准化管理委员会．智能氧弹式热量计通用技术条件：GB/T 30991—2014［S］．北京：中华人民共和国国家质量监督检验检疫总局，2014.

［29］中国国家标准化管理委员会．实验室仪器及设备安全规范氧弹式热量计：GB/T 32707—2016［S］．北京：中华人民共和国国家质量监督检验检疫总局，2016.

［30］中国国家标准化管理委员会．氧弹热量计性能验收导则：GB/T 31423—2015［S］．北京：中华人民共和国国家质量监督检验检疫总局，2015.

［31］中国国家标准化管理委员会．危险品　易燃固体燃烧速率试验方法：GB/T 21618—2008［S］．北京：中华人民共和国国家质量监督检验检疫总局，2008.

［32］中国国家标准化管理委员会．危险货物分类和品名编号：GB 6944—2012［S］．北京：中华人民共和国国家质量监督检验检疫总局，2012.

［33］United Nations. Manual of Tests and Criteria, ST/SG/AC. 10/11/Rev. 7—2019［S］. New York and Geneva：United Nations. Publication，2019.

［34］中国国家标准化管理委员会．危险货物运输包装类别划分方法：GB/T 15098—2008［S］．北京：中华人民共和国国家质量监督检验检疫总局，2008.

［35］张源雪．原油储罐火灾热波速度的探究［J］．消防科学与技术，2005，24（5）：546-549.

［36］何利民，段兰贞，郭光臣．原油组分和含水率对热波特性影响的研究［J］．石油大学学报（自然科学版），1993（4）：60-63.

［37］PEACOCK R D, RENEKE P A, FORNEY G P. CFAST user's Guide, NIST SP 1041—2008［R］. US：National Institute of Standards and Technology，2008.

［38］BUKOWSKI R W. Modeling a backdraft：The fire at 62 Watts Street［J］. NFPA Journal，1995，89（6）：85-89.

［39］FENIMORE C P, MARTIN F J. Flammability of Polymers［J］. Combustion and Flame，1966，10（2）：135-139.

［40］ASTM. Standard Test Method for Measuring the Minimum Oxygen Concentration to Support Candle-Like Combustion of Plastics（Oxygen Index）：ASTM D 2863—2017a［S］. US：ASTM International，2019.

［41］ISO. Plastics—Determination of burning behaviour by oxygen index—Part 2：Ambient-temperature test：ISO 4589-2—2017［S］. Switzerland：ISO copyright office，2017.

［42］中国国家标准化管理委员会．塑料　用氧指数法测定燃烧行为：第 2 部分　室温试验：GB/T 2406.2—2009［S］．北京：中华人民共和国国家质量监督检验检疫总局，2009.

［43］中国国家标准化管理委员会．纺织品　燃烧性能试验　氧指数法：GB/T 5454—1997［S］．北京：

国家技术监督局，1997.

[44] 中国国家标准化管理委员会. 橡胶燃烧性能的测定：GB/T 10707—2008 [S]. 北京：中华人民共和国国家质量监督检验检疫总局，2008.

[45] 中国国家标准化管理委员会. 纤维增强塑料燃烧性能试验方法 氧指数法：GB/T 8924—2005 [S]. 北京：中华人民共和国国家质量监督检验检疫总局，2005.

[46] 中国国家标准化管理委员会. 绝缘液体燃烧性能试验方法 氧指数法：GB/T 16581—1996 [S]. 北京：国家技术监督局，1996.

[47] 中国国家标准化管理委员会. 塑料 燃烧性能的测定 水平法和垂直法：GB/T 2408—2021 [S]. 北京：国家市场监督管理总局，2021.

[48] ISO. Essential oils. Determination of 1, 8-cineole content：BS ISO 1202：1981 [S]. Switzerland：ISO copyright office，2001.

[49] 中国国家标准化管理委员会. 电工电子产品着火危险试验：第 14 部分 试验火焰 1kW 标称预混合型火焰装置、确认试验方法和导则：GB/T 5169.14—2017 [S]. 北京：中华人民共和国国家质量监督检验检疫总局，2017.

[50] 中国国家标准化管理委员会. 电缆和光缆在火焰条件下的燃烧试验：第 11 部分 单根绝缘电线电缆火焰垂直蔓延试验 试验装置：GB/T 18380.11—2008 [S]. 北京：中华人民共和国国家质量监督检验检疫总局，2008.

[51] 中国国家标准化管理委员会. 电缆和光缆在火焰条件下的燃烧试验：第 12 部分 单根绝缘电线电缆火焰垂直蔓延试验 1kW 预混合型火焰试验方法：GB/T 18380.12—2008 [S]. 北京：中华人民共和国国家质量监督检验检疫总局，2008.

[52] 中国国家标准化管理委员会. 电缆和光缆在火焰条件下的燃烧试验：第 13 部分 单根绝缘电线电缆火焰垂直蔓延试验 测定燃烧的滴落（物）/微粒的试验方法：GB/T 18380.13—2008 [S]. 北京：中华人民共和国国家质量监督检验检疫总局，2008.

[53] 橡皮塑料电线电缆试验仪器设备检定方法 第 5 部分：单根绝缘电线电缆垂直燃烧试验装置：JB/T 4278.5—2011 [S]. 2011.

[54] 橡皮塑料电线电缆试验仪器设备检定方法 第 18 部分：单根铜芯绝缘细电线电缆垂直燃烧试验装置：JB/T 4278.18—2011 [S]. 2011.

[55] 中国国家标准化管理委员会. 纸、纸板和纸浆试样处理和试验的标准大气条件：GB/T 10739—2002 [S]. 北京：中华人民共和国国家质量监督检验检疫总局，2002.

[56] European Committee for Standardization. Railway applications—Fire protection on railway vehicles—Part 2：Requirements for fire behaviour of materials and components（includes Amendment A1：2015）：BS EN 45545.2—2020 [S]. GB-BSI，2020.

[57] ISO. Photography. Processing waste. Determination of ammoniacal nitrogen（microdiffusion method）：BS ISO 6853：2001 [S]. GB-BSI，2002.

[58] 中国国家标准化管理委员会. 纺织品 燃烧性能 45°方向燃烧速率的测定：GB/T 14644—2014 [S]. 北京：中华人民共和国国家质量监督检验检疫总局，2014.

[59] 中国国家标准化管理委员会. 纺织品 燃烧性能 45°方向损毁面积和接焰次数的测定：GB/T 14645—2014 [S]. 北京：中华人民共和国国家质量监督检验检疫总局，2014.

[60] 中国国家标准化管理委员会. 钢结构防火涂料：GB 14907—2018 [S]. 北京：国家市场监督管理总局，2018.

[61] 中国国家标准化管理委员会. 复合夹芯板建筑体燃烧性能试验：第 1 部分 小室法：GB/T 25206.1—2014 [S]. 北京：中华人民共和国国家质量监督检验检疫总局，2014.

[62] 中国国家标准化管理委员会. 饰面型防火涂料：GB 12441—2018 [S]. 北京：中华人民共和国国家

质量监督检验检疫总局，2018.

［63］中国国家标准化管理委员会. 建筑材料不燃性试验方法：GB/T 5464—2010［S］. 北京：中华人民共和国国家质量监督检验检疫总局，2010.

［64］中国国家标准化管理委员会. 建筑材料难燃性试验方法：GB/T 8625—2005［S］. 北京：中华人民共和国国家质量监督检验检疫总局，2005.

［65］中国国家标准化管理委员会. 建筑材料可燃性试验方法：GB/T 8626—2007［S］. 北京：中华人民共和国国家质量监督检验检疫总局，2007.

［66］中国国家标准化管理委员会. 建筑材料燃烧或分解的烟密度试验方法：GB/T 8627—2007［S］. 北京：中华人民共和国国家质量监督检验检疫总局，2007.

［67］European Committee for Standardization. Reaction to fire tests for building products—Conditioning procedures and general rules for selection of substrates：DIN EN 13238—2010［S］. DE-DIN，2010.

［68］俞晨. 建筑火灾烟气危害分析［J］. 现代盐化工，2021，48（3）：59-60.

［69］中国国家标准化管理委员会. 塑料　烟生成：第 1 部分　烟密度试验方法导则：GB/T 8323. 1—2008［S］. 北京：中华人民共和国国家质量监督检验检疫总局，2008.

［70］ISO. Plastics—Smoke generation—Part 1：Guidance on Optical-Density Testing：ISO 5659-1—2017［S］. Switerland：ISO copyright office，2017.

［71］中国国家标准化管理委员会. 塑料　烟生成　第 2 部分：单室法测定烟密度试验方法：GB/T 8323. 2—2008［S］. 北京：中华人民共和国国家质量监督检验检疫总局，2008.

［72］ISO. Plastics—Smoke generation—Part 2：Determination of optical density by a single-chamber test：ISO 5659-2—2017［S］. Switerland：ISO copyright office，2017.

［73］ASTM. Standard Test Method for Specific Optical Density of Smoke Generated by Solid Materials：ASTM E 662—2017a［S］. US：ASTM International，2017.

［74］中国国家标准化管理委员会. 材料产烟毒性危险分级：GB/T 20285—2006［S］. 北京：中华人民共和国国家质量监督检验检疫总局，2006.

［75］ASTM. Standard Test Method for Surface Burning Characteristics of Building Materials：ASTM E 84—2018a［S］. US：ASTM International，2018.

［76］中国国家标准化管理委员会. 建筑材料及制品燃烧性能分级：GB 8624—2012［S］. 北京：中华人民共和国国家质量监督检验检疫总局，2012.

［77］ISO. Reaction-to-fire tests—Heat release，smoke production and mass loss rate—Part 1：Heat release rate（cone calorimeter method）and smoke production rate（dynamic measurement）：DS/ISO 5660-1—2015［S］. Switzerland：ISO copyright office，2015.

［78］ISO. Reaction-to-fire tests—Heat release，smoke production and mass loss rate—Part 2：Smoke production rate（dynamic measurement）：KS F ISO 5660-2—2006（R2016）［S］. KR-KS，2006.

［79］ISO. 调节和/或试验用标准大气　规范：PNS ISO 554—2014［S］. Switzerland：ISO copyright office，2014.

［80］张峰，王勇. 化学安全实验［M］. 北京：化学工业出版社，2015.

［81］金杨，张军. 燃烧与阻燃实验［M］. 北京：化学工业出版社，2017.

［82］张军，纪奎江，夏延致. 聚合物燃烧与阻燃技术［M］. 北京：化学工业出版社，2005.

［83］森林可燃物的测定：LY/T 2013—2012［S］. 北京：国家林业局，2012.

［84］国家林业局. 森林植物（包括森林枯枝落叶层）样品的采集与制备：LY/T 1211—1999［S］. 北京：中国林业科学研究院林业研究所，1999.

［85］秦富仓，王玉霞. 林火原理［M］. 北京：机械工业出版社，2014.

［86］国家林业局. 森林植物与森林枯枝落叶层粗灰分的测定：LY/T 1268—1999［S］. 北京：中国林业

科学研究院林业研究所，1999.

[87] 王秋华，闫想想，龙腾腾，等.昆明地区华山松纯林枯枝的燃烧性研究 [J].江西农业大学学报，2020，42（1）：66-73.

[88] 何诚，舒立福，张思玉，等.大兴安岭森林草原地下火阴燃特征研究 [J].西南林业大学学报，2020，40（2）：103-110.

[89] 中国国家标准化管理委员会.泡沫灭火剂：GB 15308—2006 [S].北京：中华人民共和国国家质量监督检验检疫总局，2006.

[90] 中华人民共和国应急管理部.D类干粉灭火剂：XF 979—2012 [S].北京：全国消防标准化技术委员会灭火剂分技术委员会，2012.

[91] 中国国家标准化管理委员会.细水雾灭火系统技术规范（附条文说明）：GB 50898—2013 [S].北京：中华人民共和国国家质量监督检验检疫总局，2013.

[92] 中国国家标准化管理委员会.气体灭火剂灭火性能测试方法：GB/T 20702—2006 [S].北京：中华人民共和国国家质量监督检验检疫总局，2006.

[93] 中国国家标准化管理委员会.建筑防烟排烟系统技术标准（附条文说明）：GB 51251—2017 [S].北京：中华人民共和国国家质量监督检验检疫总局，2017.

[94] 蔡增基，龙天渝.流体力学泵与风机 [M].5版.北京：中国建工出版社，2009.

[95] 上海市市场监督管理局.建筑防排烟技术规程（附条文说明）：DGJ 08-88—2006 [S].上海：上海市建设和交通委员会，2006.

[96] 美国国家标准学会.商业街、中庭及大空间烟气控制系统：NFPA 92B—2009 [S].美国国家消防协会，2009.

[97] 颜龙，徐志胜.灭火技术方法及装备 [M].北京：机械工业出版社，2020.

[98] 徐志胜，谢宝超，张焱，等.公路隧道通风排烟及人员疏散 [M].北京：机械工业出版社，2021.

[99] 徐志胜，姜学鹏.防排烟工程 [M].北京：机械工业出版社，2011.

# 冶金工业出版社部分图书推荐

| 书 名 | 作 者 | 定价(元) |
|---|---|---|
| 消防安全案例分析通关考典 | 刘双跃 刘天琪 | 35.00 |
| 消防安全技术综合能力通关考典 | 刘双跃 刘天琪 | 42.00 |
| 消防安全技术实务通关考典 | 刘双跃 刘天琪 | 45.00 |
| 建筑消防工程 | 李孝斌 刘志云 | 33.00 |
| 高校实验室安全基础 | 金仁东 林 林 | 45.00 |
| 实验室安全指导手册 | 赵 金 | 48.00 |
| 化学实验室手册 | 夏玉宇 | 248.00 |
| 安全工程制图 | 蒋仲安 王亚朋 张国梁 | 58.00 |
| 系统安全预测技术 | 胡南燕 吴孟龙 叶义成 | 38.00 |
| 化工安全与实践 | 李立清 肖友军 李 敏 | 36.00 |
| 冶金建设预算定额 第五册 自动化控制 仪表安装工程、消防及安全防范设备安装 工程（2012 年版） | 冶金工业建设 工程定额总站 | 110.00 |
| 普通化学实验 | 臧丽坤 车 平 闫红亮 等 | 30.00 |
| 有机化学 | 常雁红 | 49.00 |
| 环境化学实验 | 王志康 王雅洁 | 25.00 |
| 物理化学实验 | 朱洪涛 | 22.00 |
| 生物化学 | 常雁红 | 42.00 |